改訂版 構造計算書で学ぶ

# 鉄筋コンクリート構造

上野嘉久

学芸出版社

# まえがき

　中低層の建物はもちろん，平家建から超高層まで，近代建築はRC（鉄筋コンクリート構造）なくしては存在しない．したがって，建築を志す者はRCの基礎知識の習得が不可欠である．本書は，実務に照らして構造設計を行いながら，頭だけでなく五体で学ぼうとするものである．一般的な建物を構造設計するには，中学校で習う程度の数学で充分であり，「習うより慣れろ」が鉄則である．当書は『構造計算書で学ぶ鉄骨構造』の姉妹本であり，まずRCから学び鉄骨造へと進めるのが常道である．

　本書の特徴は下記のとおりである．

1. 課題を解き，構造計算書にまとめ上げながら鉄筋コンクリート構造を学ぶ．
2. 新耐震設計のルート別の課題に沿って学ぶ．
3. 「構造計算書シート」「構造基準図」による実践的構造設計なので実務にすぐ活かせる．
4. 「構造力学」「建築構法」「法規」「設計製図」等の関連を知り，総括的に学べる充実した解説．
5. 大学，専門学校などのテキストとして，また，すでに基本を学習した初心者のための研修，自習のテキストに最適．

　このように本書では，講義だけでなく構造設計演習を行い，構造設計図書を完成させる目標をもって学習する．講義中は静粛にしなければならないが，演習時は学生同士で教えたり教えられたりしながら進めればよい．

　コンピュータは計算はできるが，構造設計はできない．構造設計は実践との応答にて会得できるものであり，まずは手計算で基礎知識を学んで，コンピュータを使うのが構造設計者への王道である．

　昭和56年「新耐震設計法」施行後，構造計算を行う建築士が少なくなり，構造設計は専門の建築士が行うようになりつつある．本書を見ればわかるように，層間変形角，剛性率，偏心率および耐震基準等の計算が増えた程度であり，中小規模の建物は手計算で充分可能である．兵庫県南部地震では，RC造も多くの被害を出した．その原因の1つは，技術者の知識不足であった．耐久性のあるRCを後世に残していくためには，1人でも多くの建築士が構造設計の基礎的な知識を体得し，実際に構造設計に関与することが望ましい．

　本書は月刊雑誌『建築知識』に連載した「実践からみた建築構造計算入門」をもとに，筆者が専門学校での教育実績をふまえてテキストに発展させたものである．

　CADによる作図は大阪工業大学の戸出昭彦君が，編集の労は宮本裕美さんである．

　有形無形のご協力を下さいました方々に心よりお礼申し上げます．

建築構造の根幹であるRCの基礎知識の普及に役立つことを願います．

1997年9月5日

上野嘉久

改訂版にあたって

平成9年に誕生して10年，多くの方々に御活用いただいた．

平成12年にはSI単位による建築基準法令の改正，また平成17年には構造計算書偽装事件が発覚し，生命に係わる構造設計の重要性が認識され，19年に構造計算関連法が改正された．

そこで，最新の法令・告示，学会基準に基づき全面改訂を行った．

労多き実務書の改訂・編集は，森國洋行氏，村角洋一氏によるもので，三人で本書は誕生した．

構造計算の入門書として活用されることを念じます．

2007年9月

上野嘉久

改訂版　構造計算書で学ぶ鉄筋コンクリート構造　もくじ

## 第1部　鉄筋コンクリート構造の基礎知識　　　　9

1・1　概説　*10*
1・2　歴史　*12*
1・3　鉄筋・コンクリート　*12*
1・4　構造形式　*14*
1・5　構造設計について　*14*
1・6　構造計算について　*15*
1・7　耐震設計の基本理念　*16*

## 第2部　構造計算書に沿って学ぶ鉄筋コンクリート構造　　　　21

● 課題Ⅰ，Ⅱの特徴と選択方法　*21*
　課題Ⅰ　*22*
　課題Ⅱ　*26*

**000**　表紙　*30*

**100**　一般事項　*31*
　　**110**　建築物の概要　*31*
　　**120**　設計方針　*31*
　　　　**121**　準拠法令・規準等　*31*
　　　　**122**　電算機・プログラム　*31*
　　　　**123**　応力解析　*31*
　　**130**　使用材料と許容応力度・材料強度　*31*
　　　　**131**　鉄筋の種類と許容応力度・材料強度　*32*
　　　　**132**　コンクリートの種別と許容応力度・材料強度　*32*
　　　　**133**　許容地耐力，杭の許容支持力　*34*

**200**　構造計画・設計ルート等　*36*
　　**210**　構造計画　*36*
　　　　**211**　架構形式　*36*
　　　　**212**　剛床仮定　*36*
　　　　**213**　基礎梁　*36*
　　**220**　設計ルート　*36*
　　　　**221**　壁量算定のポイント　*41*
　　**230**　剛性評価　*45*
　　　　**231**　スラブの剛性　*45*
　　　　**232**　壁の剛性　*45*
　　**240**　保有水平耐力の解析　*46*

- **250** その他特記事項　*46*
- **260** 伏図・軸組図　*46*

# **300** 荷重・外力　*49*

- **310** 固定荷重　*49*
- **320** 積載荷重と床荷重一覧表　*50*
- **330** 特殊荷重　*53*
- **340** 積雪荷重　*53*
- **350** 地震力　*54*
- **360** 風圧力　*54*
- **370** その他・土圧・水圧　*54*

# **400** 準備計算　*56*

- **410** 柱軸方向力算定　*56*
- **420** 地震力算定　*57*
  - **421** 建物重量 $W_i$ の算定　*57*
  - **422** 地震力　*57*
- **430** 風圧力　*62*
- **440** 梁の $C$, $M_0$, $Q_0$ の算定　*62*
- **450** 断面仮定と剛比算定　*63*
  - **451** 断面仮定　*63*
  - **452** 剛比　*66*

# **500** 応力算定　*71*

- **510** 鉛直荷重時応力算定　*71*
- **520** 水平荷重時応力算定　*80*

# **600** 耐震壁　*87*

- **610** 耐震壁の計算外規定　*87*
- **620** 耐震壁の条件　*87*
- **630** 耐震壁の水平力分布係数 $D$ 値　*88*
- **640** $n$ 倍法による $D$ 値算定　*89*

# **700** 2次設計　*94*

- **710** 層間変形角 $r$ の検討法　*94*
- **720** 剛性率 $R_s$ の検討法　*95*
- **730** 偏心率 $R_e$ の検討法　*96*

## 800　断面算定　*103*

- **801**　鉄筋のかぶり厚さ　*104*
- **802**　有効せい $d$　*105*
- **803**　応力中心距離 $j$　*105*
- **804**　鉄筋の使用区分　*105*
- **805**　鉄筋本数と梁幅・柱幅の最小寸法　*105*

### 810　梁の断面算定　*105*
- **811**　主筋断面算定式について　*105*
- **812**　梁主筋の計算外規定　*107*
- **813**　付着の検討　*107*
- **814**　あばら筋の設計（梁のせん断設計）　*108*
- **815**　基礎梁の設計　*114*
- **816**　小梁の設計　*114*

### 820　柱の断面算定　*120*
- **821**　主筋断面算定図表　*120*
- **822**　主筋の算定方法　*121*
- **823**　柱主筋の計算外規定　*121*
- **824**　帯筋設計（柱のせん断設計）　*122*

### 830　学会規準による付着・定着・継手の検討　*126*
- **831**　付着　*126*
- **832**　定着　*129*
- **833**　継手　*131*

## 900　スラブ・階段設計　*134*

### 910　スラブ設計　*134*
- **911**　スラブ厚さ　*134*
- **912**　スラブ応力　*134*
- **913**　スラブ筋算定　*135*
- **914**　スラブ筋の計算外規定　*135*
- **915**　スラブ配筋のポイント　*136*

### 920　階段設計　*139*

## 1000　基礎設計　*141*

### 1010　直接独立基礎の設計　*141*

## 1100　構造図の書き方　*147*

- **1101**　基本事項の確認　*147*
- **1102**　構造図の解説　*151*

付　録　付 1 ～ 付 10　*158*
　　　　構造計算書（白紙シート）　*177*
　　　　課題 I 演習例　*204*

コラム　❶ 旧・新耐震設計の考え方と比較　　19
　　　　❷ 構造計算適合性判定について　　48
　　　　❸ 短柱とスリット　　69
　　　　❹ 基礎梁の剛性（剛比）　　70
　　　　❺ 阪神・淡路大震災に学ぶ耐震ポイント10　　100
　　　　❻ 鉄筋とコンクリートの応力分担　　132
　　　　❼ SI単位について　　140
　　　　❽ 単位のバリエーションと単位調整　　156

> 本文の項目番号は太数字 **100** で，構造計算書・構造基準図の項目番号は白抜きの太数字 100 で表記しています．
> なお，本書では以下の略称を用いています．
> 　　法　　　── 建築基準法
> 　　令　　　── 建築基準法施行令
> 　　建告　　── 建設省告示
> 　　国交告　── 国土交通省告示
> 　　RC規　── 『鉄筋コンクリート構造計算規準・同解説』（日本建築学会）

# 第 1 部
# 鉄筋コンクリート構造の基礎知識

神戸市役所●平成7年1月17日に発生した阪神・淡路大震災で,新耐震設計による新館(S造)はガラス1枚割れなかった.昭和32年建設の名建築と誉れ高かった旧館(8階建:5階までSRC造,6階以上RC造)の6階部分が「層崩壊」した.

## 1・1 概説

「鉄筋コンクリート構造」= RC 造は Reinforced concrete construction の略で,「補強されたコンクリート造」という意味をもつ.補強の役目を果たしているのは,いうまでもなく鉄筋である.一方,この鉄筋を守っているのがコンクリートである.鉄筋の座屈を防ぐとともにコンクリートが強いアルカリ性であるため,鉄筋を錆びさせない.鉄筋とコンクリートは付着力によって一体となり,さらに線膨張係数が等しいので合体して RC としての強さを発揮する.

【a】RC 造の原理

コンクリートは圧縮力には強いが,引張力,せん断力には弱い(硬いがもろい).そこで,座屈しやすいが,圧縮,引張り,せん断のいずれにも強い(粘り強い)鉄筋を埋め込んで弱点を補うようにしたのが RC 造である.

たとえば図 1 に示すように,単純梁に荷重が加わると曲げモーメント($M$ 図)とせん断力($Q$ 図)が生じる.曲げモーメントにより,梁は,中立軸を境にして上側に圧縮力,下側に引張力が生じる.このため鉄筋(主筋)を下側に配筋する.また,後者のせん断力によって斜め方向に生じる引張力(斜張力)により,ハの字型の亀裂が生じる.このため,鉄筋(あばら筋)を入れて補強する.その配筋は,逆ハの字型が理想ではあるが,組立てが面倒になるので,縦に入れる.

ただし,せっかくの補強材としての鉄筋も,鉄筋とコンクリートの付着,末端にフック,定着(アンカー)が必要に応じてとられていないと,鉄筋がコンクリートより抜け出し,一体の働きをしない.定着長さは,コンクリートと鉄筋の付着力によって決まってくる.その関係は次のとおりである.

①強度の高いコンクリートほど付着力が大きいので,定着長さも短くなる.
②高張力鋼の鉄筋ほど定着長さが長くなる.
③異形棒鋼は丸鋼に比べてはるかに付着力が大きい.

【b】RC の長所

①耐震構造であること.鉄筋およびコンクリートは材料としての強度が高く,一体構造であることから耐震構造である.
②耐火構造であること.鉄筋は熱に弱いが,これを耐火材であるコンクリートのかぶりで保護するため,耐火構造となる.
③耐久構造であること.コンクリート自体は,岩石を骨材としてセメントで固めた人工岩石で,通常の気象条件,使用環境では,変質したり,劣化することがない.
④建物規模,形状(デザイン)が自由に設計できる.
⑤維持・管理が容易である.

【c】RC の短所

①重量が大きいこと.RC の重量は 24 kN/m³ ある.この結果,骨組の自重が建物全重量の約 90～95 % を占めることになり,自重を支えるために骨組をつくっていることになる.
②施工が容易でなく,施工状態によって建物の強度が左右される.工期も長い.
③取り壊しが困難.
④靭性に乏しいこと.高層建築物の場合は鉄骨を入れた構造にする必要がある.

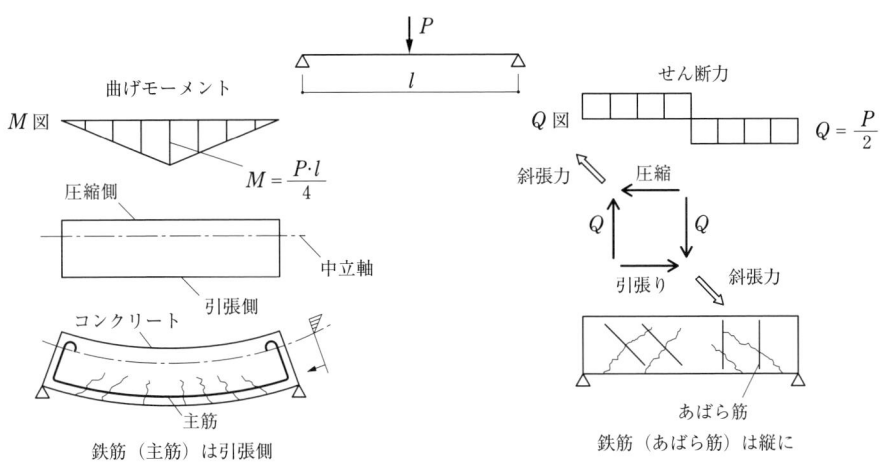

図1 梁の補強筋

表1 地震と耐震基準

| 年　代 | 主　な　地　震<br>（　）内はマグニチュード | 法　令　等 | 学　術　的　動　向・そ　の　他 |
|---|---|---|---|
| 1915 | | | 佐野利器博士「震度法」を提案 |
| 1919 | | 市街地建築物法公布 | |
| 1923 | 関東大震災（7.9） | | |
| 1924 | | 市街地建築物法に耐震規定を導入<br>①地震力は $F=kW$<br>　$k$：水平震度　$W$：建物の重さ<br>② $k=0.1$ 以上<br>③材料の許容応力度は材料の破壊強度の 1/3．$f_t = 1400$ kgf/cm$^2$<br>④建物の高さは 100 尺（31 m）以下 | この規定は世界に先がけた耐震基準で，その後50数年にわたり日本の耐震設計の基本となる<br>建物が許容応力度内にあることを確かめる弾性設計法であった |
| 1948 | 福井地震（7.2） | | 日本建築規格3001「建築物の構造計算」制定<br>①長期・短期の導入，② $k=0.2$ |
| 1950 | | 建築基準法公布<br>①基本的には旧法を受け継ぐ<br>② $k=0.2$<br>③長期 $_Lf_t = 1600$ kgf/cm$^2$<br>　短期 $_Sf_t = 2400$ kgf/cm$^2$ | |
| 1964 | 新潟地震（7.5） | | 昭和大橋・壁式市営住宅転倒，砂質地盤の液状化現象が生じる<br>RC造の校舎が，柱のせん断破壊により倒壊 |
| 1968 | 十勝沖地震（7.9） | | |
| 1970 | | 「法」高さ制限撤廃<br>「令」一部改正／RC造の帯筋規定（10 cm）の強化 | |
| 1978 | 宮城県沖地震（7.4） | | ブロック塀，偏心率・剛性率大のものに被害大，S造の筋かい破断 |
| 1981 | | 「令」一部改正，新耐震設計法へ<br>①地震力規定の全面改定<br>②2次設計の導入 | 中小地震に対しては損傷の防止，大地震に対しては崩壊を防ぐ振動を考慮した地震力<br>構造種別，高さに応じた設計法をとり入れる<br>最先端の技術に対応<br>弾性設計法と塑性域まで含めた終局的な設計法をとり入れる |
| 1995 | 兵庫県南部地震（7.2） | | |
| 1999 | | 「学会規準」許容付着応力を改定 | |
| 2005 | | | 構造計算書偽装事件 |
| 2006 | | 「法」「士法」改正 | |
| 2007 | | 「令」「告示」構造規定改定 | |
| | 中越沖地震（6.8） | | 葺き土の瓦屋根住宅が被害 |

⑤柱径が大きくなる．接合部でのアンカー，およびコンクリートのまわりに対する配慮から，350 mm以上の径が必要となる．

⑥近年の事故例の調査から耐久性が疑わしくなり，半永久的な人工岩石という「コンクリート神話」が崩壊してきた．

## 1・2 歴史

1824年にイギリスのアスプディンがポルトランドセメントの特許をとり，1867年にフランスの造園師モニエルが，鉄網にコンクリートを塗りつけた植木鉢をつくり，特許をとったのが，鉄筋コンクリート構造の始まりだとされている．1918年，アメリカのアブラムスによって，コンクリートの強度に関する基礎理論が確立された．生コンクリートを型枠に打つ施工方法であるため自由な造形が可能なこと，施工法・関連材料の進歩により，20世紀に入って急速に発展した．

地震国日本での歴史は，耐震との戦いの歴史でもある（表1）．

## 1・3 鉄筋・コンクリート

【a】鉄筋

RCに使用する鉄筋には，鋼である棒鋼が用いられる．これには，丸鋼と異形棒鋼（異形鉄筋）とがある．表2は，鉄筋の品質，種別の一覧表である．

一般には，付着に有利な異形棒鋼が主流で，SD295Aが多用されている．

【b】コンクリート

細骨材（通称：砂），粗骨材（通称：砂利・砕石），セメント，混和剤を水で混練したものが生コンクリート（フレッシュ・コンクリート）で，生コン工場で生産される．固まらない状態で現場に運搬されて，コンクリートポンプ車で打設され，固まったものがコンクリートである．生コンは，つくられてから1.5時間以内に打設することが原則である．打設から4週間目の強度を$F_c$＝設計基準強度と呼び，この$F_c$により構造設計を行う（表3）．

1 セメント

建築工事には，普通ポルトランドセメントが使用される．セメントは，石灰石と粘土を適当な割合で混ぜ，微粉砕し，これを焼成することにより，溶融してできるクリンカーに石こうを加えて微粉砕してできる．

冬期工事等で早期にコンクリート強度が必要な場合には，早強ポルトランドセメントを使用する．

2 骨材

骨材は，細骨材と粗骨材に区別され，前者は「5 mmふるいに重量で85％以上通る骨材」，後者は「5 mmふるいに重量で85％以上とどまる骨材」と定義されている．骨材の種類には，天然産，人工軽量骨材および工業副産品があるが，普通コンクリートに使用されるのは，天然産の山砂，海砂，川砂および山砂利，砕石，川砂利である．粗骨材の最大寸法は，砂利は25 mm，砕石は20 mm，土木用として40 mmのものを使用している．

表2 鉄筋の品質，種別等の一覧表

| 規格番号 | 名称 | 区分・種類の記号 | | 降伏点または0.2%耐力 [N/mm²] | 引張強さ [N/mm²] | 化学成分 [%] | | | | | | 備考 |
|---|---|---|---|---|---|---|---|---|---|---|---|---|
| | | | | | | C | Si | Mn | P | S | $C+\frac{Mn}{6}$ | |
| JIS G 3112 | RC用棒鋼 | 丸鋼 | SR235 | 235以上 | 380〜520 | — | — | — | 0.05以下 | 0.05以下 | — | ・鉄鉱石を主原料とする高炉鉄筋と鋼くずを主原料とする電炉鉄筋がある<br>市場品の90%は電炉鉄筋 |
| | | | SR295 | 295以上 | 440〜600 | — | — | — | 0.05以下 | 0.05以下 | — | |
| | | 異形棒鋼 | SD295A | 295以上 | 440〜600 | — | — | — | 0.05以下 | 0.05以下 | — | ・SD295Bは溶接に適するようにするため化学成分規定が厳しい<br>ただし市場性が乏しいので通常SD295といわれているのはSD295Aのことである |
| | | | SD295B | 295〜390 | 440以上 | 0.27以下 | 0.55以下 | 1.5以下 | 0.04以下 | 0.04以下 | — | |
| | | | SD345 | 345〜440 | 490以上 | 0.27以下 | 0.55以下 | 1.6以下 | 0.04以下 | 0.04以下 | 0.5以下 | |
| | | | SD390 | 390〜510 | 560以上 | 0.29以下 | 0.55以下 | 1.8以下 | 0.04以下 | 0.04以下 | 0.55以下 | |
| JIS G 3117 | RC用再生棒鋼 | 再生丸鋼 | SRR235 | 235以上 | 380〜590 | | | | | | | ・SRR235，SDR235は鋼材製造途上に発生する再生用鋼材，市中発生の形鋼・鋼矢板または解体船の外板を材料として，加熱，再圧延してつくる（伸鉄）<br>・SRR295，SDR295，SDR345は鋼材製造途上に発生する再生用鋼材にのみ材料を限定<br>・原料が一定しないので，強度等にばらつきが多い<br>・太さは限定されている<br>　再生丸鋼　　：6, 9, 13 mm<br>　再生異形棒鋼：D6, D8, D13 |
| | | | SRR295 | 295以上 | 440〜620 | | | | | | | |
| | | 再生異形棒鋼 | SDR235 | 235以上 | 380〜590 | | | | | | | |
| | | | SDR295 | 295以上 | 440〜620 | | | | | | | |
| | | | SDR345 | 345〜440 | 490〜690 | | | | | | | |
| JIS G 3551 | 溶接金網 | | | | 490以上 | | | | | | | ・スラブ筋として利用，径は6 mm以上 |

　　印は一般的によく使われるもの．

表3 コンクリートの種類と設計基準強度 $F_c$

| コンクリートの種類 | | $F_c$ [N/mm²] | 使用する骨材 | |
|---|---|---|---|---|
| | | | 粗骨材 | 細骨材 |
| 普通コンクリート | | 18, 21, 24, 27, 30, 33, 36 | 砂利，砕石<br>高炉スラグ砕石 [1] | 砂，砕砂<br>スラグ砂 [2] |
| 軽量コンクリート | 1種 | 18, 21, 24, 27, 30, 33, 36 | 人工軽量骨材 | 砂，砕砂<br>スラグ砂 |
| | 2種 | 18, 21, 24, 27 | 人工軽量骨材 | 人工軽量骨材またはこの一部を砂，砕砂，スラグ砂で置き換えたもの |

注 1) 砂利・砕石・高炉スラグ砕石は，これらを混合して用いる場合を含む．
　 2) 砂・砕砂・スラグ砂は，これらを混合して用いる場合を含む．
　　印は一般的によく使われるもの．

人工軽量骨材は，膨張けつ石，膨張粘土を焼成して生産されたもので，これを使用したのが軽量コンクリートである．

### 3 混和剤

ワーカビリティ（施工軟度）をよくするために，コンクリートに少量だけ混入する．通常，AE剤・減水剤が使用される．AE剤は，コンクリート内に細かな気泡を発生させ流動性をよくする．ただし，コンクリート強度を低下させる．そのため，後者の減水剤と併用し，水を減水することにより，水セメント比を小さくしてコンクリート強度を確保する．減水剤は，セメント粒子の集塊化を防ぎ，分散させ

る働きをするため，流動性がよくなり，その分，水を減らすことができる．なお，ワーカビリティを示すスランプ値は，基礎については 150 mm，柱・梁・床板・壁は 180 mm の生コンクリートを標準としている．

④ 水

セメントは，水と混合すると水和反応を起こし，強度を発生させる．コンクリート強度は，水セメント比で決まる．水が少ないほど強度が大きくなるが，ワーカビリティが確保できない．水セメント比は 65％以下にする．

## 1・4 構造形式

構造形式としては，「ラーメン」「壁式」および「その他」に大別することができるが，通常，RC 造といえば，「ラーメン」を指す（図 2）．

① ラーメン＝RC

柱・梁・スラブからなる架構であるが，耐震壁を併用すると，経済設計が可能なので，可能なかぎり耐震壁を設ける．したがって，構造力学的には壁式との併用

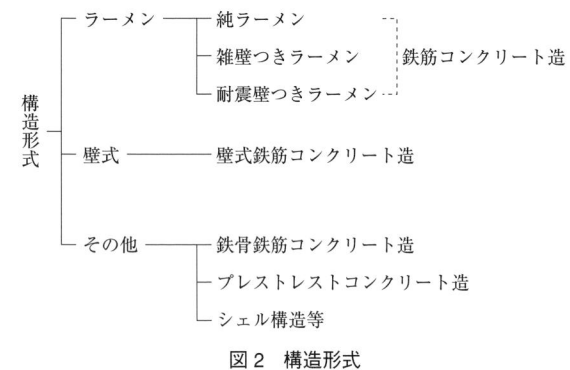

図 2　構造形式

構造といえる．なお，架構には雑壁と称する，そで壁，垂れ壁，腰壁が取りつくのが通常の骨組である．

RC 造は，一般的には 6，7 階，高さは 20 m 以下，スパンは 6〜8 m 程度が適当で，事務所，学校，共同住宅等の中小規模のものに使用する．ただし，近年の高層マンションでは高強度コンクリート，高強度鉄筋，特殊継手および耐震壁付きの RC 造が主流となっている．

② 壁式＝壁式鉄筋コンクリート造 WRC

耐力壁・スラブからなる架構である．柱・梁がないため，居住性がよく，共同住宅建築に主に採用する．規模は，地上階数 5 以下，軒の高さ 14.5 m 以下である．

③ 鉄骨鉄筋コンクリート造 SRC

鉄骨造と鉄筋コンクリート造との併用構造で，地震国である日本の独特の構法である．RC 造に比べて靭性があるため，高さ 20 m 以上，45 m 程度の建物に採用する．

④ プレストレストコンクリート造 PSC

PC 鋼棒に，設計荷重による応力の一部を打ち消すような応力をあらかじめ与える応力＝プレストレスを導入することにより，大スパン架構を可能にする構造である．

## 1・5 構造設計について

構造設計は，安全性，経済性および意匠性をも加味して，建築物の骨組を決めることであり，構造計画　構造計算　構造図作成より成り立っている．

【a】構造計画

使用目的，形状規模に適し，安全で合理的な構造材料による構造形式を想定することで，実務経験と調査・研究結果・設計実例等の資料を基に計画する．

【b】構造計算

構造計画で想定した骨組に，荷重・外力を作用させ，構造部材に生じる応力を求め，各部材が安全であるかを計算によって確認する．

【c】構造図作成

構造計算の結果を構造図にする．意匠図との調整，配筋等を検討し，問題があれば，配筋・部材断面をも変更する．

なお，構造計画は，構造設計の実績を積んで身につくものであり，初心者は，類似の構造設計実例を参考にして進めるのが一般的な方法である．本書では構造計画済（仮定断面を含む）という前提で，構造計算・構造図作成を主眼に解説する．

## 1・6 構造計算について

構造計算をするにあたって，基本的に知っておかなければならない基礎的な事項の解説をしておく必要がある．以下に，法令で定められている構造計算の原則，構造計算に必要な基礎知識について，簡単に解説しよう．

【a】構造計算の原則

建物の構造は，建物自体の自重，物や人が入ることによって生じる積載荷重，それに積雪や風，地震等によって生じる荷重に対して安全であることが要求される．これを法の規定に照らしてみると，大規模の建築物，または特殊な構造の建築で高い安全性を必要とする建築物（木造で階数≧3または延べ面積＞500 m$^2$，木造以外の構造で階数≧2または延べ面積＞200 m$^2$の建築物）については，構造計算によって，その耐力の安全性を確認しなければならないとされている（建築基準法第20条）．

構造計算書を確認申請書に添付して建築主事の確認を受けなければならないのはこのためである．つまり，構造計算書は，その建物が法の規定に照らして，構造的に安全であることを裏づけるためのものということができる．それだけに構造計算書は，誰が見てもわかりやすく，かつしっかりしたものでなければならない．

木造以外の構造で，2階建であれば規模の大小にかかわらず構造計算が必要となることは先に触れたが，それでは構造計算は何をどうやればよいのか．それについては，建築基準法の施行令にその原則が規定されている．それによると，以前は構造計算の原則として長期および短期の応力によって，建物の安全性を確認できればよいとされていたが，昭和56年6月から施行された建築基準法施行令の改正（新耐震設計法）によって，層間変形角，剛性率，偏心率，保有水平耐力等，建築物の高さ，構造種別等に応じた計算が義務づけられることになった．

ただし，法令には建物に作用する荷重と外力は決められているが，その荷重・外力によって骨組に生じる応力を解析する方法については決められていない．したがって，応力解析は構造力学書に載っている各種の応力解析法の中から構造設計者の判断で自由に選べる．

なお，骨組の各部の応力が求まれば，断面が決定されることになるが，その断面に生じる応力度は，力学書あるいは日本建築学会の規準書によって求める．もちろん，材料の許容応力度の値は建築基準法で決められているので，その値以下であるように設計しなければならない．

以上が構造計算の原則である．

【b】構造計算の基礎知識

1 架構形式

架構形式は，大きく「ラーメン構造」と「壁式構造」の2種類に分けられる．RC造は，柱・梁を剛接した一体構造のラーメンであるが，通常，耐震壁等を設けることが多く，壁式を併用したラーメン構造である．

2 荷重・外力について

骨組に作用する荷重・外力は，大きく分けて，常時作用しているものと，地震力や風圧力のように一時的に作用するものとがある．前者を長期荷重と呼び，この長期荷重に後者の一時的な荷重（臨時荷重）を加えたものを短期荷重と呼んでいる．

3 材料の許容応力度

骨組を構成している部材が，作用する荷重・外力によって生じる応力に対して耐えられる限界，すなわち部材の強さを材料の許容応力度という．短期荷重の応力に対しては短期許容応力度，長期荷重の応力に対しては長期許容応力度という．

丸鋼 SR235 を例にとって説明すると，断面積が $1\,\mathrm{mm}^2$ の SR235 の丸鋼は 400 N の重さまでのものを吊ることができるが（引張強さ $400\,\mathrm{N/mm}^2$），235 N を超えると丸鋼の伸びが急に大きくなり，元に戻らなくなる（降伏点）．したがって，丸鋼 SR235 を使用する建築物の設計では，丸鋼 $1\,\mathrm{mm}^2$ あたりの荷重が 235 N 以下にとどまるように部材の断面を設計することになる．この $235\,\mathrm{N/mm}^2$ が SR235 材の法令で決められた短期許容応力度である．長期許容応力度は長期荷重による材料の疲労度（クリープ）等を考慮して，安全率 1.5 を見込んで $155\,\mathrm{N/mm}^2$ と決められている．

## 1・7 耐震設計の基本理念

"新耐震設計法" が基としている RC 造の基本的な考え方をここで整理しておく．

【a】2つの基本方針

"新耐震設計法" は，次の2つの基本方針を基に建築物の耐震性の確保を図ろうとする．

①建築物の耐用年限中に数回程度起きるであろう中小の規模の地震（震度階Ⅴ程度）によっては被害がほとんど生じないようにする．

　・設計方法：許容応力度法→弾性設計

　・標準せん断力係数：$C_o = 0.2$

②建築物の耐用年限中に1回以下の確率でしか発生が見込めない阪神・淡路大震災級（震度階Ⅵ，Ⅶ）の大地震に対しては建物にクラックは入っても崩壊はしないように図る．

　・設計方法：保有水平耐力法→塑性設計

　・標準せん断力係数：$C_o = 1.0$

【b】2種類の耐震構造

①地震力に強度で抵抗させる，いいかえると剛さ(かた)によって地震に耐えさせる構造→強度抵抗型
・耐震壁，壁式鉄筋コンクリート構造
②粘りによって地震エネルギーを吸収させる「柳に雪折れなし」の考え方の構造→エネルギー吸収型
・ラーメン構造

【c】3つの基本概念

"新耐震設計法"は，塑性域，地震エネルギーの吸収，曲げ破壊の先行という3つの基本概念の上に組立てられている．

1 塑性域

圧延鋼材SS400と丸鋼SR235とは同じ材質の鋼であるが，その強さの表示が前者は引張強度，後者は降伏点強度によってなされる．SS400における400はその鋼材の引張強度の値で，400 N/mm² = 400 MPaの応力が加わると破断することを示している．これに対して丸鋼SR235の235はその丸鋼の降伏点強度の値で，235 N/mm² = 235 MPaの応力が加わると降伏することを示している．

MPaはメガパスカルと読む．Pa（パスカル）は1 m²に1 Nの力がかかった時の応力である．Nはニュートンと読み，質量1 kgに加速度1 m/s²が加わった時の力である．M（メガ）は$10^6$を表す単位記号である．

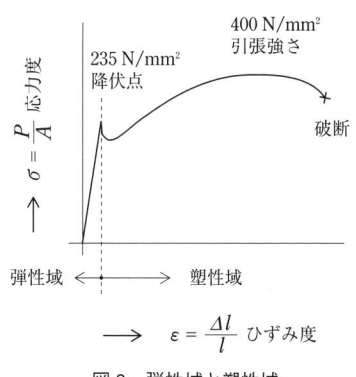

図3 弾性域と塑性域

図3は，応力による鋼のひずみ度を表したものである．先に説明したように，降伏点235 N/mm²までは応力を取り除くと材長が元の長さまで戻る．すなわち弾性範囲内にあるわけで，この弾性域内にとどめようとするのが許容応力度法（弾性設計）の考え方である．

降伏点の235 N/mm²を超えてしまうと，応力が除かれても元には戻らないで，延びきったままである．これにさらに応力を加えていって400 N/mm²（最大引張強さ）に達すると破断してしまう．降伏点235 N/mm²を超え，破断に至る400 N/mm²までの間を塑性域という．この塑性域に着目して，考えられる最大の地震力のもとで建物がなおも塑性域内にあるように設計しようというのが保有水平耐力（塑性設計）の基本的な考え方，すなわち"新耐震設計法"の基本理念の1つである．

降伏しただけならば建物は部分的破壊で済み，落階というような大きな被害には至らない．降伏点強度と引張強度とでは約1.7倍の開きがある．その分が塑性域である．

2 地震エネルギーの吸収

"静的弾性設計法"は，強度が大きければ大きいほど地震に強い構造であるという考え方に立脚し，応力を断面積で除して得られる応力度$\sigma$を許容応力度$f$の値以下とする，すなわち$\sigma/f \leq 1$を設計の基準としてきた．ところが近年の震害例の分析結果などから，構造体は，地震力を受けて変形していく過程でそのエネルギーを部分的

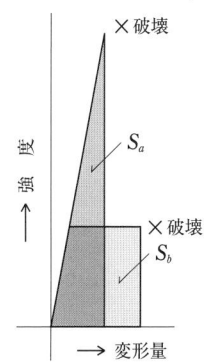

図4 地震エネルギーの吸収
強度と変形量の積が等しい$S_a$と$S_b$の建物は耐震性能が等しい．

に吸収することがはっきりしてきた．この吸収しうるエネルギーの量を見込んで耐震性を検討していくのが，"動的解析"である．

吸収しうるエネルギー量は強度と変形量の積で決まる．図4は，強度が小さくても許容できる変形量が大きければ，吸収しうるエネルギー量を十分確保できることを示している．

### 3 曲げ破壊の先行

十勝地震では，RC造の建物が柱のせん断破壊によって倒壊するという例が目立った．地震によって左右からせん断力を受けて，柱に斜めに生じるせん断ひび割れがX型に進行してゆき，やがてその部分のコンクリートが脱落，むき出しになった主筋が座屈して倒壊に至ったものであった（図5）．"新耐震設計法"では，ひび割れ後極度に耐力が低下するこのせん断破壊型の建築物の倒壊を防ぐために，曲げ破壊の先行という考え方が導入された．

曲げを受ける部材断面には，圧縮と引張りの2種類の応力が生じる．鉄筋コンクリート造の場合，圧縮側はコンクリートと鉄筋で応力を負担するが，引張側はコンクリートにひび割れが生じ，応力は内部の鉄筋だけで負担することになる（図6）．その場合に，鉄筋には靭性があるので変形は大きくなっても容易には破壊しない．つまり，曲げ破壊型は地震エネルギーの吸収能力が高いわけである．

せん断破壊は起こさせないという基本理念に立って設計するとなると，降伏曲げモーメントに対応するせん断力以上によって帯筋を設計すれば，せん断破壊より先に曲げ破壊が生じることになるが，その曲げ破壊に対しては鉄筋が粘り強く抵抗するので，地震に強い架構となる．

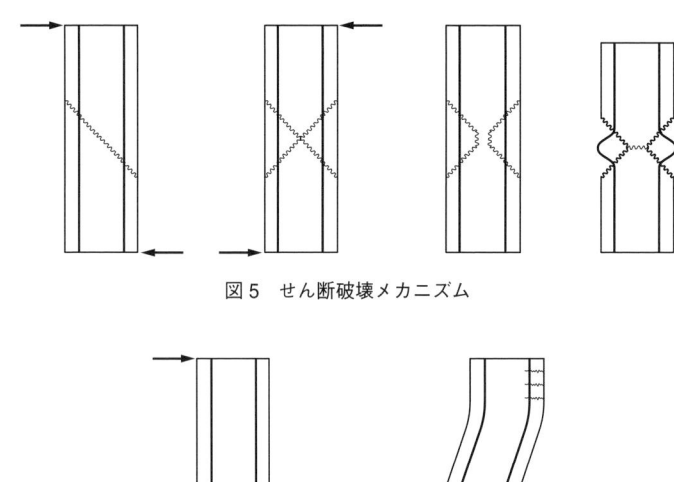

図5　せん断破壊メカニズム

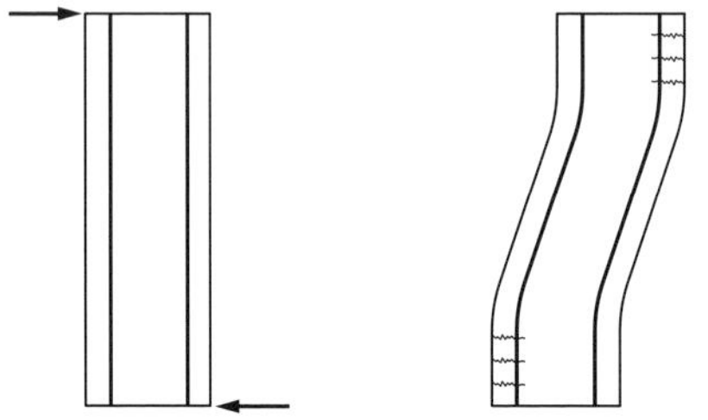

図6　曲げ破壊メカニズム

## 【d】3つの規制値

### 1 層間変形角 $r_i$（図7）

地震力によって各階に生じる水平方向の層間変位 $\delta_i$ ＝床の位置の相対的なずれを，それぞれの階高 $h_i$ で除して得られる値である．これが大きいと，地震時に，構造体の変形が大きく，外装材の脱落等の危険が生じる．原則として1/200以下にとどまるようにしなければならない．

**2 剛性率 $R_s$**

　層間変形角の逆数 $r_s$ を，その建物全階の平均値 $\bar{r}_s$ で除したものである．立面的に耐震性（剛性）がバランスしているか否かを判断する指標である．この $r_s$ が小さすぎると，その階に地震力による変形が集中して腰折れ現象（図8）が起きる可能性がある．0.6以上であることが要求されている．

**3 偏心率 $R_e$（図9）**

　重心と剛心とのずれの距離である偏心距離 $e$ を，平面全体のねじれに対する抵抗能力を示す指標である弾力半径 $r_e$ で除して得られる．耐震要素（剛性）の平面配置のバランスをみるために，各階ごとにこの率を算出する．15/100以下になるように設計しなければならない．

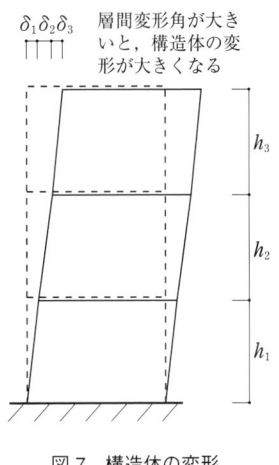

図7　構造体の変形

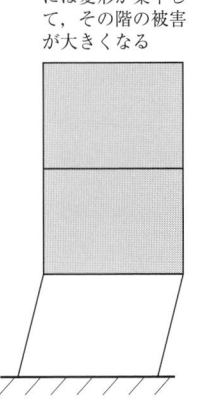

図8　腰折れ現象

図9　偏心の大きい建築物

---

## コラム ❶

## 旧・新耐震設計の考え方と比較

**■旧耐震設計法（昭和56年以前）**

　建築物の耐震構造は剛構造である．したがって，剛性（変形のしにくさ）・強度（強さ）を大きくして，地震に対して変形しにくく，強さで抵抗する架構として設計する．

　建築物に作用する構造物加速度（応答加速度）は，地震の加速度（地盤加速度）がそのまま伝わると考えられていた．したがって，設計地震力 $F$ は建物重量 $W$ に下式の水平震度 $k$ を乗じた値であった．

$$F = M \cdot \alpha = \frac{W}{g} \cdot \alpha = \frac{\alpha}{g} \cdot W = k \cdot W$$

$M$：質量［kg］

$W$：重量［kgf］

$\alpha$：加速度［gal（cm/s$^2$）］

$g$：重力の加速度 980 gal = 1 G

$k$：水平震度　　$k = \dfrac{\alpha}{g}$

$k$ は東京における関東大震災の被害等から推測

して，地盤最大加速度 $\alpha = 300$ gal（0.3 G）とみて，水平震度 $k = \dfrac{\alpha}{g} \fallingdotseq 0.3$ とし，材料の安全率が3であったので，$k = 0.1$ として，大正13（1924）年に市街地建築物法に規定された．その後，昭和25（1950）年の建築基準法では，材料の短期許容応力度が降伏点強度になったので，$k = 0.2$ で設計することになった．関東大震災クラスの地震，震度階Ⅵ（Ⅶは昭和24（1949）年福井地震後制定）に耐え，建物は倒壊せず，安全が確保できることを目的とし，震度階Ⅶに対しては建築物の余力（破壊強度）と粘りに期待した．

この震度法と呼ばれる設計法によって，昭和56（1981）年まで57年間耐震設計が行われてきた．

・設計方法：許容応力度法→弾性設計
・水平震度：高さ≦16 m　$k = 0.2$
　　　　　　高さ＞16 m　4 m 以内ごとに0.01を加える

地盤の卓越周期，建物の固有周期等を考慮しない静的設計法であった．

## ■■新耐震設計法（昭和56年以降）

建築物の耐震構造は柔構造が主役である．柔らかくて靭性のある架構（固有周期が長い）は，地震力を受けて変形する過程で地震エネルギーを吸収する．この吸収しうるエネルギー量を見込んでの動的設計である．一方，地震による地盤加速度は，基礎より入力して構造物内で増幅する．増幅した構造物加速度（応答加速度）は，中高層建物では2.5倍程度となる（この値は固有周期が長い建築物では小さくなり，超高層建築物では地盤加速度より応答加速度が小さい）．したがって，400 gal の地盤加速度に対して建築物の最大応答加速度は 1000 gal ≒ 1 G となる．以上をふまえて，次の2段階設計で構造設計を行う．

### 【1次設計】

建築物の耐用年限中に数回程度起きるであろう中小の規模の地震（震度階Ⅴ）によって被害をほとんど生じさせない．

・設計方法：許容応力度法→動的設計を加味した弾性設計
・標準せん断力係数：$C_o = 0.2$

### 【2次設計】

建築物の耐用年限中に1回以下の確率でしか発生が見込めない阪神・淡路大震災級（震度階Ⅵ，Ⅶ）の大地震に対しては，建物にクラックは入っても崩壊はさせない．

・設計方法：保有水平耐力法→動的設計を加味した塑性設計
・標準せん断力係数：$C_o = 1.0$

$C_o = 1.0$（1階の層せん断力係数＝ベースシアー係数 $C_1 = 1.0$ となる）で構造設計するということは，応答加速度 1 G であり，これに対して架構は「強度」と「靭性＋減衰性」で対処する．後者の「靭性＋減衰性」の良し悪しを表す係数が構造特性係数 $D_s$ で，架構種別 $D_s = 0.25 \sim 0.55$ と設定されている．たとえば，鉄骨造・ラーメン架構で剛性率・偏心率が規定値を満足していて，$D_s = 0.3$ の場合は，1 G × $D_s = 0.3$ G で「強度＝保有水平耐力」を確保し，残りの 0.7 G は「靭性＋減衰性」が負担するとして構造設計することになる．

なお，2次設計として，層間変形角（外装材等の脱落防止等）の規定値を満足させ，かつ剛性率（階による剛性差を小さく）および偏心率（平面のねじり変形を最小）を検討しなければならない．

# 第2部
# 構造計算書に沿って学ぶ鉄筋コンクリート構造

## 課題 I, II の特徴と選択方法

　構造計算をしながら鉄筋コンクリート構造を学ぶ．まず，課題 I, II のタイプ指定表から1つを選んで演習課題とする．構造計算を学ぶために本書を使用する場合には，一貫して構造計算・構造図の作成を行うのがよい．鉄筋コンクリート構造を学ぶために使用する場合には，応力算定等を省略して，各自の梁長さ $l$，柱長さ $h$ により，剛比（**450**），柱軸方向力（**410**）等の計算を行い，当計算書の曲げモーメント，せん断力（**510, 520**）を採用して断面算定等（**810, 820, 910, 1000**）を行えばよい．なお，保有水平耐力の検討法については『改訂版　構造計算書で学ぶ鉄骨構造』（上野嘉久著／学芸出版社）を参照いただきたい．

　構造計算データ（平面図，立面図，矩計図およびタイプ指定表）により，これから構造計算しようとする建物の概要や構造を理解する．これはいわば，基礎データとなるもので，これによって構造計算を進めることになる．各自タイプ（梁間・桁行寸法，階高，スラブ厚さ）を選ぶ．

　なお，構造計算書演習例（解説）は本文では課題 II について示し，課題 I については，**220** 設計ルートの判定計算，**600** 耐震壁，**700** 2次設計についてのみ取り上げた．課題 I の演習例は巻末にまとめて掲載しているので参照いただきたい．

　構造計算する課題・タイプが決まれば，巻末の構造計算書シートを準備する（構造計算書シートがないページについては各自のレポート用紙を使う）．

# 課題 I

## 1 課題
鉄筋コンクリート造2階建構造設計
工事名称　〇〇建築事務所新築工事

## 2 設計要項
①建築主　　本人
②建築場所　〇〇〇〇〇〇〇〇
③用途　　　事務所
④用途地域等　住居地域　準防火地域

## 3 構造計算データ（平面図，立面図，矩計図）
梁間方向　ラーメン構造
桁行方向　耐震壁を含むラーメン構造

## 4 構造計算書および構造図面の作成要領
①構造計算書
　用紙：構造計算書シートおよびレポート用紙
　表紙にタイプ名，学生番号，氏名を明記する．
②構造図の作成要領
　用紙：A2判1枚

| 必要図面 | 縮尺 |
|---|---|
| 柱・梁伏図，基礎伏図 | 1/100 または 1/200 |
| 梁リスト，柱リスト，スラブリスト | 任意 |
| 基礎リスト・配筋図 | 1/50 |
| スラブ配筋図，架構配筋詳細図，雑配筋図 | 1/50 |
| 共通事項 | |

## 5 タイプの指定
タイプ指定表に従って，各自割り当てられた条件の架構について演習を行う．

## 課題 I　タイプ指定

タイプ指定表　　　　　　　　　　　　　　　　　　　　　　　　　　　下欄：学生番号

|   |      | A       | B       | C       | D       | E       | F       | G       | H        |
|---|------|---------|---------|---------|---------|---------|---------|---------|----------|
| 1 | XIV  | 1·A·XIV | 1·B·XIV | 1·C·XIV | 1·D·XIV | 1·E·XIV | 1·F·XIV | 1·G·XIV |          |
|   | XV   | 1·A·XV  | 1·B·XV  | 1·C·XV  | 1·D·XV  | 1·E·XV  | 1·F·XV  | 1·G·XV  |          |
| 2 | XIV  | 2·A·XIV | 2·B·XIV | 2·C·XIV | 2·D·XIV | 2·E·XIV | 2·F·XIV | 2·G·XIV |          |
|   | XV   | 2·A·XV  | 2·B·XV  | 2·C·XV  | 2·D·XV  | 2·E·XV  | 2·F·XV  | 2·G·XV  |          |
| 3 | XIV  | 3·A·XIV | 3·B·XIV | 3·C·XIV | 3·D·XIV | 3·E·XIV | 3·F·XIV | 3·G·XIV |          |
|   | XV   | 3·A·XV  | 3·B·XV  | 3·C·XV  | 3·D·XV  | 3·E·XV  | 3·F·XV  | 3·G·XV  |          |
| 4 | XIV  | 4·A·XIV | 4·B·XIV | 4·C·XIV | 4·D·XIV | 4·E·XIV | 4·F·XIV | 4·G·XIV |          |
|   | XV   | 4·A·XV  | 4·B·XV  | 4·C·XV  | 4·D·XV  | 4·E·XV  | 4·F·XV  | 4·G·XV  |          |
| 5 | XIV  | 5·A·XIV | 5·B·XIV | 5·C·XIV | 5·D·XIV | 5·E·XIV | 5·F·XIV | 5·G·XIV |          |
|   | XV   | 5·A·XV  | 5·B·XV  | 5·C·XV  | 5·D·XV  | 5·E·XV  | 5·F·XV  | 5·G·XV  |          |
| 6 | XIV  | 6·A·XIV | 6·B·XIV | 6·C·XIV | 6·D·XIV | 6·E·XIV | 6·F·XIV | 6·G·XIV |          |
|   | XV   | 6·A·XV  | 6·B·XV  | 6·C·XV  | 6·D·XV  | 6·E·XV  | 6·F·XV  | 6·G·XV  |          |
| 7 | XIII |         |         |         |         |         | 課題 I 演習例 ▶ |         | 7·H·XIII |

梁間・桁行寸法　[m]

|   | $X$ | $Y·1$ | $Y·2$ |
|---|-----|-------|-------|
| 1 | 8.1 | 6.1   | 4.1   |
| 2 | 8.2 | 6.2   | 4.2   |
| 3 | 8.3 | 6.3   | 4.3   |
| 4 | 8.2 | 6.4   | 4.4   |
| 5 | 8.3 | 6.4   | 4.5   |
| 6 | 8.2 | 6.3   | 4.4   |
| 7 | 8.0 | 6.0   | 4.0   |

階高　[m]

|      | A   | B   | C   | D   | E   | F   | G   | H   |
|------|-----|-----|-----|-----|-----|-----|-----|-----|
| $2H$ | 3.5 | 3.6 | 3.5 | 3.6 | 3.5 | 3.6 | 3.7 | 3.4 |
| $1H$ | 3.8 | 3.8 | 3.9 | 3.9 | 4.0 | 4.0 | 4.0 | 3.7 |

スラブ厚さ

|      | 厚さ $S$ |
|------|---------|
| XIII | 130 mm  |
| XIV  | 140 mm  |
| XV   | 150 mm  |

課題 I　○○建築事務所新築工事――鉄筋コンクリート造 2 階建構造設計・構造計算データ

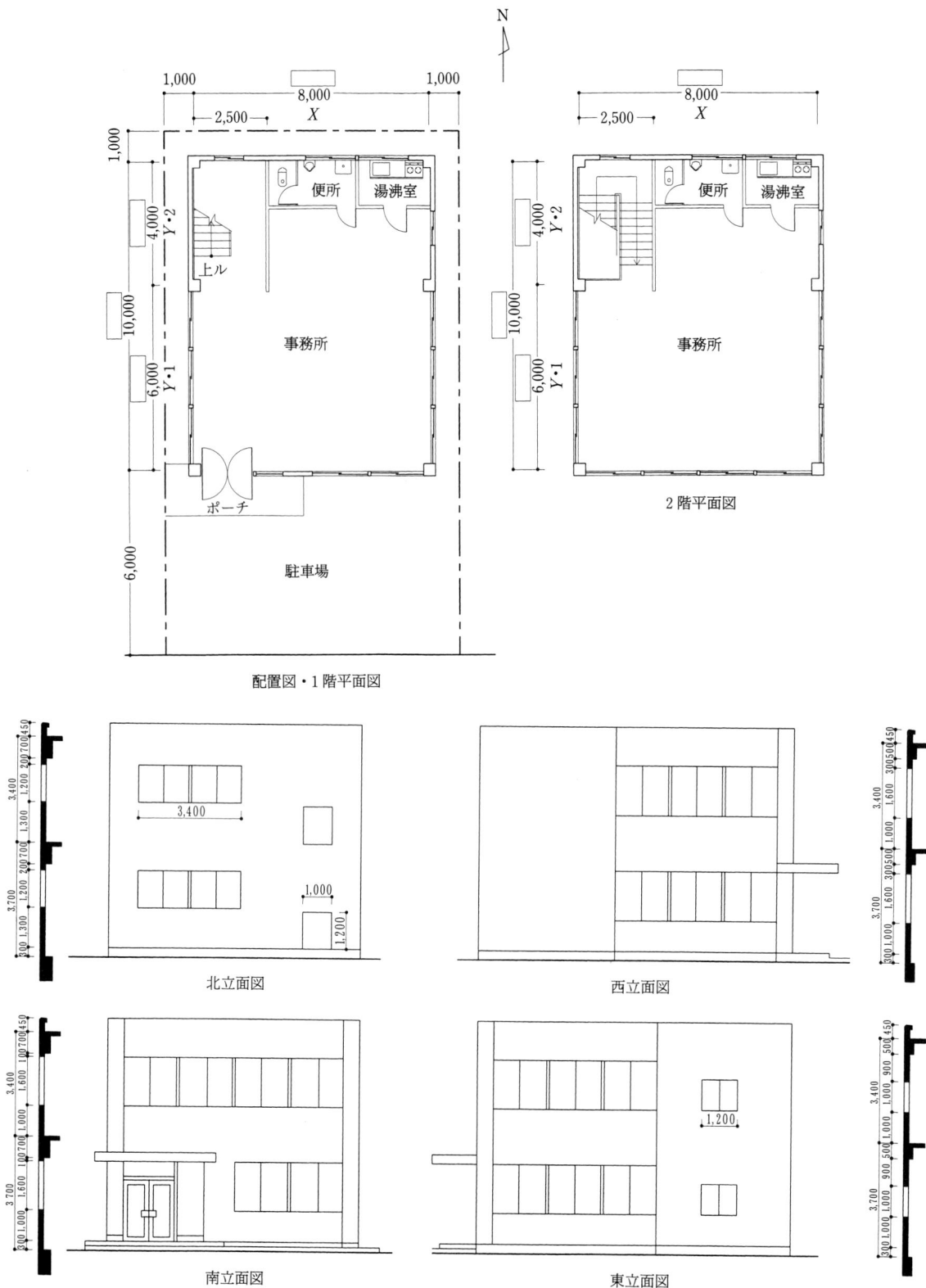

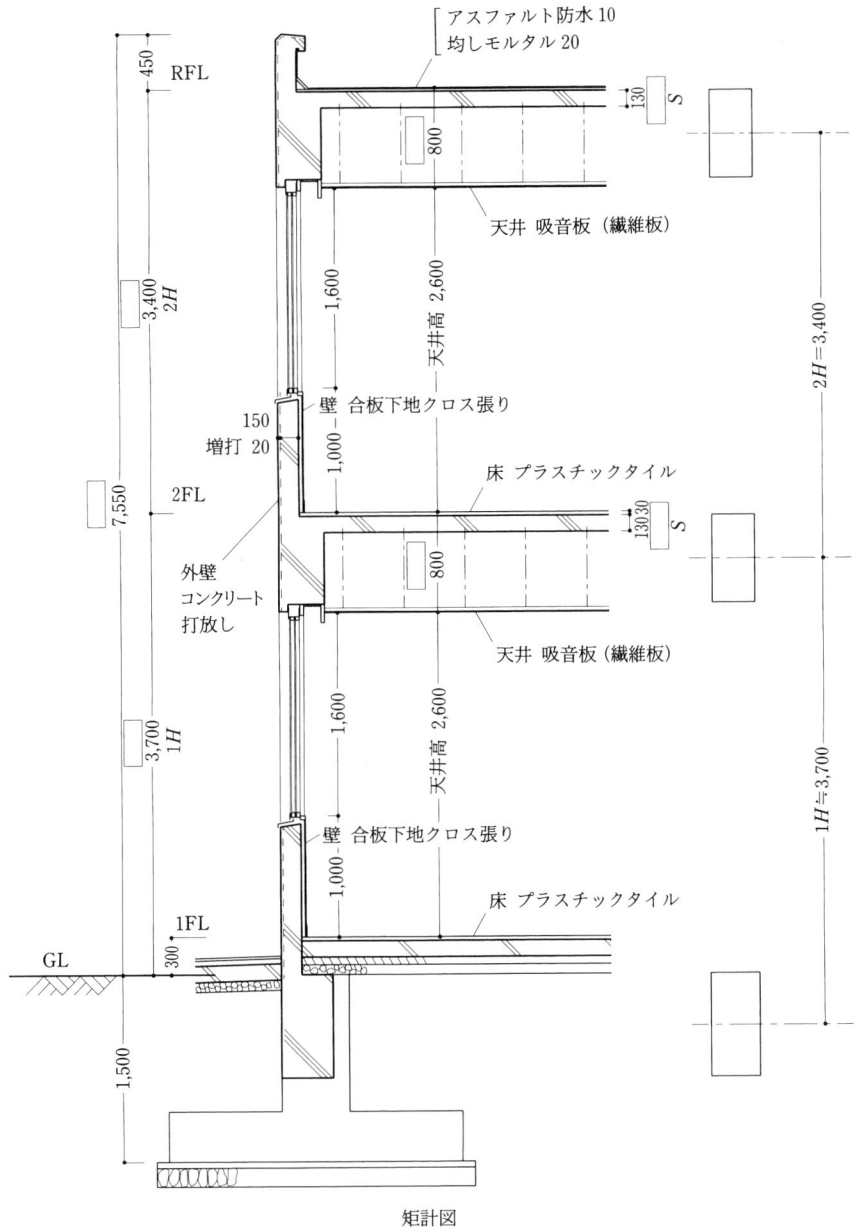

矩計図

# 課　題　Ⅱ

## 1 課題
　鉄筋コンクリート造平家建構造設計
　工事名称　〇〇公園休憩所新築工事

## 2 設計要項
　①建築主　　市長
　②建築場所　〇〇市〇〇区〇〇公園内
　③用途　　　公園内の休憩所
　④用途地域等　住居地域　風致地区

## 3 構造計算データ（平面図，立面図，矩計図）
　梁間方向　ラーメン構造
　桁行方向　ラーメン構造

## 4 構造計算書および構造図面の作成要領
　①構造計算書
　　用紙：構造計算書シートおよびレポート用紙
　　表紙にタイプ名，学生番号，氏名を明記する．
　②構造図の作成要領
　　用紙：A2判1枚

| 必要図面 | 縮尺 |
|---|---|
| 柱・梁伏図，基礎伏図 | 1/100 |
| 梁リスト，柱リスト，スラブリスト | 任意 |
| 基礎リスト・配筋図 | 1/50 |
| スラブ配筋図，架構配筋詳細図，雑配筋図 | 1/50 |
| 共通事項 | |

## 5 タイプの指定
　タイプ指定表に従って，各自割り当てられた条件の架構について演習を行う．

## 課題Ⅱ　タイプ指定

タイプ指定表　　　　　　　　　　　　　　　　　　　　　　　　　　下欄：学生番号

|   |     | A | B | C | D | E | F | G | H |
|---|-----|---|---|---|---|---|---|---|---|
| 1 | XV  | 1·A·XV | 1·B·XV | 1·C·XV | 1·D·XV | 1·E·XV | 1·F·XV | 1·G·XV | |
|   | XVI | 1·A·XVI | 1·B·XVI | 1·C·XVI | 1·D·XVI | 1·E·XVI | 1·F·XVI | 1·G·XVI | |
| 2 | XV  | 2·A·XV | 2·B·XV | 2·C·XV | 2·D·XV | 2·E·XV | 2·F·XV | 2·G·XV | |
|   | XVI | 2·A·XVI | 2·B·XVI | 2·C·XVI | 2·D·XVI | 2·E·XVI | 2·F·XVI | 2·G·XVI | |
| 3 | XV  | 3·A·XV | 3·B·XV | 3·C·XV | 3·D·XV | 3·E·XV | 3·F·XV | 3·G·XV | |
|   | XVI | 3·A·XVI | 3·B·XVI | 3·C·XVI | 3·D·XVI | 3·E·XVI | 3·F·XVI | 3·G·XVI | |
| 4 | XV  | 4·A·XV | 4·B·XV | 4·C·XV | 4·D·XV | 4·E·XV | 4·F·XV | 4·G·XV | |
|   | XVI | 4·A·XVI | 4·B·XVI | 4·C·XVI | 4·D·XVI | 4·E·XVI | 4·F·XVI | 4·G·XVI | |
| 5 | XV  | 5·A·XV | 5·B·XV | 5·C·XV | 5·D·XV | 5·E·XV | 5·F·XV | 5·G·XV | |
|   | XVI | 5·A·XVI | 5·B·XVI | 5·C·XVI | 5·D·XVI | 5·E·XVI | 5·F·XVI | 5·G·XVI | |
| 6 | XV  | 6·A·XV | 6·B·XV | 6·C·XV | 6·D·XV | 6·E·XV | 6·F·XV | 6·G·XV | |
|   | XVI | 6·A·XVI | 6·B·XVI | 6·C·XVI | 6·D·XVI | 6·E·XVI | 6·F·XVI | 6·G·XVI | |
| 7 | XIV | | | | | | 課題Ⅱ演習例 ▶ | | 7·H·XIV |

梁間・桁行寸法　　　　　　　　　　　　[m]

|   | $X$ | $Y·1$ | $Y·2$ |
|---|-----|-------|-------|
| 1 | 8.1 | 6.1 | 4.1 |
| 2 | 8.2 | 6.2 | 4.2 |
| 3 | 8.3 | 6.3 | 4.3 |
| 4 | 8.2 | 6.4 | 4.4 |
| 5 | 8.3 | 6.4 | 4.5 |
| 6 | 8.2 | 6.3 | 4.4 |
| 7 | 8.0 | 6.0 | 4.0 |

階高　　　　　　　　　　　　　　　　　　　　　　　　　　　　　　　　　　[m]

|   | A | B | C | D | E | F | G | H |
|---|---|---|---|---|---|---|---|---|
| $H$ | 4.8 | 5.1 | 5.2 | 5.4 | 5.6 | 5.8 | 6.0 | 5.0 |

スラブ厚さ

|     | 厚さ $S$ |
|-----|---------|
| XIV | 140 mm |
| XV  | 150 mm |
| XVI | 160 mm |

課題II　○○公園休憩所新築工事──鉄筋コンクリート造平家建構造設計・構造計算データ

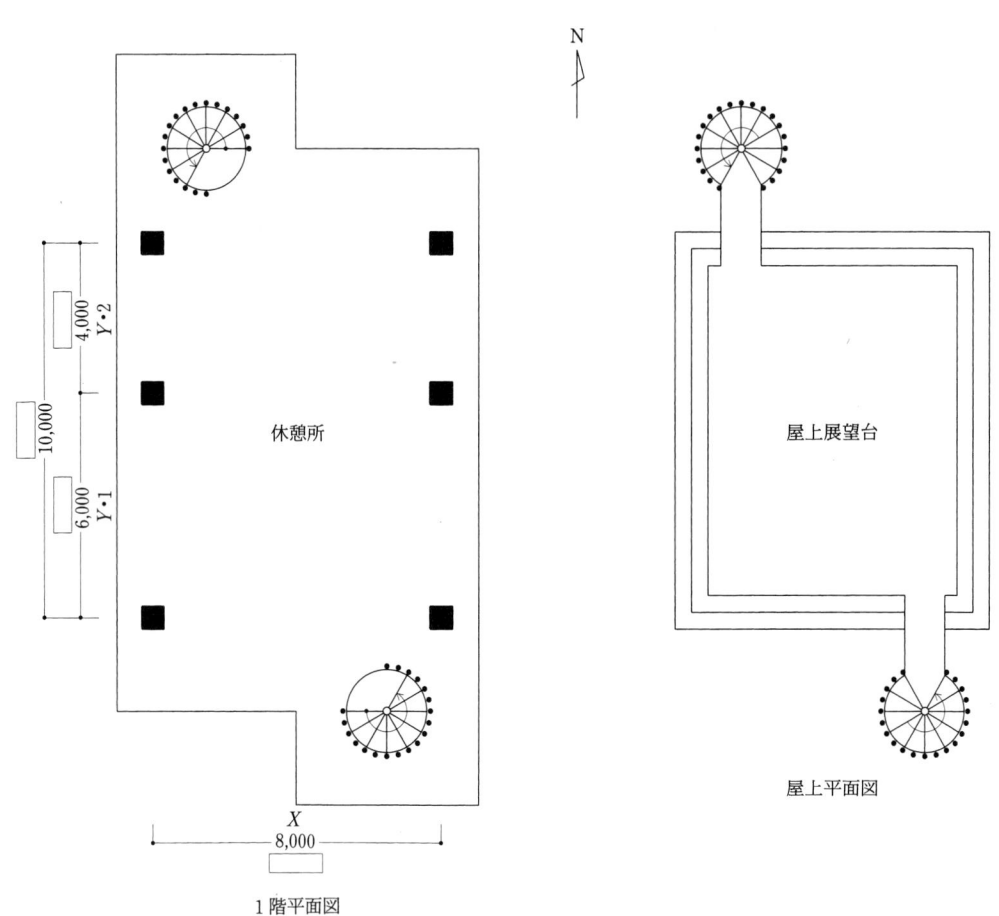

1階平面図

屋上平面図

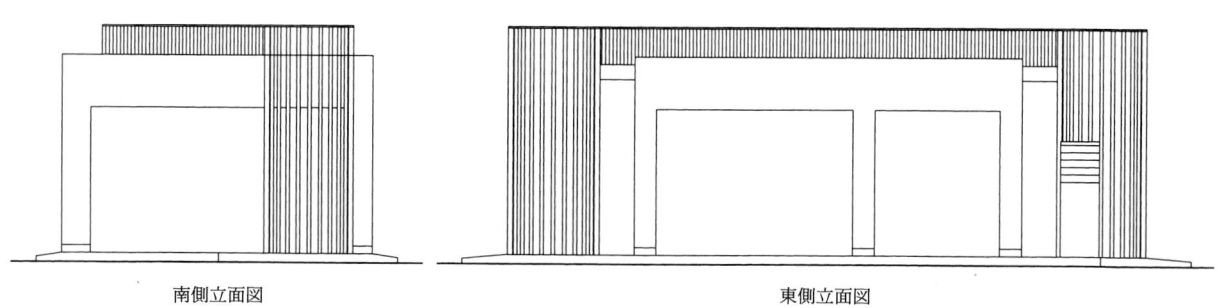

南側立面図　　　　東側立面図

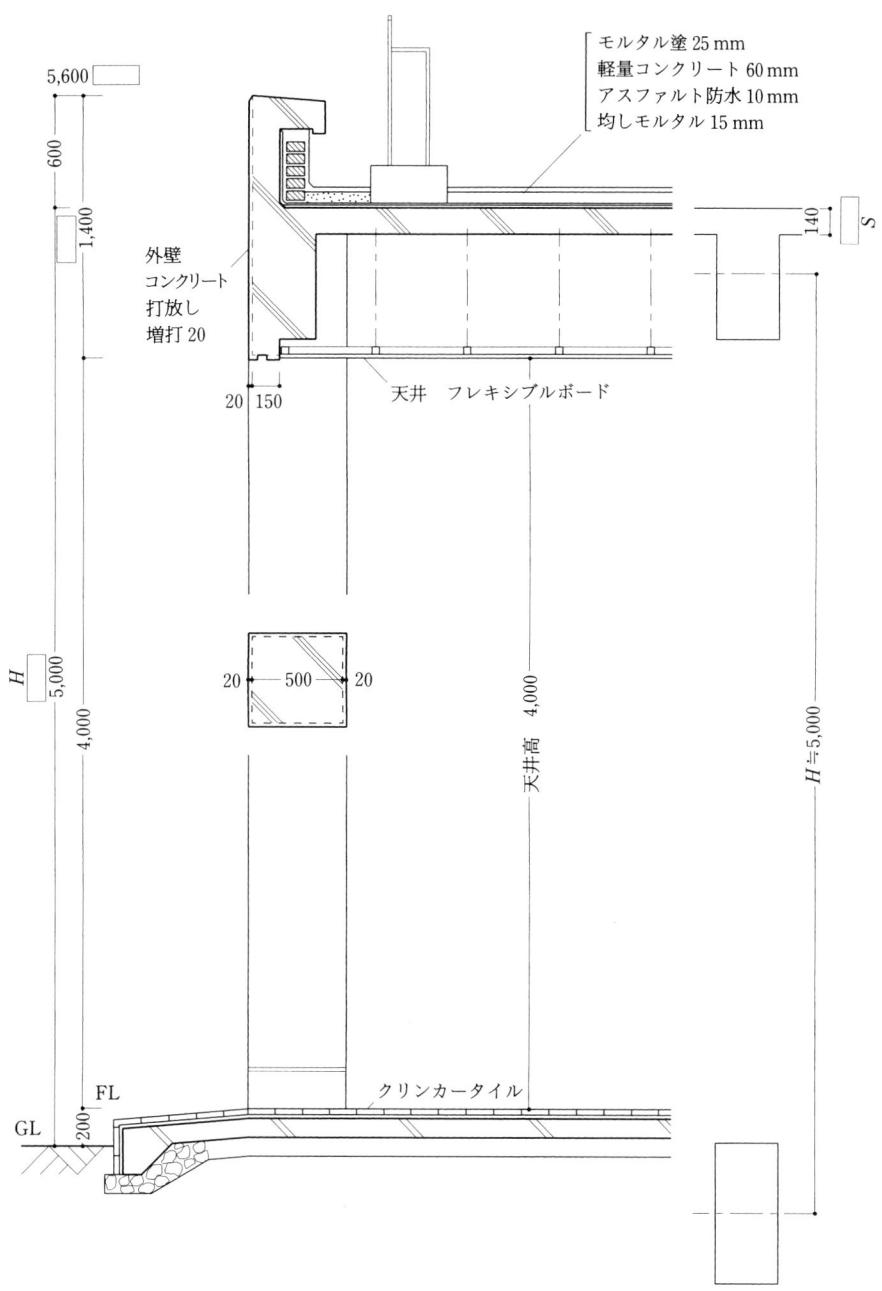

矩計図

# 000 表紙

　実務で実際に使われる構造計算書に沿って鉄筋コンクリート構造の勉強を始めよう．
　まず本書巻末付録の構造計算書の表紙に，設計年月，工事名称，構造設計者の氏名を記入する．なお「課題Ⅰ，Ⅱの特徴と選択方法」に従って選択した演習課題のタイプ名と学生番号も付記する．

> 構造計算書Ⅱ演習例 p. 0
> 　表紙に工事名称等を記入する．

構 造 計 算 書

（鉄筋コンクリート造用）
2007年　10月

工　事　名　称

嵐山公園休憩所新築工事　タイプ ７・Ｈ・ⅩⅣ

設計者　36803　上野 嘉久

－0－

# 100 一般事項

## 110 建築物の概要

構造計算データに基づいて，構造計算書に建物規模，仕上げ概要等を記載する．
床面積は以後の計算や建物重量のチェックに必要である．用途欄には各階の用途を記入する．

> **構造計算書Ⅱ演習例 p.1**
> 構造計算データに基づいて記載する．

## 120 設計方針

構造計算をする上での基本方針等を明記する．

### 121 準拠法令・規準等

外力・荷重のとり方，応力合成，材料の許容応力度については建築基準法に，架構応力解析は構造力学書，断面算定は日本建築学会の計算規準・指針に準拠して構造計算を進めるので，最初にうたっておく．

構造計算にあたって参考とした資料図書等があれば明記する．

### 122 電算機・プログラム

電算機を使用した場合は，その機種とプログラム名等を記入する．

> **構造計算書Ⅱ演習例 p.1**
> 電算機は使用しない．

### 123 応力解析

架構応力の解析法は数多くあるが，手計算の場合には鉛直荷重時（長期）は固定モーメント法，水平荷重時（地震力）は武藤博士の $D$ 値法による．

## 130 使用材料と許容応力度・材料強度

構造計算書の2ページにはRC造に使用する構造材料と許容応力度計算（1次設計）で採用する材料の「許容応力度」，2次設計・保有水平耐力計算で用いる「材料強度」を示す．

## 131 鉄筋の種類と許容応力度・材料強度

【a】鉄筋の種類と表示記号

① 丸鋼と異形棒鋼

鉄筋には棒鋼が用いられ，丸鋼と異形棒鋼（異形鉄筋）とがある．鋼材記号は丸鋼が SR，異形棒鋼が SD である．JIS 規格は棒鋼の性能を降伏点強度で区別しているので，それぞれの種別表示は次のようになる．

$$\text{丸鋼 } \underset{\underset{\text{Steel Round Bar}}{\uparrow}}{SR} \underset{\underset{\text{降伏点強度 } 235 \text{ N/mm}^2}{\uparrow}}{235}$$

$$\text{異形棒鋼 } \underset{\underset{\text{Steel Deformed Bar}}{\uparrow}}{SD} \underset{\underset{\text{降伏点強度 } 295 \text{ N/mm}^2}{\uparrow}}{295}\genfrac{}{}{0pt}{}{A}{B}$$

なお，鋼材（H 形鋼等）は引張強度によって性能が区別されており，鉄筋が降伏点強度によっているのとは異なる．一般に，異形棒鋼 SD295A が多用されている．

② 鉄筋の品質・種別

鉄筋は，原則として日本工業規格に定められているものを使用する．

【b】許容応力度・材料強度

法令により定められた許容応力度，材料強度を一覧表にして構造計算書に示し，採用するものに○をつける．

> 構造計算書 II 演習例 p. 2
>
> 異形棒鋼 SD295 を採用する（SD295B は溶接に適するようにするため化学成分規定が厳しい．ただし，市場性が乏しいので，通常 SD295 といわれているのは SD295A のことである）．

【c】鉄筋の許容応力度および材料強度の決め方

① 許容応力度の決め方

鉄筋・鋼材の許容応力度は，降伏点強度と引張強度の 70％のいずれか小さい方をとって許容応力度の基準値 $F$（短期）とし，この $F$ 値を基にして種々の応力状態に対する許容応力度を決める．

降伏点強度を許容応力度とすると，降伏比 $\left(=\dfrac{\text{降伏点強度}}{\text{引張強度}}\right)$ の高い鋼材（高張力鋼）の場合には終局耐力に対する安全率が小さくなる．そこで引張強度の 70％を超えないように上記のようにどちらか小さい値を採用することとされているのである．

② 材料強度の決め方

鉄筋の材料強度は，基準強度 $F$（短期の許容応力度と同値）である．なお，JIS 規格に適合する鉄筋を使用する場合には，基準強度の 1.1 倍の値を採用することができる．

## 132 コンクリートの種別と許容応力度・材料強度

① コンクリートの種類と設計基準強度 $F_c$

コンクリートには，普通コンクリートと軽量コンクリートがある．

採用すべき $F_c$ は，現時点の施工レベルを勘案して，一般的な建築物については普通コンクリートで $F_c = 18 \sim 24 \text{ N/mm}^2$ とする．$F_c = 21 \text{ N/mm}^2$ が主流である（第 1 部 表 3 参照）．

# 100　一般事項

## 110　建築物の概要

### 111　建築場所：　京都市右京区嵯峨野々宮町

### 112　建築概要

| 建　物　規　模 | | | | | 仕　上　概　要 | |
|---|---|---|---|---|---|---|
| 階 | 床面積 | 用途 | 構造種別 | その他 | 屋根 | 歩行用アスファルト防水 |
| 1 | 80 | 休憩所 | RC | 最高の高さ　5.6 m | 床 | 1階土間クリンカータイル |
| | | | | 軒高　　　　5 m | 天井 | フレキシブル板 |
| | | 屋上は | | | 壁 | コンクリート打放し |
| | | 展望台 | | | | |
| 計 | 80 m² | | | | | |

## 120　設計方針

### 121　準拠法令・規準等
1 建築基準法，日本建築学会の計算規準・指針
2 参考図書……　『実務から見たRC構造設計』（株）学芸出版社

### 122　電算機・プログラム
1 使用箇所：　なし
2 機種名：　――
3 プログラム名：　――

### 123　応力解析
1 鉛直荷重時……固定モーメント法
2 水平荷重時……$D$ 値法

— 1 —

**2 許容応力度・材料強度**

コンクリートの許容応力度・材料強度は，材齢28日の圧縮強度を設計基準強度$F_c$と決めている．長期許容圧縮応力度$_Lf_c$は$\dfrac{F_c}{3}$である．なお，建築基準法施行令（以下「令」と略す）では$\dfrac{短期}{長期}=2.0$であるのに対し，学会規準（『鉄筋コンクリート構造計算規準・同解説』，以下「RC規」と略す）においては，せん断，付着については$\dfrac{短期}{長期}=1.5$である．本書では，実務設計として安全側となる「RC規」の値により設計する．

付着の「上端」とは，曲げ材にあって，その鉄筋の下に300 mm以上のコンクリートが打ち込まれる場合の水平鉄筋をいう．

> ------ 構造計算書II演習例 p. 2 ------
> 普通コンクリート$F_c=21$ N/mm²を採用する．

## 1.3.3 許容地耐力，杭の許容支持力

直接基礎か，杭基礎にするかは，地盤調査（標準貫入試験併行のボーリング調査）の結果を検討して決めるのが一般的である．中小規模の建物の場合には，試掘するなどして，地盤を確認して，表1・1に示した許容応力度を採用する．

長期許容地耐力（地盤の許容応力度）は，地盤の強度上の限界で，極限支持力の1/3かつ変形に対する制限値である沈下量を超えないよう考慮した値である．短期許容地耐力は長期の2倍である．

長期杭の許容支持力は，地盤に対する極限支持力の1/3かつ杭体の許容耐力以下でなければならない．短期の値は長期の2倍である．ただし，鋼杭の短期許容耐力は長期の1.5倍である．

> ------ 構造計算書II演習例 p. 2 ------
> 地盤は堅い粘土質地盤で直接基礎とし，基礎の深さは，GL（地盤面）より1.2 m下りとする．

表1・1 地盤の許容応力度

| 地　　盤 | 長期応力に対する許容応力度 [kN/m²] | 短期応力に対する許容応力度 [kN/m²] |
|---|---|---|
| 岩　　　　　　盤 | 1000 | 長期応力に対する許容応力度のそれぞれの数値の2倍とする |
| 固　結　し　た　砂 | 500 | |
| 土　　丹　　盤 | 300 | |
| 密　実　な　礫　層 | 300 | |
| 密　実　な　砂　質　地　盤 | 200 | |
| 砂質地盤（地震時に液状化のおそれのないものに限る） | 50 | |
| 堅　い　粘　土　質　地　盤 | 100 | |
| 粘　土　質　地　盤 | 20 | |
| 堅　い　ロ　ー　ム　層 | 100 | |
| ロ　ー　ム　層 | 50 | |

# 130 使用材料と許容応力度・材料強度

## 131 鉄筋の種類と許容応力度・材料強度

[N/mm²]

| 採用 | 応力種別 種類 | | 基準強度 $F$ | 許容応力度 | | | | | | 材料強度 | | | |
|---|---|---|---|---|---|---|---|---|---|---|---|---|---|
| | | | | 長期 | | | 短期 | | | 基準強度 $F$ | | | |
| | | | | 圧縮 $_Lf_c$ | 引張り $_Lf_t$ | | 圧縮 $_sf_c$ | 引張り $_sf_t$ | | JIS同等品 | 圧縮 | 引張り | |
| | | | | | せん断補強以外 | せん断補強 $_Lf_s$ | | せん断補強以外 | せん断補強 $_sf_s$ | JIS適合品 | | せん断補強以外 | せん断補強 |
| | 丸鋼 | SR235 | 235 | 155 | 155 | 156 | 235 | 235 | 235 | 235 / 258 | 235 / 258 | 235 / 258 | 235 / 258 |
| ○ | 異形棒鋼 | SD295 A B | 295 | 196 (195) | 196 (195) | 195 | 295 | 295 | 295 | 295 / 324 | 295 / 324 | 295 / 324 | 295 / 324 |
| | | SD345 | 345 | 215 (195) | 215 (195) | 195 | 345 | 345 | 345 | 345 / 379 | 345 / 379 | 345 / 379 | 345 / 379 |

( ) D29以上

## 132 コンクリートの種別と許容応力度・材料強度

[N/mm²]

| 採用 | 設計基準強度 $F_c$ | コンクリートの種類 | 長期許容応力度 | | | | | | 短期許容応力度 | | | | | | 材料強度 | | | |
|---|---|---|---|---|---|---|---|---|---|---|---|---|---|---|---|---|---|---|
| | | | 圧縮 $_Lf_c$ | せん断 $_Lf_s$ | 付着(丸鋼) | 付着(異形) $_Lf_a$ | | 付着(異形) $_Lf_b$ | | 圧縮 $_sf_c$ | せん断 $_sf_s$ | 付着(丸鋼) | 付着(異形) $_sf_a$ | | 付着(異形) $_sf_b$ | | 圧縮 | せん断 | 付着(異形) |
| | | | | | | 上端 | その他 | 上端 | その他 | | | | 上端 | その他 | 上端 | その他 | | | 上端 | その他 |
| | 18 | 普通コンクリート | 6 | 0.6 | 0.7 | 1.2 | 1.8 | 0.72 | 0.9 | 12 | 0.9 | 1.4 | 1.8 | 2.7 | 1.08 | 1.35 | 18 | 1.8 | 3.6 | 5.4 |
| ○ | 21 | 普通コンクリート | 7 | 0.7 | 0.7 | 1.4 | 2.1 | 0.76 | 0.95 | 14 | 1.05 | 1.4 | 2.1 | 3.15 | 1.14 | 1.425 | 21 | 2.1 | 4.2 | 6.3 |

1) 付着(異形) $f_b$ は,付着長さ $l_d$,定着長さ $l_a$ 算定用(学会規準)
2) 短期/長期=2. ただし,せん断 $f_s$,付着 $f_a$,$f_b$ は短期/長期=1.5

## 133 許容地耐力,杭の許容支持力

| 採用 | 種類 | | 長期 | 短期 | 備考 |
|---|---|---|---|---|---|
| ○ | 直接基礎 | 許容地耐力 | 100 kN/m² | 200 kN/m² | 地質 堅い粘土質地盤 GL-1.2m |
| | 杭基礎 | 杭の許容支持力 | kN/本 | kN/本 | ( )杭 $\phi=$ m $l=$ m 工法 |

地質調査資料   有  ⓧ無

# 200 構造計画・設計ルート等

## 210 構造計画

### 211 架構形式

RC造は，柱・梁からなるラーメン構造であるが，純ラーメンはまれで，一般的には耐震壁を含むラーメンまたは雑壁を含むラーメンが多い．

> ------構造計算書Ⅱ演習例 p. 3------
> 課題Ⅱは，$X$, $Y$方向とも純ラーメン構造である．

### 212 剛床仮定

架構に地震力が作用した時，その水平力を柱・梁・耐震壁に伝達させるためには床の剛性の確保が必要である．階段室，吹抜け等により床に開口部がある場合には，その位置・大きさを検討して，水平荷重が各柱に伝達するように計画し，剛床仮定が成立するように設計する．剛床仮定が不成立の場合には，骨組通りごとにその負担荷重で設計しなければならない．

> ------構造計算書Ⅱ演習例 p. 3------
> 課題Ⅱは，床の厚さ140 mm，開口部がないので剛床仮定は成立する．

### 213 基礎梁

基礎梁は，建物の不同沈下に対処するとともに，柱脚固定として設計するためにも，原則として必要である．

> ------構造計算書Ⅱ演習例 p. 3------
> 柱脚固定として設計する．基礎梁を設ける．

## 220 設計ルート

規模，壁量等によって「構造計算のルート」が決められている．そのルートに応じた構造計算により安全を確認しなければならない．

〔ルート①〕1次設計のみのもの．
〔ルート②〕2次設計をしなければならないが，保有水平耐力の計算は不要なもの．ただし，耐震基準として3つのメニューに分かれている．
〔ルート③〕保有水平耐力の計算を含む2次設計を要するもの．

# 200　構造計画・設計ルート

## 210　構造計画

211　架構形式　　$X$方向：　ラーメン構造　　　$Y$方向：　ラーメン構造

212　剛床仮定　　(成立)　　　　　不成立（　　　　）

213　基礎梁　　　(有)　　　無

## 220　設計ルート

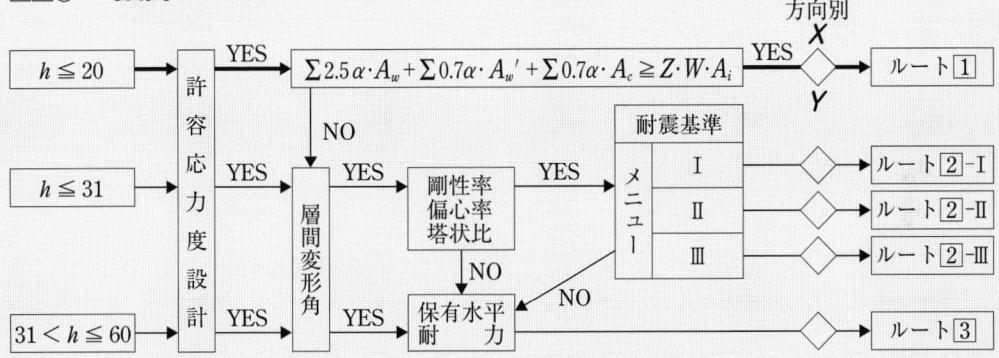

判定計算　$\sum 2.5\alpha \cdot A_w + \sum 0.7\alpha \cdot A_w' + \sum 0.7\alpha \cdot A_c \geq Z \cdot W \cdot A_i$
　　　　　$0.7 \times 1.08 \times 500 \times 500 \times 6 = 1134000 > 1.0 \times 1009000 \times 1.0 = 100900$
　　　　　　　　　　　　　　　$\therefore$ ルート $\boxed{1}$

## 230　剛性評価

231　スラブの剛性　　　　剛比増大　　略算（両側スラブ $\phi = 2.0$，片側スラブ $\phi = 1.5$）

232　壁の剛性

$\boxed{1}$ 耐震壁　　　　　　　　$n$ 倍法
$\boxed{2}$ そで壁，垂れ壁，腰壁　　剛比増大
$\boxed{3}$ 雑壁　　　　　　　　　2次設計にて剛性評価

## 240　保有水平耐力の解析　　なし

## 250　その他特記事項　　　なし

〔ルート4〕国土交通大臣が個別に認める構造計算によるもの．

の4通り，ルート2のメニューを含めると6通りに分かれる（図2・1）．

RCの構造計算ルートに沿って計算内容を検討していく場合のチェックポイントを抽出してフローチャートとしてまとめたものが，図2・1「構造計算のルート」である．

なお，2007年施行の建築基準法の改正において，ルート2およびルート3による構造計算については構造計算適合性判定（指定機関による審査）を受けることが義務づけられた．

【a】〔ルート1〕について

①ルート1は，比較的小規模の建物で，次の条件を満たすものに適用される．

1) 高さ ≦ 20 m
2) 壁量が次式に適合するもの

$$\sum 2.5\alpha \cdot A_w + \sum 0.7\alpha \cdot A_w' + \sum 0.7\alpha \cdot A_c \geq Z \cdot W \cdot A_i \quad \cdots\cdots (2 \cdot 1) \text{ 式}$$

$\alpha$ ：コンクリートの設計基準強度 $F_c$ による割増し係数（表2・1）

$F_c < 18 \text{ N/mm}^2$ のとき $\quad \alpha = 1.0$

$18 \text{ N/mm}^2 \leq F_c < 36 \text{ N/mm}^2$ のとき $\quad \alpha = \sqrt{\dfrac{F_c}{18}}$

$36 \text{ N/mm}^2 \leq F_c$ のとき $\quad \alpha = \sqrt{2}$

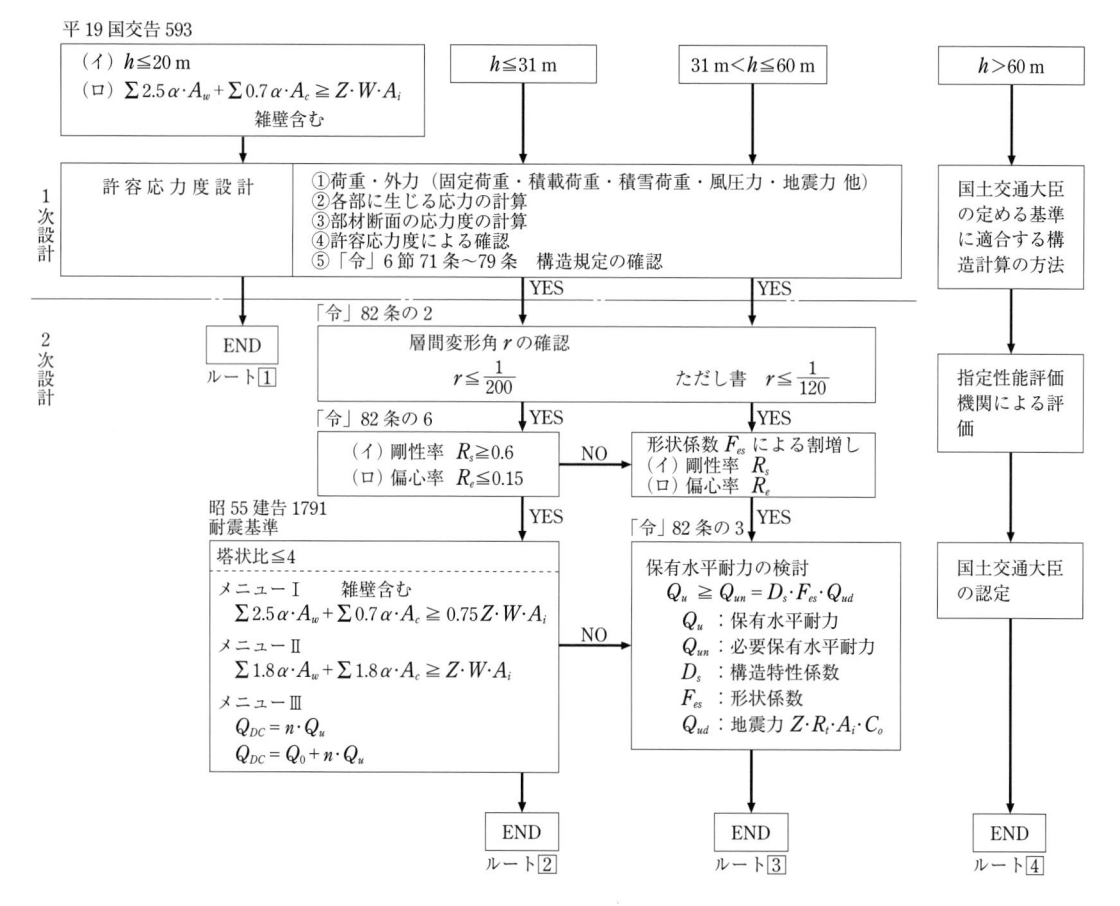

図2・1 構造計算のルート

表 2・1　割増し係数 $\alpha$

| 設計基準強度 | 割増し係数 $\alpha$ |
|---|---|
| $F_c = 18\,\text{N/mm}^2$ | 1.0 |
| $F_c = 21\,\text{N/mm}^2$ | 1.08 |
| $F_c = 24\,\text{N/mm}^2$ | 1.15 |
| $F_c = 27\,\text{N/mm}^2$ | 1.22 |
| $F_c \geq 36\,\text{N/mm}^2$ | 1.41 |

$A_w$　：当該階の 1 方向の耐力壁の水平断面積〔mm²〕

$A_w'$　：当該階の 1 方向の耐力壁以外の雑壁の水平断面積〔mm²〕

$A_c$　：当該階の 1 方向の柱の水平断面積〔mm²〕

$Z$　：地域係数（→表 4・1）

$W$　：当該階にかかる建物重量〔N〕（→ **421**）

$A_i$　：地震層せん断力係数 $C_i$ の高さ方向での分布係数（→ **422**）

② 柱・梁のせん断設計は，以下の方法で行う．

1) 設計用せん断力 $Q_D$ は次式により算定される $Q_{D1}$ と $Q_{D2}$ のうち小さい方の値をとる．

$$Q_{D1} = Q_L + n\cdot Q_E \quad\cdots\cdots\cdots(2\cdot2)\text{ 式}$$

$$Q_{D2} = Q_0 + Q_y \quad\cdots\cdots\cdots(2\cdot3)\text{ 式}$$

$Q_L$：長期荷重によるせん断力．柱については $Q_L = 0$

$n$　：せん断設計用の割増し係数．$n \geq 1.5$

　　　4 階建程度以下の建築物では 2

$Q_E$：地震力によるせん断力

$Q_0$：単純支持とした時の長期荷重によるせん断力．柱については $Q_0 = 0$

$Q_y$：当該柱または梁の両端に曲げ降伏が生じた時のせん断力．柱の場合には柱頭に接続する梁の曲げ降伏を考慮した値としてもよい

2) せん断補強筋の算定は，「RC 規」の短期許容せん断耐力式による（梁については **814**，柱については **824** を参照）．

3) 耐力壁については次の条件を備えさせる．

・設計用せん断力を，地震力によって耐力壁に生じるせん断力の 2 倍以上とする

・せん断補強筋の算定は，「RC 規」の短期許容せん断耐力式による

【b】〔ルート2〕について

ルート2は，高さ ≦ 31 m，塔状比（＝架構の高さ/幅）≦ 4 の建物に適用される．2 次設計の層間変形角，剛性率，偏心率を満足させるとともに，次の 3 つの耐震基準のメニューの中から 1 つを選んでせん断設計をしなければならない．

1 〔ルート2-Ⅰ〕耐力壁等が比較的多い建物を想定

① まず当該建築物の壁量について検討し，次式を満足させること．

$$\sum 2.5\,\alpha\cdot A_w + \sum 0.7\,\alpha\cdot A_w' + \sum 0.7\,\alpha\cdot A_c \geq 0.75\,Z\cdot W\cdot A_i \quad\cdots\cdots\cdots(2\cdot4)\text{ 式}$$

$$\frac{\sum 2.5\,\alpha\cdot A_w + 0.7(\sum \alpha\cdot A_w' + \sum \alpha\cdot A_c)}{0.75} \geq Z\cdot W\cdot A_i \quad\cdots\cdots\cdots(2\cdot4)'\text{ 式}$$

この式は，前出の2次設計免除の建築物の壁量の検討式である（2·1）式の右辺に0.75を乗じた式で，ある程度の粘り強さが期待できるよう耐力壁等の量の最小限度を条件づけたものである．耐力壁等の量の比較的多い，階数の少ない小規模の建物がこの条件をクリアしやすい．
②次に，下記の要領で柱・梁のせん断設計を行う．
1) 設計用せん断力 $Q_D$ は，下記の $Q_{D1}$ と $Q_{D2}$ のうち小さい方の値をとる．
$$Q_{D1} = Q_L + n \cdot Q_E \quad \cdots\cdots\cdots\cdots\cdots\cdots\cdots\cdots\cdots\cdots\cdots\cdots (2\cdot 2)' \text{式}$$
$$Q_{D2} = Q_0 + Q_y \quad \cdots\cdots\cdots\cdots\cdots\cdots\cdots\cdots\cdots\cdots\cdots\cdots (2\cdot 3) \text{式}$$
　　　　$n$：せん断設計用の割増し係数．一般に $n = 2$
　　　　　　構造計算で無視した腰壁，垂れ壁つきの柱では，$h/h_0$ と2のうち大きい方の値とする
　　　　　　（$h$：階高，$h_0$：開口部の高さ）
2) せん断補強筋の算定は，「RC規」の短期許容せん断耐力式による（梁については**814**，柱については**824**を参照）．
3) 柱のせん断補強筋比 $p_w$ については，2) での計算結果が下記の数値を下回る場合には下記による．
　・計算上無視したそで壁つきの柱：$p_w \geq 0.4 \%$
　・その他の柱：$p_w \geq 0.3 \%$
4) 耐力壁について次の条件を備えさせる．
　・設計用せん断力を，地震力によって耐力壁に生じるせん断力の2倍以上とする
　・せん断補強筋比は $p_s \geq 0.4 \%$

2 〔ルート2 - Ⅱ〕そで壁つき柱が多い建物を想定
　①まず，壁量について次式を満足させる．
$$\sum 1.8 \alpha \cdot A_w + \sum 1.8 \alpha \cdot A_c \geq Z \cdot W \cdot A_i \quad \cdots\cdots\cdots\cdots\cdots\cdots (2\cdot 5) \text{式}$$
　有開口壁などによるそで壁つき柱が多いために耐震強度がかなり大きく，かつある程度の粘り強さも期待できる建築物を判別する条件として示されている式である．
　②柱・梁のせん断設計は，〔ルート2 - Ⅰ〕のメニューの場合と同様の方法で行う．
　　ただし，そで壁つき柱については下記の点に留意して設計を行う．
　　・柱の設計では，そで壁つきで応力解析・断面設計を行う
　　・そで壁の厚さ $t \geq 150$ mm．配筋は複配筋とし，せん断補強筋比 $p_s \geq 0.4 \%$

3 〔ルート2 - Ⅲ〕耐力壁，そで壁つき柱等の少ないラーメン架構を想定
　耐力壁やそで壁つき柱の少ないラーメン架構については，壁量で粘り強さの不足を補わせるというわけにはいかない．柱・梁が終局曲げモーメントに達しても，その柱・梁がせん断破壊することのないよう設計する．柱・梁のせん断設計用せん断力 $Q_{DC}$ および $Q_{DG}$ は次式によって算定する．
　　柱：$Q_{DC} = n \cdot Q_u \quad \cdots\cdots\cdots\cdots\cdots\cdots\cdots\cdots\cdots\cdots\cdots\cdots (2\cdot 6) \text{式}$
　　梁：$Q_{DG} = Q_0 + n \cdot Q_u \quad \cdots\cdots\cdots\cdots\cdots\cdots\cdots\cdots\cdots\cdots (2\cdot 7) \text{式}$
　　　　$n$　：せん断設計用の割増し係数．$n \geq 1.1$（1階，最上階の柱は $n \geq 1.0$）
　　　　$Q_u$：終局曲げ耐力に達した時のせん断力
　　　　$Q_0$：単純支持とした時の長期荷重によるせん断力
なお，柱のせん断補強筋比 $p_s$ は0.3％以上とする．

【c】〔ルート③〕について

RC造で高さが31 mを超え60 m以下の建築物，高さが31 m以下で2次設計の剛性率，偏心率が規制値をクリアできない建築物および耐震基準を満たさない建築物については，1次設計（許容応力度以内）を行い，2次設計の層間変形角を満足させた上で，保有水平耐力の計算を行う．

【d】〔ルート④〕について

60 mを超える超高層建築物については，国土交通大臣の認定が必要である．

## 221 壁量算定のポイント

RC造で高さが20 m以下の建物は，壁量いかんによって構造設計ルート，すなわち2次設計省略の可否が決まってくる．また，せん断設計方法のメニューを選択する際にも壁量が基となる．この壁量算出の留意点を解説する．なお，設計課題の設計ルート判定については，**300**の建物重量および地震力算出に必要な係数を求めてから計算することになる．

基本式　$\sum 2.5\alpha \cdot A_w + \sum 0.7\alpha \cdot A_w' + \sum 0.7\alpha \cdot A_c \geq Z \cdot W \cdot A_i$

【a】柱の断面積 $A_c$

$A_c = B \cdot b + B' \cdot b'$ （図2・2(a)）

【b】壁の断面積（①，②は耐力壁 $A_w$）

① 耐震壁の断面積 $A_w$

$\sqrt{\dfrac{h_0 \cdot l_0}{h \cdot l}}$ , $\dfrac{l_0}{l} \leq 0.4$ かつ $t \geq 120$ mm

無開口 $A_w = l' \cdot t$ 　（図2・2(a)）
開口つき $A_w = (l' - l_0)t$ （図2・2(b)）

② 耐震壁くずれ壁

$\sqrt{\dfrac{h_0 \cdot l_0}{h \cdot l}} > 0.4$ かつ $t \geq 120$ mm

①そで壁の断面積 $A_w$

長さが450 mm以上で，かつその部分が接する開口部の高さの30％以上．

$A_w = l' \cdot t$ （図2・2(c)）

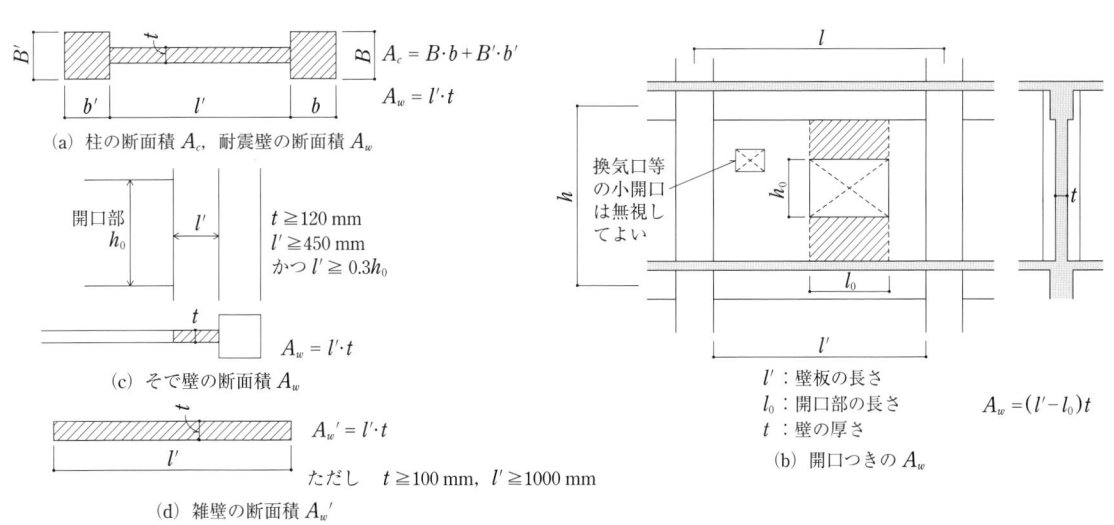

(a) 柱の断面積 $A_c$，耐震壁の断面積 $A_w$
　$A_c = B \cdot b + B' \cdot b'$
　$A_w = l' \cdot t$

(c) そで壁の断面積 $A_w$
　$t \geq 120$ mm
　$l' \geq 450$ mm
　かつ $l' \geq 0.3 h_0$
　$A_w = l' \cdot t$

(d) 雑壁の断面積 $A_w'$
　$A_w' = l' \cdot t$
　ただし $t \geq 100$ mm, $l' \geq 1000$ mm

(b) 開口つきの $A_w$
　$l'$ : 壁板の長さ
　$l_0$ : 開口部の長さ
　$t$ : 壁の厚さ
　$A_w = (l' - l_0)t$

換気口等の小開口は無視してよい

図2・2　耐力壁等の断面積

3 雑壁の断面積 $A_w'$（架構内の壁）

① 方立壁 $A_w'$

$l' \geqq 1000$ mm, $t \geqq 100$ mm    $A_w' = l' \cdot t$ （図2・2(d)）

② そで壁（2 ① 以外のもの）$A_w'$

$t \geqq 120$ mm    $A_w' = l' \cdot t$

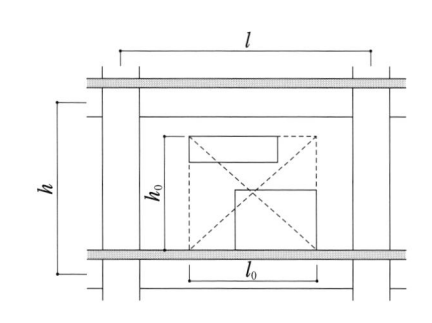

高さ $h_0$，長さ $l_0$ の開口とみなす
(a) 包絡する開口とみる

$\sqrt{\dfrac{h_0 \cdot l_0}{h \cdot l}}$ において，$h_0 \cdot l_0 = h_1 \cdot l_1 + h_2 \cdot l_2$ とみなす

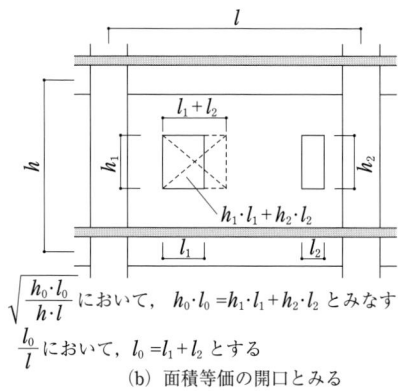

$\dfrac{l_0}{l}$ において，$l_0 = l_1 + l_2$ とする
(b) 面積等価の開口とみる

図2・3 複数の開口を有する耐震壁

---

**構造計算書Ⅱ演習例 p.3**

**220** 解説●設計ルートの判定計算

基本式　$\sum 2.5\,\alpha \cdot A_w + \sum 0.7\,\alpha \cdot A_w' + \sum 0.7\,\alpha \cdot A_c \geqq Z \cdot W \cdot A_i$

$\alpha$　　　　　：表2・1 より，$F_c = 21$ N/mm² のとき $\alpha = 1.08$

$\sum A_w$, $\sum A_w'$：壁がないので $A_w = 0$，$A_w' = 0$

$\sum A_c$　　　：柱の断面積の合計

　　　　　　　$\sum A_c = 500$ mm × 500 mm × 6 本 $= 1500000$ cm²

$Z, W, A_i$　　：**422**（地震力の計算結果値）より

　　　　　　　$Z \cdot W \cdot A_i = 1.0 \times 1009000$ N $\times 1.0 = 1009000$ N

〈判定計算〉

$\sum 0.7\,\alpha \cdot A_c \geqq Z \cdot W \cdot A_i$

$0.7 \times 1.08 \times 1500000$ N $= 1134000$ N $> 1009000$ N

∴　ルート 1

---

**構造計算書Ⅰ演習例 p.4**

**220** 解説●設計ルートの判定計算

ルート判定の計算は壁量によることになるが，その壁が，剛比算定および耐力壁としての $D$ 値算定に関連してくるので，**452** 剛比算定，**600** 耐震壁の $D$ 値算定および **700** 2次設計の層間変形角，剛性率，偏心率の計算用の $D$ 値と総合的に計算を進めなければならない．

# 220 設計ルートの判定計算

**構造計算書Ⅰ演習例**

柱・壁伏図

| 階 | $Z \cdot W \cdot A_i$ | 方向 | $\alpha \cdot A_w$ | $\alpha \cdot A_w'$ | $\alpha \cdot A_c$ | ルート①<br>$2.5\alpha \cdot A_w +$<br>$0.7\alpha \cdot A_w' + 0.7\alpha \cdot A_c$ | 判定 | ルート②-Ⅰ<br>$\dfrac{\text{ルート①}}{0.75}$ | 判定 | ルート②-Ⅱ<br>$1.8(\alpha \cdot A_w + \alpha \cdot A_c)$ | 判定 | ルート②-Ⅲ |
|---|---|---|---|---|---|---|---|---|---|---|---|---|
| 2階 | $1 \times 792000$<br>$\times 1.21$<br>$=958320$ | X | 1.0×75000<br>1.0×75000 | 1.0×315000 | 1.0×250000<br>×6 | 1645500 | ○ | | | | | |
| | | Y | 150000<br>870000 | 315000 | 150000<br>1500000 | 3225000 | ○ | | | | | |
| | | | 1.0×525000<br>1.0×345000 | | | | | | | | | |
| 1階 | $1 \times 1796500$<br>$\times 1$<br>$=1796500$ | X | 1.0×75000<br>1.0×75000 | 1.0×315000<br>1.0×150000 | 1.0×250000<br>×6 | 1750500 | × | 2334000 | ○ | | | |
| | | | 150000 | 465000 | 150000 | | | | | | | |
| | | Y | 1.0×525000<br>1.0×345000 | | 1.0×250000<br>×6 | 3225000 | ○ | | | | | |
| | | | 870000 | | 1500000 | | | | | | | |

2階 柱・壁伏図:
500×150=75000  500×150=75000
2100×150=315000
2300×150=345000
3500×150=525000
500×500=250000
1000, 1200, 3400

1階 柱・壁伏図:
同様、1000×150=150000

一方，これらの計算値を参考にして壁の取り扱いを計画しなければならない．

課題Ⅰの壁の取り扱いについて一覧にしたのが**表2・2**である．

計算例の解説は1階について行う．なお，課題Ⅰについては，設計基準強度 $F_c = 18$ N/mm² のコンクリートを採用する．したがって，コンクリートの設計基準強度 $F_c$ による割増し係数 $\alpha$ は，$\alpha = \sqrt{\dfrac{18}{18}} = 1.0$ となる．

表2・2 課題Ⅰ壁の取り扱い一覧表

| 壁の種類 | 壁量算定 | 剛比算定 | 耐力壁 $D$ 値算定 |
|---|---|---|---|

壁の種類

**1** 耐震壁 $\sqrt{\dfrac{h_0 \cdot l_0}{h \cdot l}} \leq 0.4$, $t \geq 120$ mm

無開口 $A_w = l' \cdot t$   無視   $D_w = n\left(\dfrac{A_w}{A_c}\right)D_c$

開口つき $A_w = (l' - l_0)t$   無視   $D_w = n \cdot r_1\left(\dfrac{A_w}{A_c}\right)D_c$

**2** 耐震壁くずれ $\sqrt{\dfrac{h_0 \cdot l_0}{h \cdot l}} > 0.4$, $t \geq 120$ mm

①そで壁 $l' \geq 450$ mm, $l' \geq 0.3 h_0$, $t \geq 120$ mm  $A_w = l' \cdot t$  柱剛度増大率 $\phi_4 = \dfrac{A_g}{A_0}$  —

②垂れ壁 ｝そで壁がつかない場合には短柱  —  柱剛度増大率 $\phi_2 = \dfrac{A_g}{A_0}$  —
③腰壁 　防止のためスリットを設ける  —  柱剛度増大率 $\phi_2 = \dfrac{A_g}{A_0}$  —

**3** 雑壁
①方立壁 $l' \geq 1000$ mm, $t \geq 100$ mm  $A_w' = l' \cdot t$  無視  $D_w' = D_w \times \dfrac{7}{25}$（2次設計用）

②そで壁（**2**①以外のもの） $t \geq 120$ mm  $A_w' = l' \cdot t$  柱剛度増大率 $\phi_4 = \dfrac{A_g}{A_0}$  —

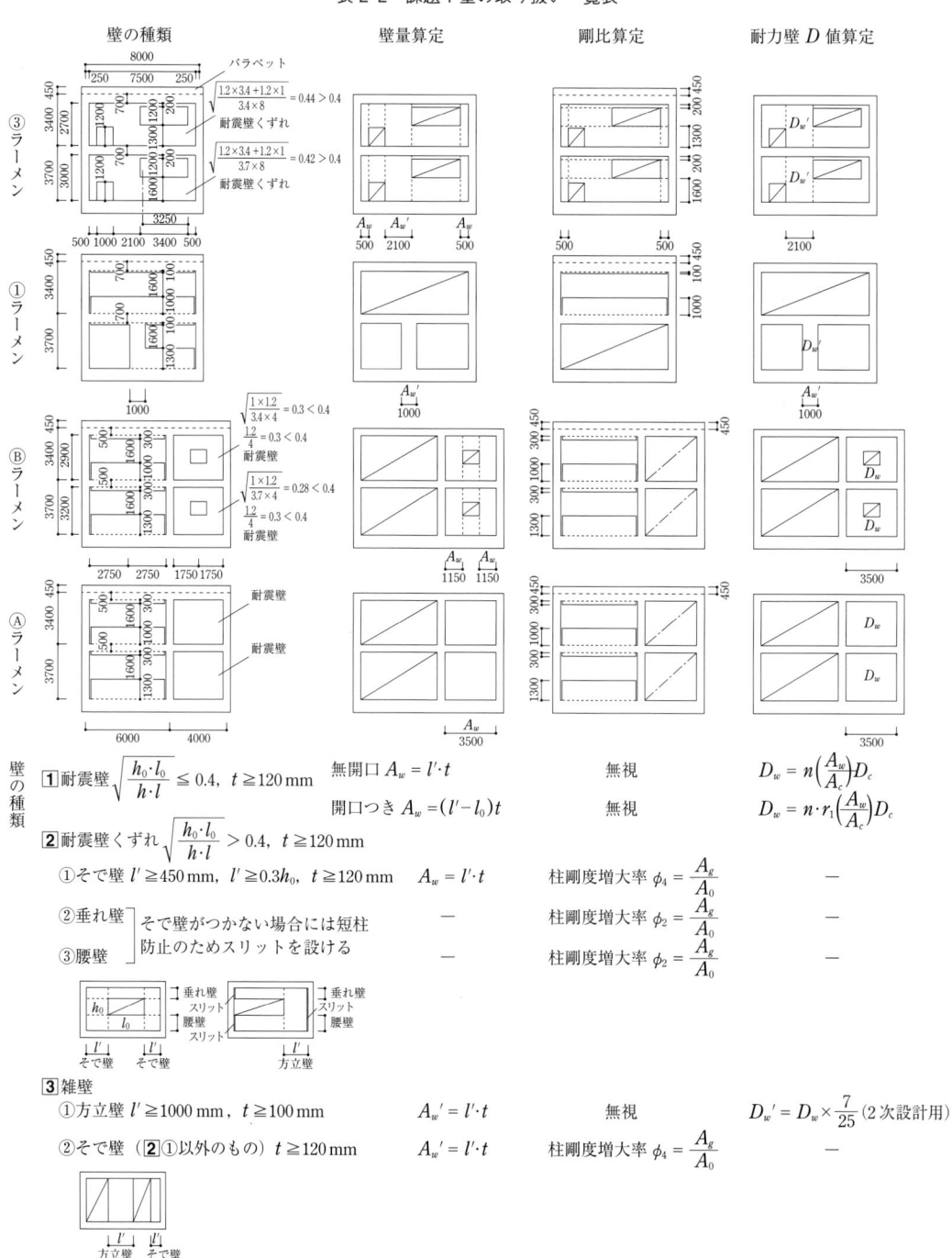

〈1階X方向〉

③ラーメン　開口周比 $\sqrt{\dfrac{1.2\times3.4+1.2\times1}{3.7\times8}} = 0.42 > 0.4$ となって，②耐震壁くずれ（耐震壁とならない）の壁であり，①そで壁として $A_w = l'\cdot t$ = 500 mm × 150 mm = 75000 mm$^2$ を2カ所算入する．方立壁とみなせる $l$ = 2100 mm の壁は③雑壁として $A_w' = l'\cdot t$ = 2100 mm × 150 mm = 315000 mm$^2$，①ラーメンの方立壁 $A_w'$ = 1000 mm × 150 mm = 150000 mm$^2$ を算入する．柱 $A_c$ = 500 mm × 500 mm × 6本 = 1500000 mm$^2$．

したがって，$\sum 2.5\,\alpha\cdot A_w + 0.7(\sum \alpha\cdot A_w' + \sum \alpha\cdot A_c)$ = 2.5 × 1.0 × 75000 mm$^2$ × 2 + 0.7 × (1.0 × 315000 mm$^2$ + 1.0 × 150000 mm$^2$ + 1.0 × 1500000 mm$^2$) = 1750500 mm$^2$ となる．一方，右辺は，420（課題Iの構造計算書 p.8）の地震力算定結果より，$Z\cdot W\cdot A_i$ = 1.0 × 1796500 × 1.0 = 1796500 N であり，$\sum 2.5\,\alpha\cdot A_w + 0.7(\sum \alpha\cdot A_w' + \sum \alpha\cdot A_c) < Z\cdot W\cdot A_i$ となり，ルート①では不可となる．そこでルート②-Iで検討すると，

$$\dfrac{\sum 2.5\,\alpha\cdot A_w + 0.7(\sum \alpha\cdot A_w' + \sum \alpha\cdot A_c)}{0.75} = 2334000\,\text{N} > Z\cdot W\cdot A_i = 1796500\,\text{N}$$

であり，可となる．したがって，X方向はルート②-Iで設計する．

# 230 剛性評価

RC造に作用する地震力は，柱・梁・壁の剛性の比によって各部材が負担する．その剛性値を求めるにあたって，梁についてはスラブ，垂れ壁，腰壁を，柱については壁，垂れ壁，腰壁および耐震壁の剛性も求めなければならない．一般的には，耐震壁については，柱の何倍かの剛性を求める $n$ 倍法，スラブ，雑壁は，柱・梁の剛比に増大率を乗じることにより評価している．

## 231 スラブの剛性

梁にはスラブがついていて，断面はT形あるいはL形となるが，スラブの有効幅 $B$ を求めて，T形あるいはL形の断面2次モーメントを求める方法（精算）もあるが，通常，略算として増大率 $\phi_1$ を乗じて求める（→ **452**②）．

## 232 壁の剛性

① 耐震壁

耐震壁の水平力分布係数 $D$ 値（剛性）は，変形を考慮して求める方法もあるが，一般的には柱の $D$ 値の $n$ 倍を耐震壁の $D_w$ 値と仮定する略算法による（→ **630**，**640**④）．

② そで壁，垂れ壁，腰壁

柱・梁に取りつくそで壁，垂れ壁，腰壁については，断面積比による増大率を乗じて剛比を求めることにより剛性評価する（→ **452**④，⑤）．

③ 雑壁

雑壁の剛性値は $D_w' = D_w \times \dfrac{7}{25}$ とみて求める．層間変形角，剛性率，偏心率の2次設計用の剛性評価である（→ **640**⑤）．

## 240 保有水平耐力の解析

手計算で行う場合は，節点振り分け法によるのが一般的である（計算方法については，『改訂版　構造計算書で学ぶ鉄骨構造』（上野嘉久著/学芸出版社）の **1100** 保有水平耐力を参照いただきたい）．

> ┄ 構造計算書Ⅱ演習例 p.3 ┄
> 保有水平耐力の検討は必要ない．

## 250 その他特記事項

その他特記しなければならない事項があれば，明記しておく（構造計画の考え方等）．

> ┄ 構造計算書Ⅱ演習例 p.3 ┄
> 特になし．

## 260 伏図・軸組図

ここで以後の構造計算のために構造計画を再度練りなおす．そして柱位置，梁のかけかた，スラブ厚さ，小梁の有無等を決めて各伏図，軸組図を作る．

作図・軸組図で用いる各部の名称，記号の略称を表2・3に示す。

表2・3　各部の名称，記号の略称

```
 Y
 ↑→X ：X方向，Y方向それぞれの方向を示す
 Ⓐ，Ⓑ，Ⓒ……：Y方向の通り名　例）Ⓐラーメン
 ①，②，③……：X方向の通り名　例）①ラーメン
 C：Column 柱　　G：Girder 梁（X方向梁）
 B：Beam 梁（Y方向梁）　　b：beam 小梁
 S：Slab スラブ　　W：Wall 壁　　EW：耐震壁
 F：Foundation 基礎　FG：Foundation Girder 基礎梁（地中梁）
                    FB：Foundation Beam
 小文字：左下 r → 屋根　1，2，3… → 階
         右下 A，B，C…1，2，3… → 位置を示す
         例）₂C_{A2}：A2位置の2階柱
 スパン，階高等の寸法：5.000 → 5 m，5000 mm
                      b    D
 仮定断面の記入：梁 300 mm × 600 mm
                    ↓      ↓
                   梁幅    梁せい
                      b    D
               柱 450 mm × 500 mm
                    ↓      ↓
                   柱幅    柱せい
```

# 260 伏図・軸組図

## 261 伏図

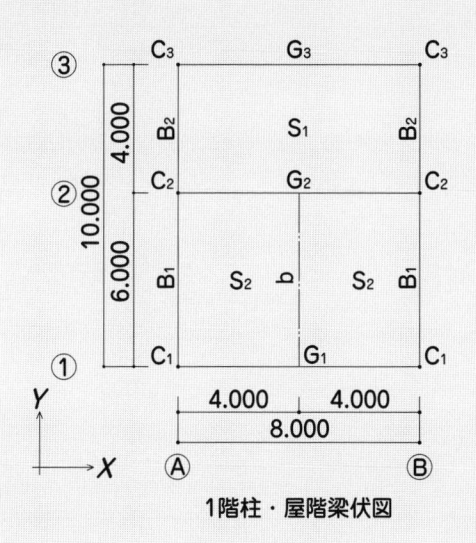

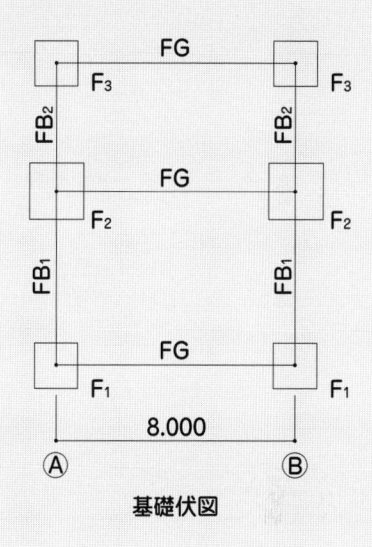

**1階柱・屋階梁伏図**

**基礎伏図**

## 262 軸組図

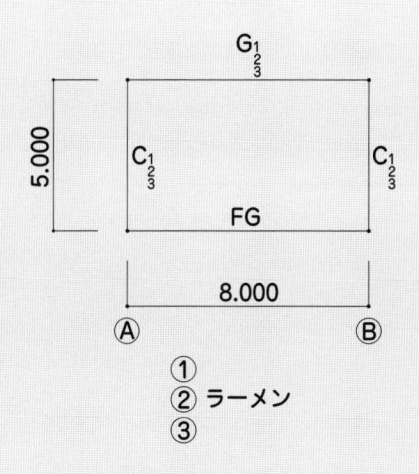

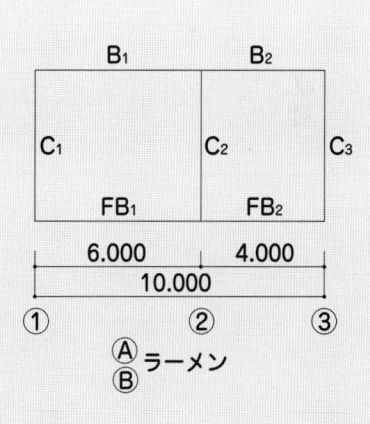

① ② ラーメン ③

Ⓐ Ⓑ ラーメン

## コラム ❷

## 構造計算適合性判定について

平成 19 年 6 月 20 日に施行された改正建築基準法において，高度な構造計算を要する一定の規模以上の建築物については，その構造計算が適切に行われているかをより詳細に審査する構造計算適合性判定（都道府県知事または指定構造適合性判定機関による審査）を受けることが義務づけられた．その対象となる建築物の概要を表 1 に示す．

なお，建築物の構造，規模にかかわらず，許容応力度等計算（ルート②），保有水平耐力計算（ルート③）または限界耐力計算（これらと同等以上に安全性を確かめることができる構造計算を含む）を行ったもの，これらの構造計算または許容応力度計算（ルート①）で大臣認定プログラムによるものについても，審査の対象となる．

表 1　構造計算適合性判定の対象建築物

| 構造種別 | | 木造 | 鉄骨造 | 鉄筋コンクリート造<br>鉄骨鉄筋コンクリート造 | 備考 |
|---|---|---|---|---|---|
| 建物規模 | 高さ | 高さ＞13 m<br>または<br>軒高＞9 m | 高さ＞13 m<br>または<br>軒高＞9 m | 高さ＞20 m | 高さ＞60 m は大臣認定が必要につき判定不要 |
| | 階数<br>（地階を除く） | | 階数≧4 | | |
| | 延べ面積 | | ・平家建で<br>　延べ面積＞3000m²<br>・上記以外で<br>　延べ面積＞500 m² | | |
| 構造計算方法 | | 許容応力度等計算（ルート②），保有水平耐力計算（ルート③）または限界耐力計算（これらと同等以上に安全性を確かめることができる構造計算を含む）のいずれかを行ったもの | | | |
| | | 大臣認定プログラムを使用したもの | | | |

（「法」20 条，「令」36 条の 2，平 19 国交告 593 に基づき作成）

# 300 荷重・外力

建築物に作用を及ぼす荷重・外力には，常時加わっているものと，地震力，風圧力，積雪荷重などのように一時的に生じるものとがある．前者を長期荷重と呼び，この長期荷重に後者の一時的な荷重（臨時荷重）を加えたものを短期荷重と呼んでいる．荷重の種類とその組合せを表 3・1，3・2 にまとめておく．ただし，多雪区域では長期荷重に積雪荷重を加えるので注意されたい．

表 3・1 荷重・外力の種類

| 荷重状態 | 荷重・外力の種類 | |
|---|---|---|
| 常時荷重 | $G$ 固定荷重(D.L.)‥‥‥建物自体の荷重 | 鉛直荷重 |
| | $P$ 積載荷重(L.L.)‥‥‥人間や家具の荷重 | |
| 臨時荷重 | $S$ 積雪荷重‥‥‥‥‥雪荷重 | |
| | $W$ 風圧力‥‥‥‥‥‥暴風 | 水平荷重 |
| | $K$ 地震力‥‥‥‥‥‥地震 | |

表 3・2 荷重の組合せ

| 種類 | 想定時点 | 一般区域 | 多雪区域 | 備考 |
|---|---|---|---|---|
| 長期荷重時 | 常 時 | 固定荷重+積載荷重 | 固定荷重+積載荷重+積雪荷重 | |
| 短期荷重時 | 積雪時 | 固定荷重+積載荷重+積雪荷重 | 固定荷重+積載荷重+積雪荷重 | 建築物の転倒，柱の引抜き等を検討する場合は，積載荷重を実況に応じて減らした数値による |
| | 暴風時 | 固定荷重+積載荷重+風圧力 | 固定荷重+積載荷重+風圧力 | |
| | | | 固定荷重+積載荷重+積雪荷重+風圧力 | |
| | 地震時 | 固定荷重+積載荷重+地震力 | 固定荷重+積載荷重+積雪荷重+地震力 | |

## 310 固定荷重

建築物の各部の固定荷重は，実務的には表 3・4 によって求める．この表にない材料については，材料の重量より計算することになる．

---
**構造計算書Ⅱ演習例 p.5**

建築物の各部分の固定荷重は，矩計図のディテールに基づき，各部分の荷重を集計して求める．床面積あたり N/m² の値となるが，柱，パラペットについては長さあたり N/m で計算している．

---

〈求め方〉

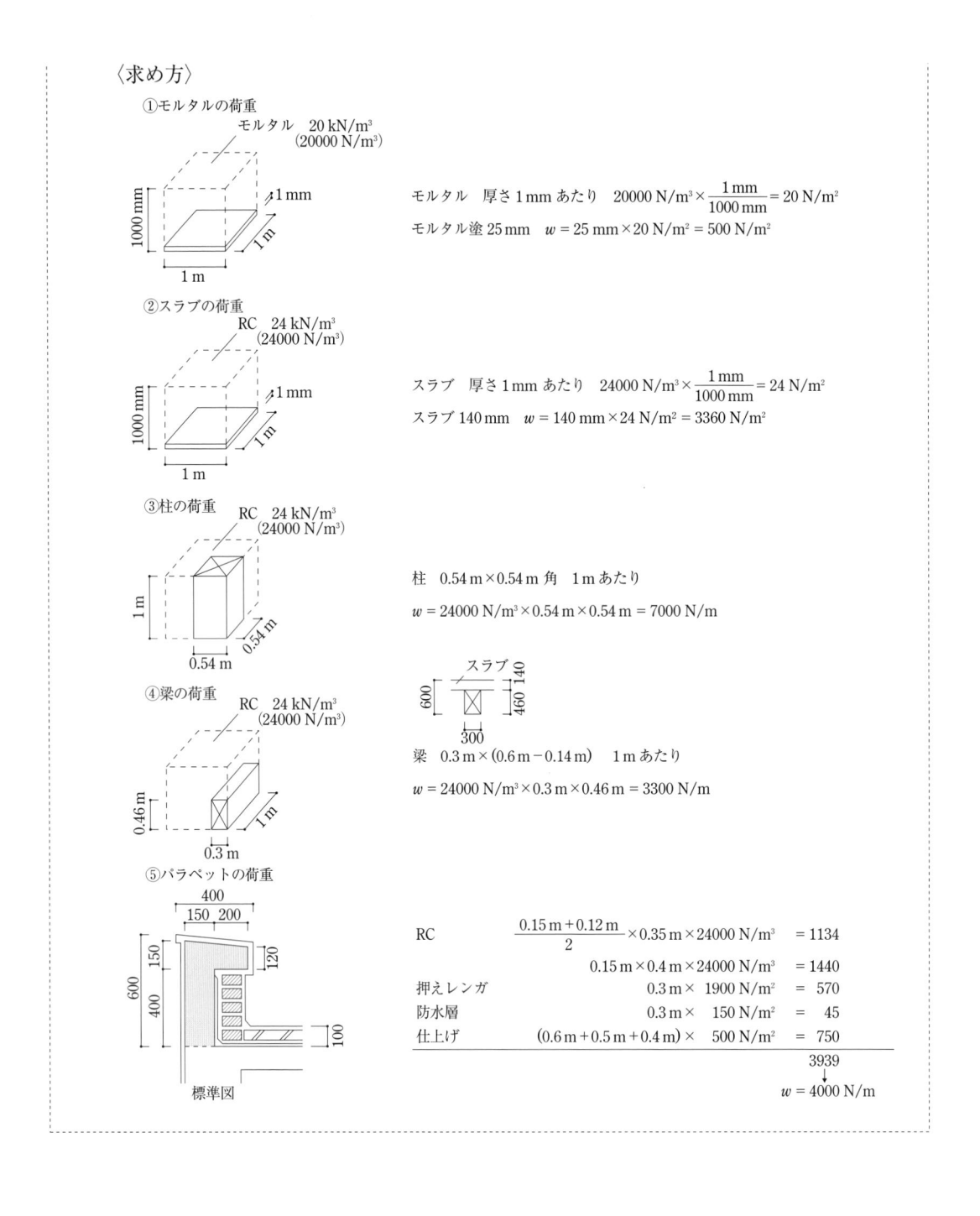

①モルタルの荷重

モルタル 厚さ1mmあたり　$20000 \text{ N/m}^3 \times \dfrac{1 \text{ mm}}{1000 \text{ mm}} = 20 \text{ N/m}^2$

モルタル塗 25 mm　$w = 25 \text{ mm} \times 20 \text{ N/m}^2 = 500 \text{ N/m}^2$

②スラブの荷重

スラブ 厚さ1mmあたり　$24000 \text{ N/m}^3 \times \dfrac{1 \text{ mm}}{1000 \text{ mm}} = 24 \text{ N/m}^2$

スラブ 140 mm　$w = 140 \text{ mm} \times 24 \text{ N/m}^2 = 3360 \text{ N/m}^2$

③柱の荷重

柱　0.54 m × 0.54 m 角　1 m あたり

$w = 24000 \text{ N/m}^3 \times 0.54 \text{ m} \times 0.54 \text{ m} = 7000 \text{ N/m}$

④梁の荷重

梁　0.3 m × (0.6 m − 0.14 m)　1 m あたり

$w = 24000 \text{ N/m}^3 \times 0.3 \text{ m} \times 0.46 \text{ m} = 3300 \text{ N/m}$

⑤パラペットの荷重

| | | |
|---|---|---|
| RC | $\dfrac{0.15 \text{ m} + 0.12 \text{ m}}{2} \times 0.35 \text{ m} \times 24000 \text{ N/m}^3$ | = 1134 |
| | $0.15 \text{ m} \times 0.4 \text{ m} \times 24000 \text{ N/m}^3$ | = 1440 |
| 押えレンガ | $0.3 \text{ m} \times 1900 \text{ N/m}^2$ | = 570 |
| 防水層 | $0.3 \text{ m} \times 150 \text{ N/m}^2$ | = 45 |
| 仕上げ | $(0.6 \text{ m} + 0.5 \text{ m} + 0.4 \text{ m}) \times 500 \text{ N/m}^2$ | = 750 |
| | | 3939 |
| | | $w = 4000 \text{ N/m}$ |

# 320 積載荷重と床荷重一覧表

【a】各室の積載荷重

　建築物の積載荷重は，「令」85条1項の積載荷重表によって計算する（表3・5）．

【b】屋上の積載荷重について

　人が常時上がらない屋上の積載荷重の取り扱い方について，法令上特に定めはないが，表3・5の(8)に示した数値の1/2以上を屋上の積載荷重としてあらかじめ見込むようにする．

# 300 荷重・外力

## 310 固定荷重

[N/m²]

| 建築物の部分 | 固定荷重 名称 | | | w |
|---|---|---|---|---|
| 屋上 | モルタル塗 [1] | 25 mm | 20 | 500 |
| | 軽量コンクリート平均 | 60 mm | 18 | 1080 |
| | アスファルト防水層 | 10 mm | 15 | 150 |
| | 均しモルタル | 15 mm | 20 | 300 |
| | スラブ [2] | 140 mm | 24 | 3360 |
| | 天井 フレキシブル板 | | | 200 |
| | | | | 5590 → 5600 N/m² |
| パラペット [5] | $H = 600$ mm | | | 4000 N/m |

| 建築物の部分 | 固定荷重 名称 | | w |
|---|---|---|---|
| 柱 [3] 500 mm × 500 mm | 仕上げ 20 mm、0.54 m × 0.54 m | 24000 N/m³ | 7000 N/m |
| 小梁 [4] 300 mm × 600 mm | スラブ 0.14 m、0.46 m × 0.3 m | 24000 N/m³ | 3300 N/m |
| 大梁 300 mm × 600 mm | スラブ 0.14 m、仕上げ 20 mm、0.46 m × 0.32 m | 24000 N/m³ | 3500 N/m |
| 大梁 350 mm × 700 mm | スラブ 0.14 m、仕上げ 20 mm、0.56 m × 0.37 m | 24000 N/m³ | 5000 N/m |
| 梁自重 | $3300 \times 6\,\mathrm{m} + 3500 \times 10\,\mathrm{m} \times 2 + 5000 \times 8\,\mathrm{m} \times 3 = 209800\,\mathrm{N}$ | | |
| | $\dfrac{209800\,\mathrm{N}}{80\,\mathrm{m}^2} =$ | | 2600 N/m² |

表3・3 主な材料の単位重量

| 材　料 | 重量 [kN/m³] |
|---|---|
| モルタル | 20 |
| コンクリート | 23 |
| 軽量コンクリート　2種 | 16 |
| 軽量コンクリート　1種 | 19 |
| 鉄筋コンクリート | 24 |
| 鉄骨鉄筋コンクリート | 25 |
| 鋼 | 77 |
| 土 | 16 |
| アルミニウム | 26 |
| 杉 | 4 |
| 桧, 松 | 6 |
| さくら, チーク, なら | 7〜9 |
| こくたん, したん | 10〜11 |
| 竹 | 3〜4 |

表3・4 建築物の各部分の固定荷重

| | 材　料 | | | 荷重 [N/m²] | 備　考 |
|---|---|---|---|---|---|
| 屋根 | 瓦葺 | | 葺土なし | 640 | 下地, 垂木含む, 母屋含まない |
| | | | 葺土あり | 980 | 〃 |
| | 波形鉄板葺 | 母屋に直接 | 屋根面につき | 50 | 母屋を含まない |
| | 薄鉄板葺 | | | 200 | 下地, 垂木含む, 母屋含まない |
| | ガラス屋根 | | | 290 | 鉄製枠を含む, 母屋含まない |
| | 厚形スレート葺 | | | 440 | 下地, 垂木含む, 母屋含まない |
| 小屋組 | 木造の母屋 | $l \leq 2\,\mathrm{m}$ | | 50 | $l$：母屋の支点間距離 |
| | | $l \leq 4\,\mathrm{m}$ | | 100 | |
| | 小屋組　木構造 | | 水平面につき | $100+10l$ | 母屋, 桁行つなぎ含む　$l$：スパン[m] |
| 天井 | さお縁 | | 天井面につき | 100 | つり木, 受木, その他の下地を含む |
| | 繊維板張, 打上げ板張, 合板張, 金属板張, せっこう化粧ボード(厚7mm) | | | 150 | |
| | 木毛セメント板張, フレキシブル板, せっこうボード(厚9mm) | | | 200 | |
| | 格縁 | | | 290 | |
| | しっくい塗 | | | 390 | |
| | モルタル塗 | | | 590 | |
| 床 | 木造の床 | 板張 | 床面につき | 150 | 根太含む |
| | | 畳敷 | | 340 | 床板, 根太含む |
| | | 床梁 $l \leq 4\,\mathrm{m}$ | | 100 | |
| | | 床梁 $l \leq 6\,\mathrm{m}$ | | 170 | $l$：張り間 |
| | | 床梁 $l \leq 8\,\mathrm{m}$ | | 250 | |
| | コンクリートの床の仕上げ | 板張 | | 200 | 根太, 大引含む |
| | | フロアリングブロック張 | | 150 | |
| | | モルタル塗, 人造石張, タイル張 | | 200 | 仕上げ厚さ1cmごとに, その数値を乗ずる |
| | | アスファルト防水層, シート防水 | | 150 | 厚さ1cmごとに, その数値を乗ずる |
| | | シンダーコンクリート | | 180 | |
| 壁 | 木造の建築物の壁の軸組 | | 壁面につき | 150 | 柱, 間柱, 筋かい含む |
| | 木造の建築物の壁の仕上げ | 下見板張, 羽目板張, 繊維板張 | | 100 | 下地含む 軸組含まない |
| | | 木ずりしっくい塗 | | 340 | |
| | | 鉄網モルタル塗 | | 640 | |
| | | サイディング | | *200 | *製品により異なる |
| | コンクリートの壁の仕上げ | しっくい塗 | | 170 | |
| | | モルタル塗, 人造石塗 | | 200 | 仕上げ厚さ1cmごとに, その数値を乗ずる |
| | | タイル張 | | 200 | |
| 建具 | 木製ガラス窓 | | | 200 | |
| | 鋼製サッシ | | | 390 | |

【c】間仕切壁の荷重について

積載荷重表（表3・5）の値には，間仕切壁の荷重が加算されていないので，別途に加算する．

木造，ALC板，軽鉄下地ボード張り等の間仕切壁は，通常は床荷重にならす．床面積あたり200〜700 N/m² 程度となる．

表3・5　各室の積載荷重

| 室の種類 | | 構造計算の対象 | （い）床の構造計算をする場合 [N/m²] | （ろ）大梁，柱または基礎の構造計算をする場合 [N/m²] | （は）地震力を計算する場合 [N/m²] |
|---|---|---|---|---|---|
| (1) | 住宅の居室，住宅以外の建築物における寝室または病室 | | 1800 | 1300 | 600 |
| (2) | 事務室 | | 2900 | 1800 | 800 |
| (3) | 教室 | | 2300 | 2100 | 1100 |
| (4) | 百貨店または店舗の売場 | | 2900 | 2400 | 1300 |
| (5) | 劇場，映画館，演芸場，観覧場，公会堂，集会場その他，これらに類する用途に供する建築物の客席または集会室 | 固定席の場合 | 2900 | 2600 | 1600 |
| | | その他の場合 | 3500 | 3200 | 2100 |
| (6) | 自動車車庫および自動車通路 | | 5400 | 3900 | 2000 |
| (7) | 廊下，玄関または階段 | | (3)から(5)までに掲げる室に連絡するものにあっては，(5)の「その他の場合」の数値による | | |
| (8) | 屋上広場またはバルコニー | | (1)の数値による．ただし，学校または百貨店の用途に供する建築物にあっては，(4)の数値による | | |

（「令」85条1項より）

---
**構造計算書II演習例 p.6**

320の積載荷重と床荷重一覧表で固定荷重と積載荷重を合計する．

積載荷重は，表3・5（8）屋上広場として（4）の数値によった．

---

# 330 特殊荷重

屋上，塔屋に設置される設備荷重等があれば記入する．

# 340 積雪荷重

【a】積雪荷重の計算方法

　　積雪荷重＝単位重量×垂直積雪量

【b】単位重量と積雪量のとり方

①雪の単位重量の規定

単位重量は密度に相当するもので，1 m² の範囲に積もった積雪高1 cm の雪の重量のことである．この単位重量は20 N/m² 以上の値をとる．ただし，垂直積雪量1 m 以上の区域で，特定行政庁が多雪区域に指定したところについては，雪の単位重量は30 N/m² 以上とする．

### 2 垂直積雪量について

雪の多い地方では過去の積雪の記録に基づいて，特定行政庁が垂直積雪量を定めているのが普通で，その値によらなければならない．雪国以外の地方でも，一般に特定行政庁の内規によって積雪量が定められている．

### 3 低減規定

下記の3項目がある．
①屋根勾配による低減
②雪下ろしによる低減
③多雪区域の応力の組合せによる低減

> ─────構造計算書Ⅱ演習例 p. 6─────
> $20 \text{ N/m}^2\text{/cm} \times 30 \text{ cm} = 600 \text{ N/m}^2$
> 屋上の積載荷重の方が大きい．

# 350 地震力

地震力の計算は準備計算の項で行うので，詳細は **420** を参照．この項では基本事項のみを示しておく．

# 360 風圧力

【a】風圧力の計算方法

風圧力は下式によって求める．

　　風圧力＝速度圧×風力係数×見付面積

【b】速度圧の計算式

速度圧は次式による．

$$q = 0.6\, E \cdot V_0^2$$

　　$q$ ：速度圧〔N/m²〕
　　$E$ ：風速の鉛直方向分布係数
　　$V_0$ ：基準風速〔m/s〕

# 370 その他・土圧・水圧

地階壁，地階床等で土圧，水圧を考慮した場合には，その係数を示しておく．

## 320 積載荷重と床荷重一覧表

[N/m²]

| 室の種類 | 床用 | | | 梁・柱・基礎用 | | | 地震力用 | | |
|---|---|---|---|---|---|---|---|---|---|
| | 固定 | 積載 | 合計 | 固定 | 積載 | 合計 | 固定 | 積載 | 合計 |
| 屋上 | 5600 | 2900 | 8500 | 2600<br>5600 | 2400 | 10600 | 2600<br>5600 | 1300 | 9500 |
| | | | | | | | | | |
| | | | | | | | | | |

## 330 特殊荷重

なし

## 340 積雪荷重

単位重量　　　　　垂直積雪量　　積雪荷重
　20　N/m²/cm ×　30　cm =　600　N/m²

## 350 地震力

・地域係数　$Z=$　1.0
・地盤種別　第　2　種地盤
・標準せん断力係数　$C_o = 0.2$

## 360 風圧力

・速度圧　$q = 0.6\,E \cdot V_0^2$

## 370 その他・土圧・水圧

なし

# 400 準備計算

柱・梁の断面を決めるには，まず柱・梁に生じる応力を求めなければならない．応力算定は，固定モーメント法と $D$ 値法で行う．その応力算定にあたり，その基準となる剛比，荷重項，地震力，柱軸方向力を先に求めておくと便利だ．これが準備計算である．すなわち応力算定のための下ごしらえである．

## 410 柱軸方向力算定

柱軸方向力は柱に作用する重量で，柱断面算定，基礎設計および2次設計の偏心率計算に必要な値である．各柱が負担する荷重範囲は図4・1のようになる．なお，柱設計用の柱軸方向力は柱頭位置と柱脚位置に分けて計算することが理想であるが，地震力は上階の1/2，下階の1/2の荷重によるものとし，その作用点は床の位置としている．したがって，各階柱の中央部の位置の値を採用する．基礎設計用については，柱下部の重量を加算して求める（図4・2）．なお荷重は，310 固定荷重と 320 積載荷重と床荷重一覧表の梁・柱・基礎用の値によって計算する．

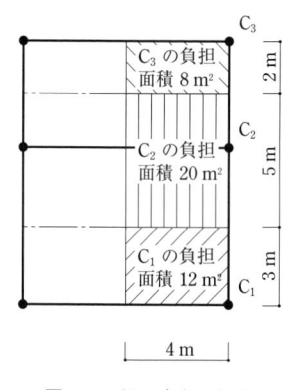

図4・1　柱の床負担範囲

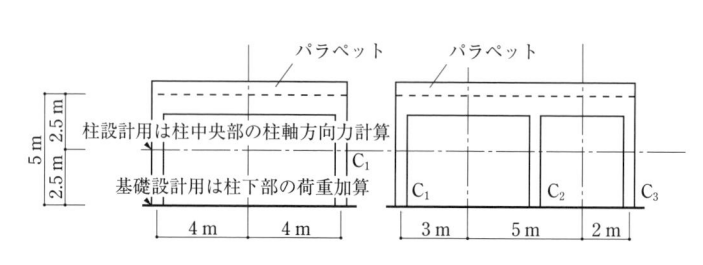

図4・2　断面図

---

構造計算書II演習例 p. 7

$C_1$（隅柱）の求め方を解説する．

柱設計用と基礎設計用を求める．なお，300 荷重・外力では，単位は N を用いたが，ここでは kN で計算する．

```
    パラペット    4 kN/m × (4 m + 3 m) =  28   kN
                              ↑
                       $C_i$が負担するパラペットの長さ

    屋 根        10.6 kN/m² × 4 m × 3 m = 127.2 kN
                              ↑
                        $C_i$の屋根負担面積

    柱           7 kN/m × 2.5 m       =  17.5 kN
                              ↑
                           柱長さの1/2
    ─────────────────────────────────────────────
柱用                              計  172.7 kN


    柱           7 kN/m × 2.5 m       =  17.5 kN
                              ↑
                        柱の下半分の長さ
    ─────────────────────────────────────────────
基礎用                           合計  190.2 kN
```

# 420 地震力算定

## 421 建物重量 $W_i$ の算定

**410** 柱軸方向力の算定に準じて，各階柱の中間位置より上部の建物重量を求める．なお，全柱軸方向力の合計値より積載荷重の差（梁・柱・基礎用－地震用）を差し引いて求める方法もある（課題Ⅰ→ 421）．

## 422 地震力

建物の地上部分に作用する地震力（地震層せん断力）$Q_i$ は，各階ごとに，その階以上の重量 $W_i$ にその階の地震層せん断力係数 $C_i$ を乗じることによって求める．

$$Q_i = W_i \cdot C_i$$

### 【a】地震層せん断力係数 $C_i$ の算定

建築物の地上部分の地震層せん断力係数 $C_i$ は，次式によって得られる．

$$C_i = Z \cdot R_t \cdot A_i \cdot C_o \quad \cdots\cdots\cdots (4\cdot1)\text{式}$$

   $Z$：地域係数（表 4·1）

   $R_t$：振動特性係数

   $A_i$：地震層せん断力係数の高さ方向の分布係数

   $C_o$：標準せん断力係数

### 1 地域係数 $Z$

地域係数 $Z$ は，その地方における過去の地震の記録等に基づき 1.0 から 0.7 までの範囲内で「告示」で定められている（表 4·1）．東京，京都，大阪，神戸等は $Z = 1.0$ で低減はない．

### 2 振動特性係数 $R_t$

地盤の性状（卓越周期 $T_c$）と建築物の固有周期 $T$ との関係によって建築物の地震に対する応答の仕方が変わる．それを $C_i$ の算定にあたって考慮するための係数が振動特性係数 $R_t$ で，$T$ が小さい建築物（中小規模のもの）で，その地盤の $T_c$ が大きい（地盤が悪い）場合には $R_t = 1.0$ となる．$T$ が $T_c$ よりも大きい場合には，$R_t < 1.0$ となって $C_i$ を低減することになる．

表 4・1 地域係数 $Z$

| | 地方 | 数値 |
|---|---|---|
| (1) | (2) から (4) までに掲げる地方以外の地方 | 1.0 |
| (2) | 北海道のうち<br>　札幌市　函館市　小樽市　室蘭市　北見市　夕張市　岩見沢市　網走市　苫小牧市　美唄市<br>　芦別市　江別市　赤平市　三笠市　千歳市　滝川市　砂川市　歌志内市　深川市　富良野市<br>　登別市　恵庭市　伊達市　札幌郡　石狩郡　厚田郡　浜益郡　松前郡　上磯郡　亀田郡<br>　茅部郡　山越郡　檜山郡　爾志郡　久遠郡　奥尻郡　瀬棚郡　島牧郡　寿都郡　磯谷郡<br>　虻田郡　岩内郡　古宇郡　積丹郡　古平郡　余市郡　空知郡　夕張郡　樺戸郡　雨竜郡<br>　上川郡（上川支庁）のうち東神楽町，上川町，東川町および美瑛町　勇払郡　網走郡<br>　斜里郡　常呂郡　有珠郡　白老郡<br>青森県のうち<br>　青森市　弘前市　黒石市　五所川原市　むつ市　東津軽郡　西津軽郡　中津軽郡　南津軽郡<br>　北津軽郡　下北郡<br>秋田県<br>山形県<br>福島県のうち<br>　会津若松市　郡山市　白河市　須賀川市　喜多方市　岩瀬郡　南会津郡　北会津郡　耶麻郡<br>　河沼郡　大沼郡　西白河郡<br>新潟県<br>富山県のうち<br>　魚津市　滑川市　黒部市　下新川郡<br>石川県のうち<br>　輪島市　珠洲市　鳳至郡　珠洲郡<br>鳥取県のうち<br>　米子市　倉吉市　境港市　東伯郡　西伯郡　日野郡<br>島根県<br>岡山県<br>広島県<br>徳島県のうち<br>　美馬郡　三好郡<br>香川県のうち<br>　高松市　丸亀市　坂出市　善通寺市　観音寺市　小豆郡　香川郡　綾歌郡　仲多度郡<br>　三豊郡<br>愛媛県<br>高知県<br>熊本県（(3)に掲げる市および郡を除く）<br>大分県（(3)に掲げる市および郡を除く）<br>宮崎県 | 0.9 |
| (3) | 北海道のうち<br>　旭川市　留萌市　稚内市　紋別市　士別市　名寄市　上川郡（上川支庁）のうち鷹栖町，<br>　当麻町，比布町，愛別町，和寒町，剣淵町，朝日町，風連町および下川町　中川郡（上川<br>　支庁）　増毛郡　留萌郡　苫前郡　天塩郡　宗谷郡　枝幸郡　礼文郡　利尻郡　紋別郡<br>山口県<br>福岡県<br>佐賀県<br>長崎県<br>熊本県のうち<br>　八代市　荒尾市　水俣市　玉名市　本渡市　山鹿市　牛深市　宇土市　飽託郡　宇土郡<br>　玉名郡　鹿本郡　葦北郡　天草郡<br>大分県のうち<br>　中津市　日田市　豊後高田市　杵築市　宇佐市　西国東郡　東国東郡　速見郡　下毛郡<br>　宇佐郡<br>鹿児島県（名瀬市および大島郡を除く） | 0.8 |
| (4) | 沖縄県 | 0.7 |

(昭 55 建告 1793 より)

① $R_t$ の算定方法

$T < T_c$ の場合　　　$R_t = 1$ ……………………………………………………(4・2) 式

$T_c \leqq T < 2T_c$ の場合　$R_t = 1 - 0.2\left(\dfrac{T}{T_c} - 1\right)^2$ ……………………………(4・3) 式

$2T_c \leqq T$ の場合　　$R_t = \dfrac{1.6 T_c}{T}$ …………………………………………(4・4) 式

$T$：次式によって計算した建築物の設計用1次固有周期［秒］

  鉄骨造  $T = 0.03h$

  RC   $T = 0.02h$

     $h$：建築物の高さ［m］

$T_c$：建築物の基礎の底部（剛強な支持杭を使用する場合にあっては，当該支持杭の先端）の直下の地盤の種別に応じて決まる数値［秒］（表4・2）

②実用的な $R_t$ の求め方

 建築物の高さ $h$ から $T$ を求める．$T < T_c$ のとき，$R_t = 1.0$ となる．表4・3は，$R_t = 1.0$ となる場合の建築物の高さ $h$ を，構造種別と地盤の種類別に示したものである．

## ③ 高さ方向の分布係数 $A_i$

過去の地震時の地震計の記録から，建築物の上部には底面の数倍の加速度が加わることが明らかになっている．この加速度の差を地震力の算定に反映させるための係数が $A_i$ である．

$$A_i = 1 + \left(\frac{1}{\sqrt{\alpha_i}} - \alpha_i\right)\frac{2T}{1+3T} \quad \cdots\cdots (4\cdot5)\,式$$

$$\alpha_i = \frac{W_i}{W_1} \quad \cdots\cdots (4\cdot6)\,式$$

 $\alpha_i$：建物重量の比

  1階部分 $\alpha_1 = \dfrac{W_1}{W_1} = 1.0$ （図4・3）

  2階部分 $\alpha_2 = \dfrac{W_2}{W_1}$ （図4・4）

 $W_i$：$i$ 階以上の建物重量（地震力用）
 $W_1$：1階以上の建物重量（地震力用）

表4・2 地盤の種類と性状（卓越周期 $T_c$）

| 地盤種別 | 地盤 | $T_c$［秒］ |
|---|---|---|
| 第1種地盤（硬質） | 岩盤，硬質砂れき層，その他主として第3紀以前の地層によって構成されているもの，または地盤周期等についての調査もしくは研究の結果に基づき，これと同程度の地盤周期を有すると認められるもの | 0.4 |
| 第2種地盤（普通） | 第1種地盤および第3種地盤以外のもの | 0.6 |
| 第3種地盤（軟弱） | 腐植土，泥土，その他これらに類するもので大部分が構成されている沖積層（盛土がある場合においてはこれを含む）で，その深さがおおむね30m以上のもの，沼沢，泥海等を埋め立てた地盤の深さがおおむね3m以上であり，かつ，これらで埋め立てられてからおおむね30年経過していないもの，または地盤周期等についての調査もしくは研究の結果に基づき，これらと同程度の地盤周期を有すると認められるもの | 0.8 |

（昭55建告1793より）

表4・3 $R_t = 1.0$ となる高さ $h$ の限界

| 構造＼地盤 | 第1種地盤 | 第2種地盤 | 第3種地盤 |
|---|---|---|---|
| RC，SRC | 20 m | 30 m | 40 m |
| S | 13.3 m | 20 m | 26.6 m |

**4** 標準せん断力係数 $C_o$

$C_o$ は地震力の大きさを求めるのに用いる係数の中で最も重要なものである．通常は $C_o = 0.2$ であり，軟弱地盤指定区域に建てる木造の建築物の場合には $C_o = 0.3$，また保有水平耐力を計算する場合には $C_o = 1.0$ である．建築地が東京，横浜，名古屋，京都，大阪，神戸等の $Z = 1.0$ の地域にあって $R_t = 1.0$ であるような標準的な建物，たとえば地盤が第2種（普通地盤）で，RC造なら $h \leq 30$ m の場合には，$C_o$ の値がそのまま1階の地震層せん断力係数（ベースシアー係数）$C_1$ の値となる．

$$C_i = Z \cdot R_t \cdot A_i \cdot C_o = 1.0 \times 1.0 \times A_i \times 0.2 = 0.2 A_i$$

∴ 1階 　$C_1 = C_o = 0.2$

【b】地下および塔屋の地震力

**1** 地下部分の地震力 $P_B$

$$P_B = k_B \cdot W_B \quad 水平震度 \ k_B = 0.1 \ （地下1階程度まで） \quad W_B：地下部分の重量$$

**2** 屋上突出物の地震力 $P_P$

$$P_P = k_P \cdot W_P \quad 局部震度 \ k_P = 1.0 \quad W_P：屋上突出物の重量$$

---

構造計算書II演習例 p.7

**420** 解説●地震力算定

地震力は，建物重量 $W$ に地震層せん断力係数 $C_i$ を乗じて求める．

**421** 建物重量

各階柱の中間位置より上部の建物重量を求める．

　　　　パラペット　　$4 \text{ kN/m} \times (8 \text{ m} + 10 \text{ m}) \times 2 = 144 \text{ kN}$
　　　　　　　　　　　　　　　　　　↑
　　　　　　　　　　　　　　　　パラペットの全長

　　　　屋　　上　　$9.5 \text{ kN/m}^2 \times 8 \text{ m} \times 10 \text{ m} \quad = 760 \text{ kN}$
　　　　　　　　　　　　　　　　　　↑
　　　　　　　　　　　　　　　　屋根面積

　　　　柱　　　　　$7 \text{ kN/m} \times 2.5 \text{ m} \times 6 \text{ 本} \quad = 105 \text{ kN}$
　　　　　　　　　　　　　　　　　　↑
　　　　　　　　　　　　　　　柱長さの1/2
　　　　　　　　　　　　　　　　　　　　　全重量 $W = 1009 \text{ kN}$

**422** 地震力

層せん断力係数 $C_1$ を算定し，建物重量 $W$ に乗じて地震力を求める．

$$C_1 = Z \cdot R_t \cdot A_i \cdot C_o = 1.0 \times 1.0 \times 1.0 \times 0.2 = 0.2$$

　　　　$Z$：地域係数　　京都市　$Z = 1.0$

　　　　$R_t$：振動特性係数　　$T < T_c$　$R_t = 1.0$

　　　　　　$T$：1次固有周期　$T = 0.02h = 0.02 \times 5 \text{ m} = 0.1$ 秒

　　　　　　$T_c$：卓越周期　第2種地盤　$T_c = 0.6$ 秒

　　　　$A_i$：高さ方向の分布係数　1階は $A_1 = 1.0$

　　　　$C_o$：標準せん断力係数　$C_o = 0.2$

　　　　$Q_1 = W \times C_1 = 1009 \text{ kN} \times 0.2 = 201.8 \text{ kN}$ → 設計用 $Q_1 = 202 \text{ kN}$

# 400　準備計算

## 410　柱軸方向力算定

| | 名称 | 荷重 | $C_1$ | $C_2$ | $C_3$ |
|---|---|---|---|---|---|
| 柱用 | パラペット<br>屋上<br>柱 | 4 kN/m<br>10.6 kN/m²<br>7 kN/m | (4 m + 3 m) = 28<br>4 m × 3 m = 127.2<br>2.5 m = 17.5<br>—————<br>172.7 kN | 5 m = 20<br>4 m × 5 m = 212<br>2.5 m = 17.5<br>—————<br>249.5 kN | (4 m + 2 m) = 24<br>4 m × 2 m = 84.8<br>2.5 m = 17.5<br>—————<br>126.3 kN |
| 基礎用 | 柱 | 7 kN/m | 2.5 m = 17.5<br>—————<br>190.2 kN | 2.5 m = 17.5<br>—————<br>267 kN | 2.5 m = 17.5<br>—————<br>143.8 kN |

## 420　地震力算定

### 421　建物重量

```
パラペット   4 kN/m × (8 m + 10 m) × 2    = 144
屋    上   9.5 kN/m² × 8 m × 10 m        = 760
柱         7 kN/m × 2.5 m × 6本          = 105
                                    W =  1009 kN
```

### 422　地震力

建築物の高さ $h$ = 　5　 m
1次固有周期 $T = 0.02h$ = 　0.1　 秒　　卓越周期 $T_c$ = 　0.6　 秒
$T$ 　<　 $T_c$ 　→　振動特性係数 $R_t$ = 　1.0

$$\alpha_i = \frac{W_i}{W_1} \qquad A_i = 1 + \left(\frac{1}{\sqrt{\alpha_i}} - \alpha_i\right)\frac{2T}{1+3T}$$

| 階 | $W_i$ [kN] | $\alpha_i$ | $T$ [秒] | $A_i$ | $Z$ | $R_t$ | $C_o$ | $C_i$ | $Q_i$ [kN] | 設計 $Q_i$ [kN] |
|---|---|---|---|---|---|---|---|---|---|---|
| 1 | 1009 | 1.0 | 0.1 | 1.0 | 1.0 | 1.0 | 0.2 | 0.2 | 201.8 | 202 kN |
| | | | | | | | | | | |

## 430 風圧力

RC は建物重量が大きく，臨時荷重としての風圧力は常に地震力の方が大きいので，風圧力の計算は省略する．

## 440 梁の $C, M_0, Q_0$ の算定

鉛直荷重時応力を固定モーメント法で解くための準備計算で，両端固定梁の固定端モーメント $C$，単純梁中央曲げモーメント $M_0$，単純梁のせん断力 $Q_0$ を求める．

スラブから梁に加わる荷重は，梁の交点から描いた2等分線，および梁に平行な直線からなる台形または三角形の荷重がかかるとみる．このケースの場合には図4·5のようになる．公式（付1）より計算で求めることができるが，通常は，鉄筋コンクリート床梁応力計算図表（付2）によって求める．なお，床荷重 $w$ [kN/m²] は，320 床荷重一覧表の梁・柱・基礎用の値を採用する．

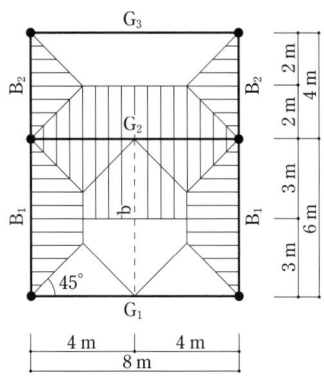

図4·5　各梁の荷重負担図

構造計算書Ⅱ演習例 p.8

〈$G_3$ の求め方〉（図4·6）

$C$：図4·7（付2·1）より　$l_x = 4$　$\lambda = 2 \rightarrow \dfrac{C}{w} = 9.5$

$\quad C = 9.5 \times w = 9.5 \times 10.6 = 100.7$ kN·m

$M_0$：付2·2 より　$l_x = 4$　$\lambda = 2 \rightarrow \dfrac{M_0}{w} = 15$

$\quad M_0 = 15 \times w = 15 \times 10.6 = 159$ kN·m

$Q_0$：付2·3 より　$l_x = 4$　$\lambda = 2 \rightarrow \dfrac{Q_0}{w} = 6$

$\quad Q_0 = 6 \times w = 6 \times 10.6 = 63.6$ kN

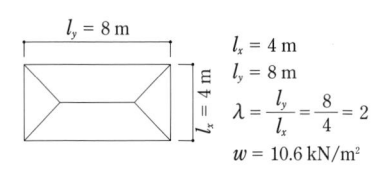

図4·6

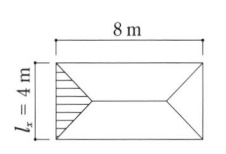

$l_x = 4$ m
$l_y = 8$ m
$\lambda = \dfrac{l_y}{l_x} = \dfrac{8}{4} = 2$
$w = 10.6$ kN/m²

図4·8

$l_x = 4$ m
$\lambda = 1.0$　荷重状態が △ の場合は $\lambda = 1.0$
$w = 10.6$ kN/m²

〈$B_2$ の求め方〉（図4·8）

付2·1，付2·2，付2·3 より．

〈$G_1$ の求め方〉（図4·9）

付2·4，付2·5，付2·6 より．

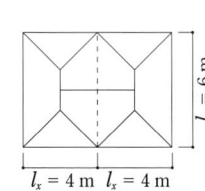

図4·9

$l_x = 4$ m
$l_y = 6$ m
小梁によって $l_x$，$l_y$ のとり方が変わるので注意
$\lambda = \dfrac{l_y}{l_x} = \dfrac{6}{4} = 1.5$
$w = 10.6$ kN/m²

〈$B_1$ の求め方〉（図4·9）

付2·1，付2·2，付2·3 より　$l_x = 4$　$l_y = 6$　$\lambda = \dfrac{l_y}{l_x} = 1.5$

〈$G_2$ の求め方〉

$G_3$ と $G_1$ を加算した値が $G_2$ である．

図表は梁の両側に
スラブがついてい
る場合であるので
$\frac{1}{2}$倍する．

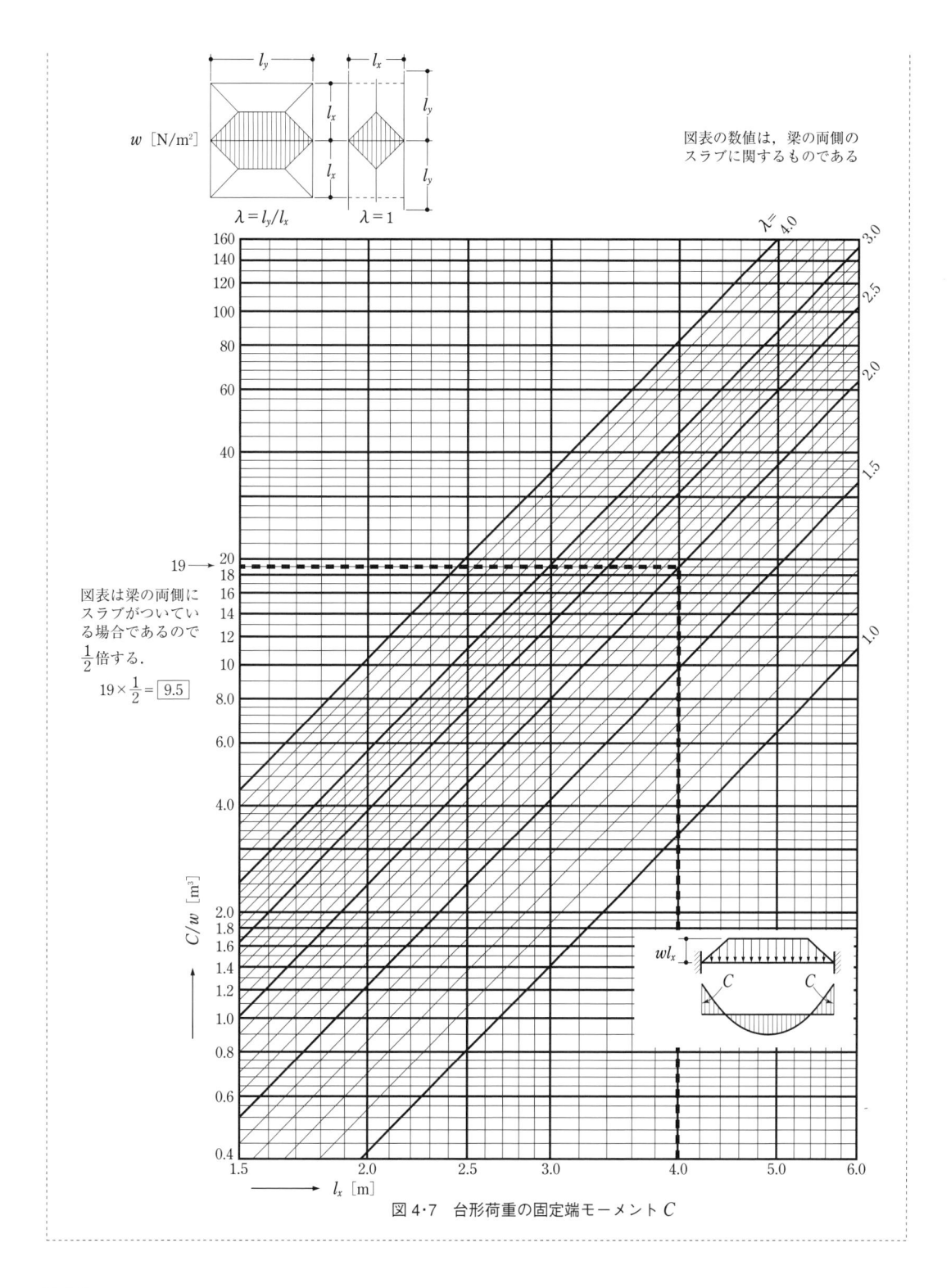

$19 \times \frac{1}{2} = \boxed{9.5}$

図4・7 台形荷重の固定端モーメント $C$

# 450 断面仮定と剛比算定

## 451 断面仮定

ラーメン構造の場合には，最初に柱・梁部材の断面を仮定しないと応力解析はスタートしない．

RC造の構造設計を進めていく上で，柱間隔，耐震壁の配置等の検討とあわせて必要なのが，断面寸法を仮定する作業である．ただ，この断面寸法の仮定は経験による勘に頼っている面が多いだけに，その一般的，統一的な方法を説明することには困難がある．したがって，以下では，断面仮定のポイントを各部分ごとに説明するにとどめる．なお，詳細については，『実務から見たRC構造設計』（上野嘉久著／学芸出版社）の **300** を参照されたい．

【a】柱間隔

柱間隔は6～8mが経済的で常識的な寸法である．

【b】スラブ厚

1 4辺固定スラブ

4辺固定スラブの厚さは，短辺有効スパン$l_x$の1/40以上であるが，かぶり厚さ，設備の配管等を考慮して最小厚さは130 mm以上とする．

2 片持スラブ

片持スラブのつけ根の厚さは，先端までの長さの1/10以上とる必要がある．

なお，片持スラブは，不静定次数が低いことやコンクリート打設時に主筋の位置が下がることが多いため，落版事故が起こりやすい．ベランダ等で持出し長さが1.2～1.5 m以上になるものは梁を設けるべきである．

【c】小梁

1 単スパンの場合　$D \geq \dfrac{l}{10}$　（$D$：梁せい，$l$：スパン）

2 連続スパンの場合　$D \geq \dfrac{l}{12}$

【d】壁厚

1 耐震壁，外壁

最低120 mm以上，150 mm以上が標準．

2 内壁

120 mmが標準．

3 片持式階段つきの壁

・階段の持出し長さが1.0 m以下の場合，壁厚150 mm以上．

・階段の持出し長さが1.0 mを超える場合，壁厚180 mm以上（ダブル配筋）．

【e】梁断面

梁の断面は，使用コンクリートの強度よりも使用鉄筋の強度によって左右されるので，梁断面を小さくしたい場合には高張力鉄筋を使用すると有利である．

1 梁せい$D$

最上階の梁せいをスパンの1/10～1/12程度とし，数階下がるごとに50 mm増加させる方法が標準である．

2 梁幅$b$

梁せい$D$の1/2以上が標準である．

## 440 梁の $C$, $M_0$, $Q_0$ の算定

| | 荷重状態 | $l_x$ | $l_y$ | $\lambda$ | $\dfrac{C}{w}$ | $\dfrac{M_0}{w}$ | $\dfrac{Q_0}{w}$ | $w$ [kN/m²] | $C$ [kN·m] | $M_0$ [kN·m] | $Q_0$ [kN] |
|---|---|---|---|---|---|---|---|---|---|---|---|
| $G_1$ | | 4 | 6 | 1.5 | 13.5 | 24 | 8 | 10.6 | 143.1 | 254.4 | 84.8 |
| $G_3$ | | 4 | 8 | 2 | 9.5 | 15 | 6 | 10.6 | 100.7 | 159 | 63.6 |
| $G_2$ | | | | | 13.5+9.5 | 24+15 | 8+6 | 10.6 | 243.8 | 413.4 | 148.4 |
| $B_1$ | | 4 | 6 | 1.5 | 5 | 7.8 | 4 | 10.6 | 53 | 82.68 | 42.4 |
| $B_2$ | | 4 | | 1 | 1.65 | 2.7 | 2 | 10.6 | 17.49 | 28.62 | 21.2 |
| b | | | | | 5×2 | 7.8×2 | 4×2 | 10.6 | 106 | 165.36 | 84.8 |

## 450 断面仮定と剛比算定

$K_0 = 1.04 \times 10^6$ mm³

| | $b$ | $D$ | $I_0(\times 10^9)$ [mm⁴] | $\phi$ | $\phi \cdot I_0$ | $l, h$ [m] | $K(\times 10^6)$ [mm³] | $k$ |
|---|---|---|---|---|---|---|---|---|
| $G_{1,3}$ | 350 | 700 | 10 | 1.5 | 15 | 8 | 1.88 | 1.81 |
| $G_2$ | 350 | 700 | 10 | 2.0 | 20 | 8 | 2.5 | 2.4 |
| FG | 350 | 750 | 12.3 | — | 12.3 | 8 | 1.54 | 1.48 |
| $B_1$ | 300 | 600 | 5.4 | 1.5 | 8.1 | 6 | 1.35 | 1.3 |
| $B_2$ | 300 | 600 | 5.4 | 1.5 | 8.1 | 4 | 2.03 | 1.95 |
| $FB_1$ | 350 | 700 | 10 | — | 10 | 6 | 1.67 | 1.6 |
| $FB_2$ | 350 | 700 | 10 | — | 10 | 4 | 2.5 | 2.4 |
| C | 500 | 500 | 5.21 | — | 5.21 | 5 | 1.04 | 1.0 |

剛比一覧

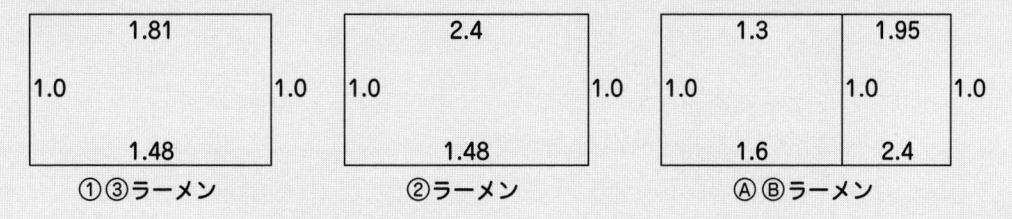

|  | 1.81 |  |
|---|---|---|
| 1.0 |  | 1.0 |
|  | 1.48 |  |

①③ラーメン

|  | 2.4 |  |
|---|---|---|
| 1.0 |  | 1.0 |
|  | 1.48 |  |

②ラーメン

|  | 1.3 |  | 1.95 |  |
|---|---|---|---|---|
| 1.0 |  | 1.0 |  | 1.0 |
|  | 1.6 |  | 2.4 |  |

Ⓐ Ⓑ ラーメン

③ 基礎梁（直接独立基礎の場合）

基礎梁の断面は不同沈下および柱脚の固定度を考慮して，基礎梁の剛比が1階柱の1.5倍以上となるような断面にする．

## 【f】柱断面

断面仮定で一番難しいのは柱断面の仮定方法であるが，以下に示すように考えると便利である．

柱間隔が約 6 m × 6 m（用途は事務所程度）の場合，最上階の柱は 450 ～ 500 mm 角とし，1階下がるごとに1辺を 50 mm 増す程度が標準である．耐震壁がある場合には耐震壁負担率を考慮して，柱を1辺 50 ～ 100 mm 程度小さく仮定する．

なお，柱の断面は使用鉄筋の強度よりも使用コンクリートの強度によって左右されるので，柱断面を小さくしたい場合には高強度のコンクリートを採用した方が有利である．

## 4·5·2 剛比

ラーメン構造の応力解析にあたり基本となるのが剛比である．剛比を求めるには，まず仮定した柱・梁の断面2次モーメントを材長で除して剛度 $\left(K = \dfrac{I}{l} : 部材の曲げにくさを示す．断面が大きくても材長が長ければ剛度は小さい\right)$ を求め，その $K$ を標準剛度 $K_0$（通常，中柱の剛度を $K_0$ とする）で除して剛比 $k$ $\left(\dfrac{K}{K_0} = k\right)$ を求める．すなわち，剛比とは基準部材（中柱）に対する柱・梁の曲げにくさの割合を示している．

梁・柱断面が矩形であれば剛比計算も簡単であるが，通常，梁ではスラブ，垂れ壁および腰壁が，柱にはそで壁がついている．これらの影響を考慮した増大率を乗じた剛度を求める．

① 剛比の算定方法

$$K = \dfrac{I_0}{l} \cdot \phi, \quad K = \dfrac{I_0}{h} \cdot \phi, \quad 梁\ K = \dfrac{I_0}{l} \cdot \phi_1 \cdot \phi_2, \quad 柱\ K = \dfrac{I_0}{h} \cdot \phi_4$$

$$k = \dfrac{K}{K_0}$$

$\quad K$ ：剛度

$\quad I_0$ ：柱，梁の矩形断面の断面2次モーメント［mm⁴］（付 3·1）

$\quad l$ ：梁の材長［mm］

$\quad h$ ：柱の材長［mm］

$\quad \phi$ ：増大率　$\phi = \phi_1 \cdot \phi_2 \cdot \phi_4$

$\qquad \phi_1$ ：スラブによる梁増大率

$\qquad \phi_2$ ：垂れ壁，腰壁による梁増大率

$\qquad \phi_4$ ：そで壁による柱増大率

$\quad k$ ：剛比

$\quad K_0$ ：標準剛度 $K_0 = {}_1K_c$　通常，1階中柱の剛度 ${}_1K_c$ を $K_0$ とする

なお，耐震壁 $\left(\sqrt{\dfrac{h_0 \cdot l_0}{h \cdot l}} \leq 0.4\right)$ については，別途の剛性評価（$n$ 倍法）をするので，柱・梁の剛比を求める場合には，その壁を無視する．

## 2 スラブつき梁の増大率 $\phi_1$

スラブつき梁は，T 形あるいは L 形断面をもつ部材である．したがって，スラブが梁と一体となって働く有効幅を計算し，T 形または L 形の断面 2 次モーメント $I$ を求める方法もあるが，一般的には，剛比の多少の変化は応力に大きな影響を与えないので，次の増大率を採用している．

両側スラブつき： $\phi_1 = 2$

片側スラブつき： $\phi_1 = 1.5$

## 3 垂れ壁，腰壁つき柱にはスリット

垂れ壁，腰壁つき架構の柱は，垂れ壁，腰壁により柱が変形を拘束され，短柱（剛性大の柱）となり，地震時に応力が短柱に集中してせん断破壊するおそれがある．したがって，柱と垂れ壁，腰壁との縁を切るためにスリットを設けることにする．スリットについてはコラム❸を参照．

## 4 垂れ壁，腰壁つき梁の増大率 $\phi_2$

垂れ壁，腰壁は，柱際でスリットを設けるのが原則だが，スリットを設けても梁の剛性の低下は少ないので，垂れ壁，腰壁（パラペットを含む）を含んだ断面で剛性評価する．方法として，垂れ壁等を含む断面積 $A_g$ と梁断面積 $A_0$ の増大断面積比を増大率とする．

$$\phi_2 = \dfrac{A_g}{A_0}$$

表 4・4 雑壁による梁・柱の増大率 $\phi$ 一覧

| | | 増大率 $\phi$ | 備考 |
|---|---|---|---|
| 梁 | 腰壁，垂れ壁による増大率 スリットつき | 腰壁つき 垂れ壁つき $\phi = \phi_1 \cdot \phi_2$ | $\phi_1$：片側スラブ時 $\phi_1 = 1.5$ 両側スラブ時 $\phi_1 = 2.0$ $\phi_2$：腰壁の面積を含む梁断面積と梁断面積の比 垂れ壁の面積を含む梁断面積と梁断面積の比 $\phi_2 = \dfrac{A_g}{A_0}$ 腰壁および垂れ壁を含む梁断面積と梁断面積の比 $A_0$：梁断面積 $A_g$：梁断面積に腰壁，垂れ壁の断面積を加えたもの |
| 柱 | そで壁による増大率 | そで壁つき $\phi = \phi_4$ 応力方向 応力方向 | $\phi_4$：そで壁を含む柱断面積と柱断面積の比 $\phi_4 = \dfrac{A_g}{A_0}$ $A_0$：柱断面積 $A_g$：柱断面積にそで壁の断面積を加えたもの ただし，応力方向に直交するそで壁は無視する |

$A_0$：垂れ壁，腰壁を含まない梁の断面積［$mm^2$］（図4・10）

$$A_0 = b \cdot D$$

$A_g$：垂れ壁，腰壁を含んだ断面積［$mm^2$］（図4・10）

$$A_g = b \cdot D + t(H - D)$$

5 そで壁による柱の増大率 $\phi_4$

そで壁つき柱の剛度についても，前項 4 と同じ方法の増大断面積比による．

$$\phi_1 = \frac{A_g}{A_0}$$

以上，雑壁による梁・柱の増大率の一覧を表4・4に示す．

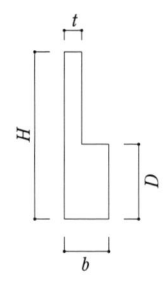

$A_g = b \cdot D + t(H-D)$
$A_0 = b \cdot D$

図4・10　断面積 $A_g$, $A_0$

---

**構造計算書 II 演習例 p. 8**

スラブつき梁の増大率 $\phi_1$ は略算法による．

〈計算例〉

・柱 C

　断面 $b \times D = 500\,mm \times 500\,mm$

　$I_0$（$\times 10^9\,mm^4$）$= 5.208$（付3・1より）$\to 5.21$（四捨五入）

　$h$（柱の長さ）$= 5\,m$

　$K = \dfrac{I_0}{h} = \dfrac{5.21\,(\times 10^9\,mm^4)}{5\,(\times 10^3\,mm)} = 1.04\,(\times 10^6\,mm^3)$

　$K_0 = 1.04 \times 10^6\,mm^3$（柱を標準剛度に採用）

　$k = \dfrac{K}{K_0} = \dfrac{1.04}{1.04} = 1.0$（標準剛度に採用した柱の $k$ は1.0）

・梁 $G_{1,3}$

　断面 $b \times D = 350\,mm \times 700\,mm$（側梁）

　$I_0$（$\times 10^9\,mm^4$）$= 10$（付3・1より）

　$\phi_1 = 1.5$（L型断面につき割増し係数は1.5）

　$I$（$\times 10^9\,mm^4$）$= I_0 \cdot \phi_1 = 10 \times 1.5 = 15$

　$l$（梁の長さ）$= 8\,m$

　$K = \dfrac{I}{l} = \dfrac{15\,(\times 10^9\,mm^4)}{8\,(\times 10^3\,mm)} = 1.88\,(\times 10^6\,mm^3)$

　$k = \dfrac{K}{K_0} = \dfrac{1.88}{1.04} = 1.808 \to 1.81$（四捨五入）

## コラム ❸

# 短柱とスリット

### ■短柱

Ⓐラーメン架構に「垂れ壁」「腰壁」がつくと，柱の内法高さ $h'$ が短くなり，「短柱」Ⓑラーメンとなる（図1）．

垂れ壁，腰壁によって変形を拘束されるため，Ⓐラーメンより剛性が増して，地震力がⒷラーメンに集中して先に破壊する．したがって，垂れ壁，腰壁にはスリットを設けるのが定石である．なお，スリットは，そで壁や雑壁の剛性を小さくするために，水平・垂直に設けることもある．

### ■■スリットの種類とディテール

スリットには，完全スリット型と部分スリット型がある．短柱を避けるためには，前者の完全スリットを採用する．なお，市販されている耐震用スリット材として「セラスリット」「エキスパンスリット」「カネカスリット」等がある．

### 【完全スリット】（図2）

スリット幅 $W$ は，スリットを設ける壁の高さの1/100以上とする．

### 【部分スリット】（図3）

目地部の残存壁厚 $t_s$ は，壁厚 $t_w$ の1/2かつ70 mm以下とする．

### ■■■阪神・淡路大震災に見るスリット

阪神・淡路大震災（震度7）で，構造躯体には異状はないが，玄関ドアが曲がって開かなかったり，方立壁等の雑壁が破壊された共同住宅が見られた（写真1）．写真2に見られる柱を守るための右側の窓は理想的なスリット窓である．左側の破壊された壁は，地震力を負担させていない雑壁で，部分スリットで柱と縁切されていたが，地震力を受けて破壊された．

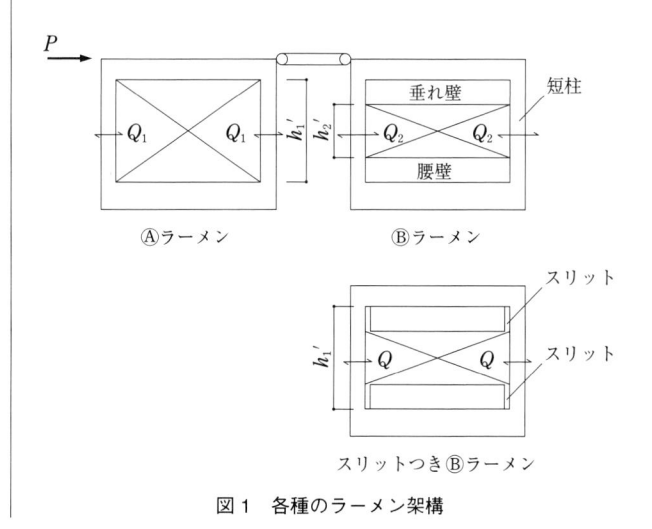

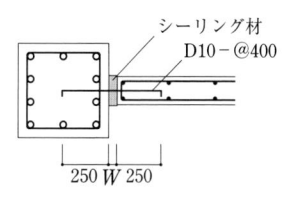

図1　各種のラーメン架構

図2　完全スリット例

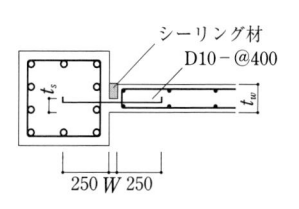

図3　部分スリット例

写真1　部分スリットつき腰壁・方立壁の破壊

写真2　地震力が作用した部分スリットつき壁と理想的なスリット窓

## コラム ❹

## 基礎梁の剛性（剛比）

　基礎梁は，建物の不同沈下に対処するとともに，柱脚固定として応力解析するにあたっては相当の剛性が必要である．

　前者に対しては，敷地全体の地盤の状態を勘案して，基礎梁断面を決めることになる．

　後者については，水平荷重時応力算定にあたっては，柱脚固定として応力解析するのが通例である．この場合の柱脚固定度は，基礎梁の剛比 $k_F$ とともに，地盤抵抗 $k_{F0}$ および基礎フーチングの大小 $k_{FF}$ の影響を加算することができる．しかしながら $k_{F0}$，$k_{FF}$ の適正値を求めることが難しい．

　一方，$D$ 値法による柱脚固定としての応力解析にあたって，固定解除のための略算式 $DF ≒ 1/(2 + 6\bar{k}')$ ただし $\bar{k}' = \dfrac{k_{F0} + k_F}{k_c}$ において，$\bar{k}' = 1.5$ の場合では $DF = 0.09$ となり，応力変化は1割以下である．したがって，$k_{F0}$，$k_{FF}$ を無視しての基礎梁剛比に対しては，柱剛比 $k_c$ の1.5倍以上の剛性を確保した断面を採用することにする．

# 500 応力算定

準備計算が済めば，いよいよ骨組に生じる各部の応力を計算する．

一般に構造計算における実用的な手計算でのラーメン応力解析法としては，鉛直荷重時応力については「固定モーメント法」，水平荷重時応力については武藤博士の略算法＝「$D$ 値法」が使われる．以下では，この 2 つの解法を解説することにする．

## 510 鉛直荷重時応力算定

鉛直荷重（固定荷重，積載荷重，積雪荷重）によって生じる応力の解析は固定モーメント法により計算するが，シートを使用すれば機械的に計算ができる．以下，このシートを使って応力算定することにする．

≪応力算定の手順≫
【a】固定モーメント法の解法順序とポイント
　①応力算定に入る前に「準備計算」の剛比（→ **450**）および梁の $C, M_0, Q_0$（→ **440**）を計算しておく．
　②柱脚をピンと仮定した場合を除き，柱脚固定として計算する．

**1** 分割率 $DF$（Distribution Factor）の計算

分割率 $DF$ は，分割率を求めようとする部材の剛比を，その部材が接する節点に集まるすべての部材の剛比の和で除して求める．なお，$DF$ は分割モーメント $D = \Sigma C \times (DF)$ を求める係数であり，$D$ は固定を解除するモーメントであるので（−）をつけるため，実務的に $DF$ に（−）を付す．1 つの節点のまわりにある各部材の $-DF$ の合計は $-1.0$ となる．

$$-DF = \frac{\text{求める部材の剛比}}{\text{1 節点に集まる剛比の和}}$$

**2** 固定端モーメント $C$ と固定モーメント $\Sigma C$

①固定端モーメント $C$

準備計算として，公式または図表を使って各部材（＝梁）に直接作用する荷重から $C, M_0, Q_0$（→ **440**）を計算したが，その $C$ のことである．特に正負符号に注意しなければならない（図 5・1）．

②固定モーメント $\Sigma C$

各節点に集まる固定端モーメント $C$ の合計．

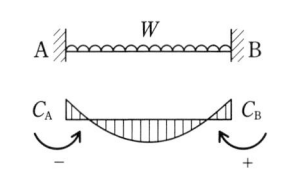

図 5・1　固定端モーメント $C$ の符号

**3** 第1次分割モーメント $D_1$ の計算

固定モーメント $\Sigma C$ に分割率 $-DF$ を乗じて，各節点の分割モーメントを求める．固定を解除するモーメントである．

$$D_1 = \Sigma C \times (-DF)$$

**4** 第1次到達モーメント $C_1$（Carry Moment）および $\Sigma C_1$ の計算

節点の他端が固定の時は，その節点の第1次分割モーメント $D_1$ の1/2を到達モーメント $C_1$ として他端に伝える．その節点の $C_1$ の合計が $\Sigma C_1$ である．なお，他端がピンの場合の到達モーメント $C_1$ は0となる．

**5** 第2次分割モーメント $D_2$ の計算

$C_1$ の合計である $\Sigma C_1$ に分割率 $-DF$ を乗じて求める．

$$D_2 = \Sigma C_1 \times (-DF)$$

**6** 材端モーメント $M$ の計算

$C, D$ の値が0に近くなるまで繰り返すが，一般的な架構の場合には $D_2$ で打ち切る．材端モーメント $M$ は各材端の固定端モーメント $C$，第1次分割モーメント $D_1$，到達モーメント $C_1$，第2次分割モーメント $D_2$ を合計して求める．

$$M = C + D_1 + C_1 + D_2$$

各節点での $M$ の合計は0となる．

**7** 固定端の材端モーメント $M$ の求め方

固定端モーメント $C$ の存在する材端モーメント $M_3$（右端）は，その $C$ と第1次到達モーメント $C_1$ の和である．$C$ が0の材端モーメント $M_1$（柱脚）は他端の材端モーメント $M_2$（柱頭）の1/2となる（図5・2）．

**8** 梁中央曲げモーメント $M_c$ の求め方

単純梁中央曲げモーメント $M_0$（→**440**）から，梁両端の曲げモーメントの平均値を引いて求める（図5・3）．

$$M_c = M_0 - \frac{{}_左M + {}_右M}{2}$$

**9** せん断力の求め方

梁のせん断力は，通常単純梁と考えた場合の $Q_0$（→**440**）を採用する．

柱のせん断力は，柱頭，柱脚の曲げモーメントの合計値を柱高で割って求める（図5・4）．

$$Q_c = \frac{{}_頭M + {}_脚M}{h}$$

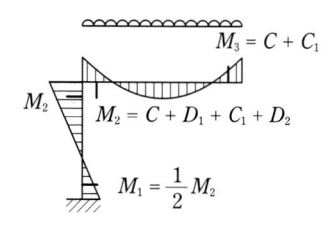

図5・2 固定端の材端モーメント 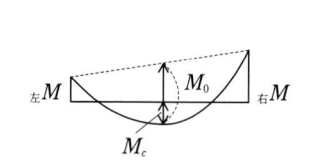　　図5・3 梁中央曲げモーメント $M_c$ 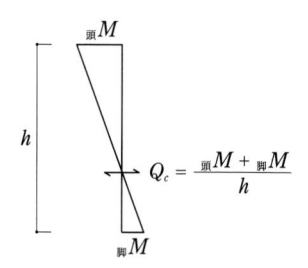　　図5・4 柱せん断力 $Q_c$

$$_FQ = 0$$
$$_FM_c = {}_FM$$
$$_{脚}M$$
$$_FM = {}_{脚}M$$
$$l/2$$

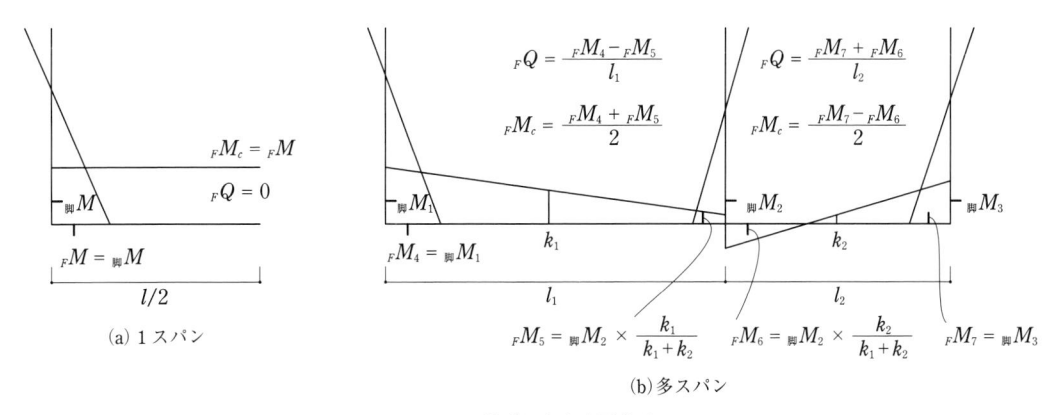

(a) 1スパン

$$_FQ = \frac{_FM_4 - {}_FM_5}{l_1}$$
$$_FM_c = \frac{_FM_4 + {}_FM_5}{2}$$
$$_FQ = \frac{_FM_7 + {}_FM_6}{l_2}$$
$$_FM_c = \frac{_FM_7 - {}_FM_6}{2}$$

$$_{脚}M_1 \quad _{脚}M_2 \quad _{脚}M_3$$
$$_FM_4 = {}_{脚}M_1 \quad k_1 \quad k_2$$
$$l_1 \quad l_2$$
$$_FM_5 = {}_{脚}M_2 \times \frac{k_1}{k_1+k_2} \quad _FM_6 = {}_{脚}M_2 \times \frac{k_2}{k_1+k_2} \quad _FM_7 = {}_{脚}M_3$$

(b) 多スパン

図 5·5　基礎梁各応力計算式

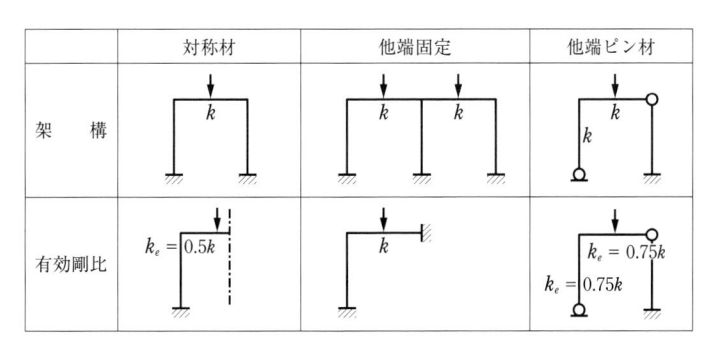

|  | 対称材 | 他端固定 | 他端ピン材 |
|---|---|---|---|
| 架　構 | $k$ | $k \quad k$ | $k$ / $k$ |
| 有効剛比 | $k_e = 0.5k$ | $k$ | $k_e = 0.75k$ / $k_e = 0.75k$ |

図 5·6　有効剛比 $k_e$

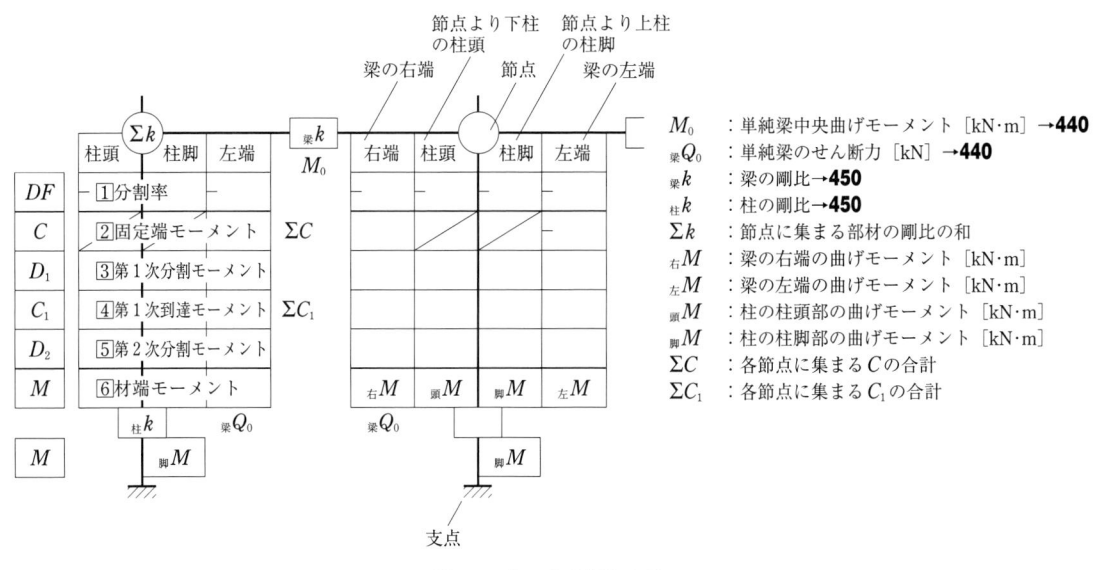

図 5·7　シートの記入事項

$M_0$：単純梁中央曲げモーメント [kN·m] →**440**
$_{梁}Q_0$：単純梁のせん断力 [kN] →**440**
$_{梁}k$：梁の剛比 →**450**
$_{柱}k$：柱の剛比 →**450**
$\Sigma k$：節点に集まる部材の剛比の和
$_{右}M$：梁の右端の曲げモーメント [kN·m]
$_{左}M$：梁の左端の曲げモーメント [kN·m]
$_{頭}M$：柱の柱頭部の曲げモーメント [kN·m]
$_{脚}M$：柱の柱脚部の曲げモーメント [kN·m]
$\Sigma C$：各節点に集まる $C$ の合計
$\Sigma C_1$：各節点に集まる $C_1$ の合計

**10 基礎梁の応力**

基礎梁は，剛性確保のために断面を大きくとる一方，各スパンごとに断面を変えない設計が一般的である．かつ鉛直荷重時の $_{脚}M$ は相対的に小さいので，一番応力の大きい基礎梁の応力のみ計算することが通例である．柱脚固定として計算した場合の，基礎梁の応力 $_FM$ は図 5·5 の式により求める．

**【b】固定モーメント法用の有効剛比 $k_e$**

鉛直荷重時応力を固定モーメント法で算定する時には，有効剛比を用いて計算する．有効剛比（図 5·6）は，大別すると「対称ラーメンの有効剛比」と「部材の有効剛比」とに分かれる．前者は解析を簡略化するための有効剛比であり，後者は支持条件によって必ず採用しなければならない有効剛比である．

**【c】鉛直荷重時応力算定シートについて**

固定モーメント法には，もともと図上計算ができるという特長がある．この図上計算法を定型化したのが，構造計算書 510 の鉛直荷重時応力算定シートである（付録）．

シートの各記入事項の内容は図 5·7 のとおりである．

---

構造計算書II演習例 p.9

**510 解説●鉛直荷重時応力算定の順序とポイント**

固定モーメント法により，シートを使って演算する．②ラーメン（1スパン），Ⓐ，Ⓑラーメン（2スパン）について応力算定する．

構造計算書 510 のシートを用意する．②ラーメンは対称ラーメンであるので，有効剛比を使うことによって半分の架構で応力算定する．Ⓐ，Ⓑラーメンは，2スパンの架構を応力算定する．

**① 剛比・有効剛比**

450 で求めた剛比を，柱・梁の $\boxed{k}$ 欄に記入する．ただし，②ラーメンについては，梁について有効剛比 $k_e = 0.5k$ を採用する．

**② 分割率 $DF$**

各節点について，節点に集まる剛比の合計を○内に記入する．その値で各部材の剛比を除して，分割率 $-DF$ を計算し記入する．

各節点での分割率の合計は $-1.0$ となる．チェックする．

〈例〉$E_X$ 節点（②ラーメン）の剛比合計　$1.0 + 1.2 = ⓶.②$

　　　　　　　　柱頭　　　　　左端

$\boxed{DF}$ 　$-\dfrac{1.0}{2.2} = -0.45$　$-\dfrac{1.2}{2.2} = -0.55$

　　　チェック　✓　（各節点の $DF$ の合計は $-1.0$）

**③ 固定端モーメント $C$，固定モーメント $\Sigma C$**

440 で求めた $C$, $M_0$, $Q_0$ を所定欄に記入する．次に $C$ 欄に記入した $C$ を，各節点ごとに合計して，$\Sigma C$ を求める．$C$ の正負符号は，左端はマイナス（−），右端はプラス（+）．

〈例〉$E_X$ 節点（②ラーメン）

　　　　左端　　　　　　$\Sigma C$
　　　　　　　　　　　　　↓
$\boxed{C}$　$-243.8$ kN·m $=$　$-243.8$ kN·m

**4** 第1次分割モーメント $D_1$ の計算

固定モーメント $\Sigma C$ に分割率 $-DF$ を乗じて求める．

$$D_1 = \Sigma C \times (-DF)$$

〈例〉$E_X$ 節点（②ラーメン）

|  | 柱頭 | 左端 |
|---|---|---|
| $D_1$ | $-243.8 \text{ kN·m} \times (-0.45)$ | $-243.8 \text{ kN·m} \times (-0.55)$ |
|  | $= 109.7 \text{ kN·m}$ | $= 134.1 \text{ kN·m}$ |

以上までを記入したものが図5·8「経過(1)」である．②ラーメンは **5**，**6** の計算は必要ない．

**5** 第1次到達モーメント $C_1$ および $\Sigma C_1$ の計算／Ⓐ，Ⓑラーメンについて

その部材の他端が固定の場合には，第1次到達モーメント $C_1$ は，第1次分割モーメント $D_1$ の1/2となる．その $C_1$ の合計 $\Sigma C_1$ を求める（図5·9）．

**6** 第2次分割モーメント $D_2$ の計算／Ⓐ，Ⓑラーメンについて

第1次到達モーメント $C_1$ の合計である $\Sigma C_1$ に分割率 $-DF$ を乗じて求める．

$$D_2 = \Sigma C_1 \times (-DF)$$

〈例〉E節点（Ⓐ，Ⓑラーメン）

|  | 右端 | 柱頭 | 左端 |
|---|---|---|---|
| $D_2$ | $9.34 \text{ kN·m} \times (-0.31)$ | $9.34 \text{ kN·m} \times (-0.24)$ | $9.34 \text{ kN·m} \times (-0.45)$ |
|  | $= -2.9 \text{ kN·m}$ | $= -2.24 \text{ kN·m}$ | $= -4.2 \text{ kN·m}$ |

**7** 材端モーメント $M$ の計算

$$M = C + D_1 + C_1 + D_2$$

〈例〉$E_X$ 節点（②ラーメン）

|  | 柱頭 | 左端 |
|---|---|---|
| $C$ | – | $-243.8$ |
| $D_1$ | 109.7 | 134.1 |
| $C_1$ | – | – |
| $D_2$ | – | – |
| $M$ | $109.7 \text{ kN·m}$ | $-109.7 \text{ kN·m}$ |

$\Sigma M = 0$（各節点の $M$ の合計は 0 となる）

〈例〉E節点（Ⓐ，Ⓑラーメン）

|  | 右端 | 柱頭 | 左端 |
|---|---|---|---|
| $C$ | 53 | – | $-17.49$ |
| $D_1$ | $-11.01$ | $-8.52$ | $-15.98$ |
| $C_1$ | 15.11 | – | $-5.77$ |
| $D_2$ | $-2.9$ | $-2.24$ | $-4.2$ |
| $M$ | $54.2 \text{ kN·m}$ | $-10.76 \text{ kN·m}$ | $-43.44 \text{ kN·m}$ |

$\Sigma M = 0$

**8** 固定端の1階 $_脚 M$ の計算

柱脚固定端の $_脚 M = {}_頭 M \times \dfrac{1}{2}$

〈例〉$B_X - E_X$柱

$$\boxed{_{脚}M} = 109.7 \text{ kN·m} \times \frac{1}{2} = 54.85 \text{ kN·m}$$

以上 ③ から ⑧ まで記入したものが図5・10「経過(2)」である．

梁中央曲げモーメント$M_c$, せん断力$_{柱}Q$ および基礎梁の応力については応力図を作成しながら算定する．

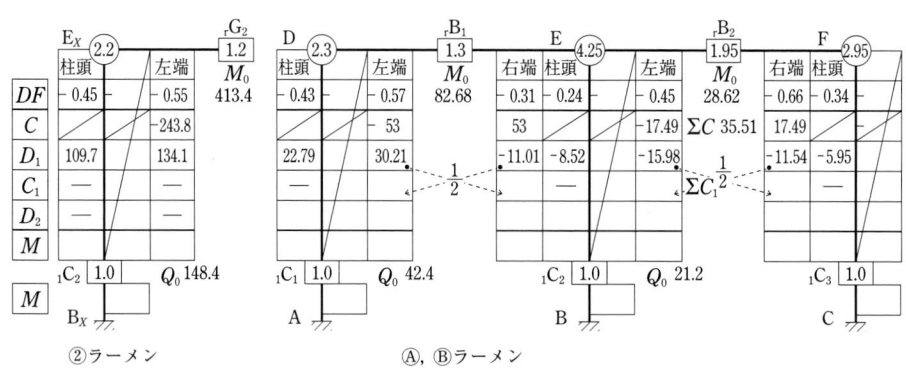

図5・8 経過(1)

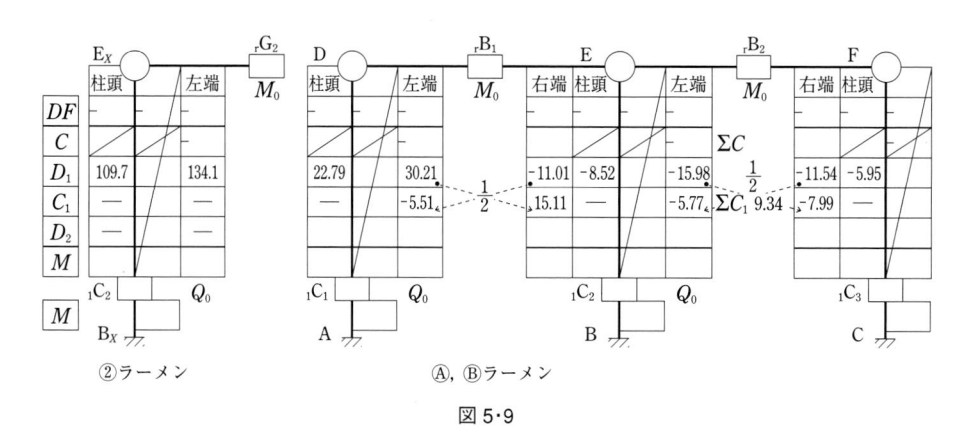

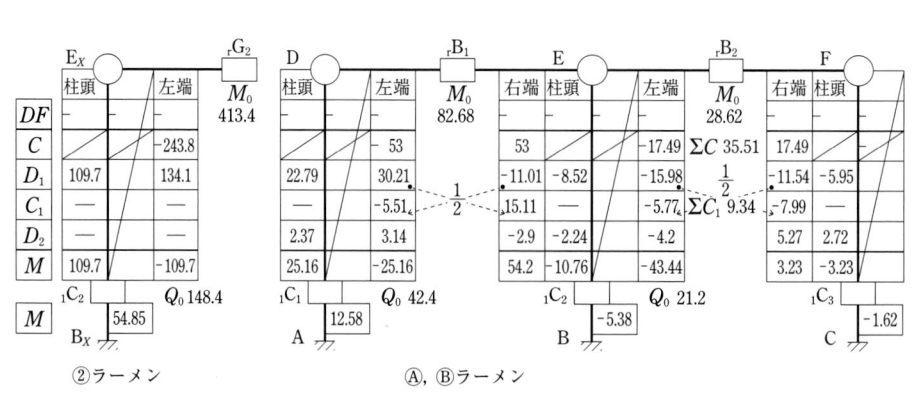

図5・9

図5・10 経過(2)

## 510 鉛直荷重時応力算定

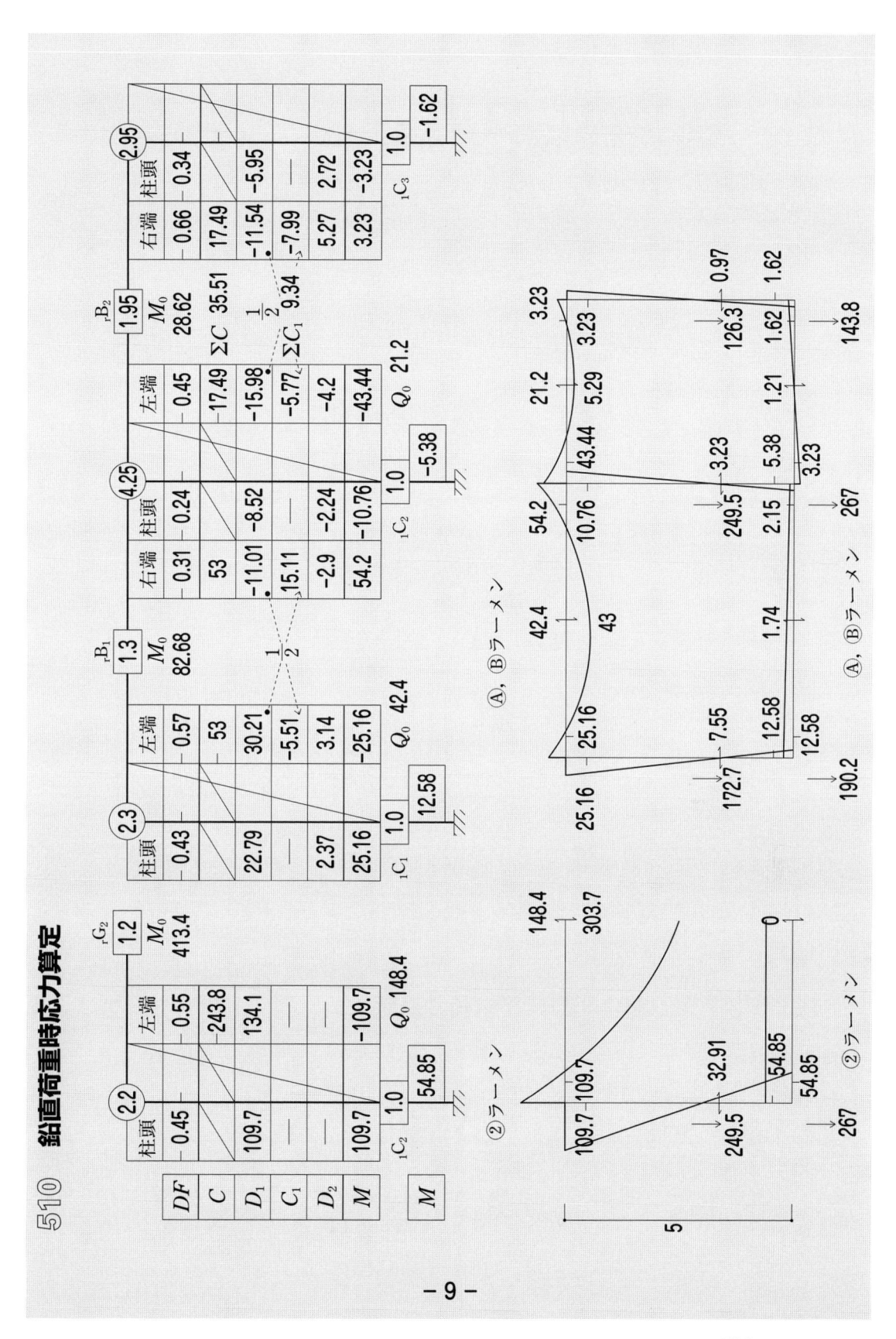

| | 柱頭 | | 左端 | ${}_rG_2$ 1.2 $M_0$ 413.4 | 右端 | |
|---|---|---|---|---|---|---|
| | 2.2 | | | | | |
| DF | -0.45 | | -0.55 | | | |
| C | 109.7 | | -243.8 | | | |
| $D_1$ | | | 134.1 | | | |
| $C_1$ | — | | — | | | |
| $D_2$ | — | | — | | | |
| M | 109.7 | | -109.7 | | | |

| M | ${}_1C_2$ 1.0  54.85 ⊥ | | | $Q_0$ 148.4 | | |

| | 柱頭 | | 左端 | ${}_rB_1$ 1.3 $M_0$ 82.68 | 右端 | 柱頭 | | 左端 | ${}_rB_2$ 1.95 $M_0$ 28.62 | 右端 | 柱頭 | |
|---|---|---|---|---|---|---|---|---|---|---|---|---|
| | 2.3 | | | | | 4.25 | | | | | 2.95 | |
| DF | -0.43 | | -0.57 | | -0.31 | -0.24 | | -0.45 | ΣC 35.51 | -0.66 | -0.34 | |
| C | | | -53 | | 53 | | | -17.49 | | 17.49 | | |
| $D_1$ | 22.79 | | 30.21 | | -11.01 | -8.52 | | -15.98 | $\frac{1}{2}$ | -11.54 | -5.95 | |
| $C_1$ | — | | -5.51 | $\frac{1}{2}$ | 15.11 | — | | -5.77 | ΣC₁ 9.34 | -7.99 | — | |
| $D_2$ | 2.37 | | 3.14 | | -2.9 | -2.24 | | -4.2 | | 5.27 | 2.72 | |
| M | 25.16 | | -25.16 | | 54.2 | -10.76 | | -43.44 | | 3.23 | -3.23 | |

| M | ${}_1C_1$ 1.0 12.58 ⊥ | | | $Q_0$ 42.4 | | ${}_1C_2$ 1.0 -5.38 ⊥ | | | $Q_0$ 21.2 | | ${}_1C_3$ 1.0 -1.62 ⊥ | |

Ⓐ, Ⓑラーメン

②ラーメン

## 解説●応力図作成の順序とポイント

**1** シートより算定応力転記

曲げモーメント図用の軸組図を作成し，各節点で右まわり位置に材端モーメント $M$ を記入する．なお，梁せん断力は構造計算書 440 で求めた $Q_0$ の値（シートに転記済み），440 で求めた単純梁中央曲げモーメント $M_0$ の値（シートに転記済み）を記入する．以上を記入したものが図5・11「経過(3)」である．ただし，応力図の描き方は本文【e】を参照いただきたい．

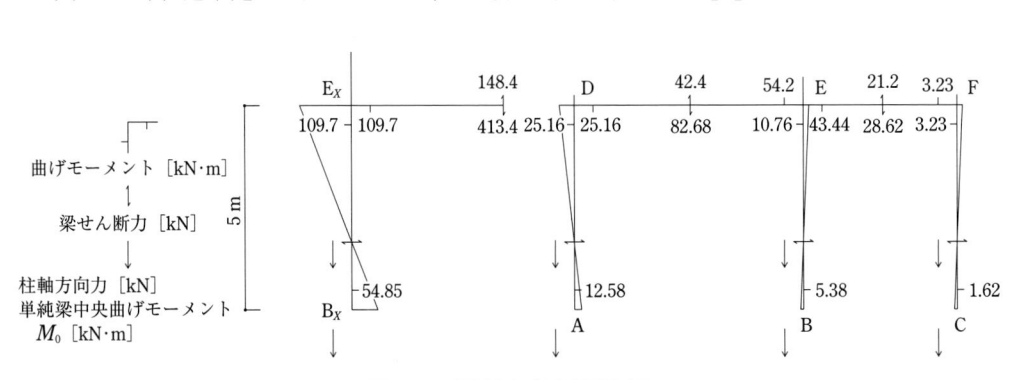

図5・11　経過(3) 算定結果転記

**2** 梁中央曲げモーメント $M_c$ の計算（図5・3）

$$M_c = M_0 - \frac{{}_{左}M + {}_{右}M}{2}$$

〈例〉梁 DE

$$B_1 \quad \boxed{M_c} = \boxed{82.68 \text{ kN·m}} - \frac{25.16 \text{ kN·m} + 54.2 \text{ kN·m}}{2} = 43 \text{ kN·m}$$

**3** せん断力

①梁のせん断力は，単純梁の場合の $Q_0$ を ${}_{梁}Q$ とする（→ 440 の $Q_0$）

②柱のせん断力は，$Q_c = \dfrac{{}_{頭}M + {}_{脚}M}{h}$ （図5・4）

〈例〉$B_X - E_X$ 柱

$$\boxed{Q_c} = \frac{109.7 \text{ kN·m} + 54.85 \text{ kN·m}}{5 \text{ m}} = 32.91 \text{ kN}$$

**4** 基礎梁の応力

基礎梁の設計応力は図5・5の計算式より求める．なお，内端の応力は小さいので，実務的には算定を省略してもよい．

〈例〉B 節点

$$FB_1 \quad {}_F M_5 = {}_{脚}M_2 \times \frac{k_1}{k_1 + k_2} = 5.38 \text{ kN·m} \times \frac{1.6}{1.6 + 2.4} = 2.15 \text{ kN·m}$$

$${}_F Q = \frac{{}_F M_4 - {}_F M_5}{l_1} = \frac{12.58 \text{ kN·m} - 2.15 \text{ kN·m}}{6 \text{ m}} = 1.74 \text{ kN}$$

$$\text{FB}_2 \quad {}_F M_6 = {}_{脚} M_2 \times \frac{k_2}{k_1 + k_2} = 5.38 \text{ kN·m} \times \frac{2.4}{1.6 + 2.4} = 3.23 \text{ kN·m}$$

$$_F Q = \frac{{}_F M_7 + {}_F M_6}{l_2} = \frac{1.62 \text{ kN·m} + 3.23 \text{ kN·m}}{4 \text{ m}} = 1.21 \text{ kN}$$

⑤ 柱軸方向力

④⑩ で算定済みの値を転記する．

以上②～⑤まで計算したものが図 5·12「経過 (4)」である．

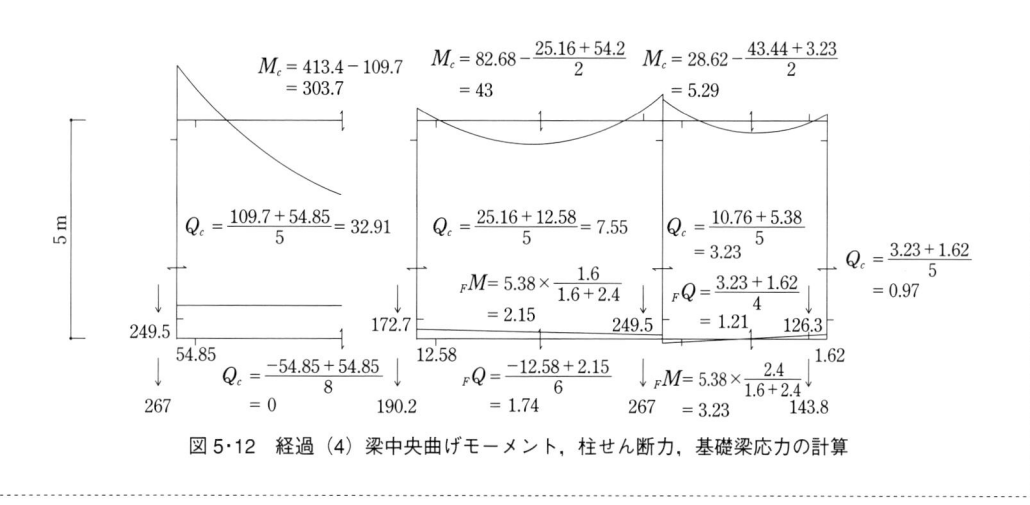

$M_c = 413.4 - 109.7 = 303.7$

$M_c = 82.68 - \frac{25.16 + 54.2}{2} = 43$

$M_c = 28.62 - \frac{43.44 + 3.23}{2} = 5.29$

$Q_c = \frac{109.7 + 54.85}{5} = 32.91$

$Q_c = \frac{25.16 + 12.58}{5} = 7.55$

$Q_c = \frac{10.76 + 5.38}{5} = 3.23$

$Q_c = \frac{3.23 + 1.62}{5} = 0.97$

$_F M = 5.38 \times \frac{1.6}{1.6 + 2.4} = 2.15$

$_F Q = \frac{3.23 + 1.62}{4} = 1.21$

$Q_c = \frac{-54.85 + 54.85}{8} = 0$

$_F Q = \frac{-12.58 + 2.15}{6} = 1.74$

$_F M = 5.38 \times \frac{2.4}{1.6 + 2.4} = 3.23$

5 m, 249.5, 54.85, 267, 172.7, 12.58, 190.2, 249.5, 126.3, 267, 1.62, 143.8

図 5·12　経過（4）梁中央曲げモーメント，柱せん断力，基礎梁応力の計算

## 【d】実務における応力図の作成方法

応力図は，構造力学的には曲げモーメント図，せん断力図，軸方向力図を描くべきだが，実務的には曲げモーメント図を描き，せん断力 $Q$ は ↓ 符号，柱軸方向力 $N$ は ↑↓ 符号をその図に書き，応力値を書き込む．なお，曲げモーメントの記入位置は，節点を中心に時計まわりの側にその部分の曲げモーメント $M$ 値を書く．梁中央の曲げモーメント $M_c$ は梁中央下端に記入する．

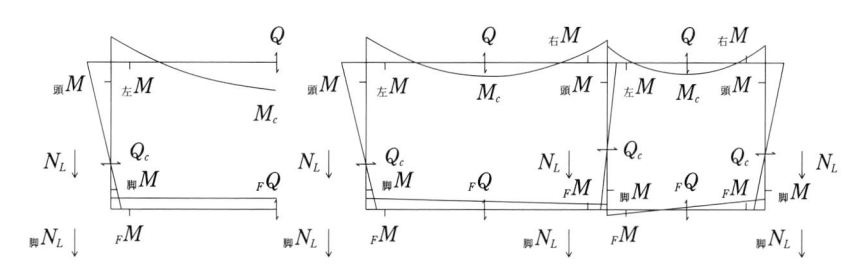

図 5·13　鉛直荷重時応力概念図

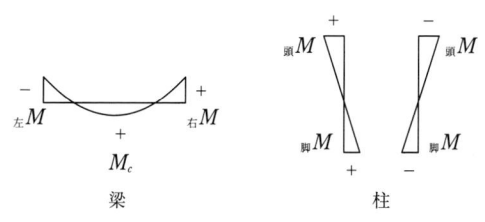

図 5·14　梁・柱の正負符号

【e】鉛直荷重時応力図

鉛直荷重時応力図の概念を，図 5・13 に示す．曲げモーメント図を描く時は，この図を頭に置き作成する．応力図には＋－符号はつけないが，部材の引張側に描く．シートによる固定モーメント法算定結果には，＋－符号がついている．この符号と曲げモーメント図との関係を図 5・14 に示す．この図より曲げモーメント図を描く．

## 520 水平荷重時応力算定

水平荷重（地震力）によって生じる応力の解析は，$D$ 値法によって計算するが，構造計算書 520 実用シートを使用すれば事務的に計算ができるので，このシートを使って応力算定する．

≪応力算定の手順≫

【a】$D$ 値法の解析手順とポイント

①応力算定に入る前に準備計算として，剛比（→ **450**）および層せん断力 $Q_i$（地震力，→ **420**）を求めておく．

②基礎梁の剛比が，柱剛比の約 1.5 倍以上あれば柱脚固定として計算する．

1 柱のせん断力分布係数 $D$ の計算

各柱が分担するせん断力 $Q_c$ を求めるための分布係数 $D$ を下式によって求める．

$$D = a \cdot k_c$$

　　$D$：せん断力分布係数

　　$a$：$\bar{k}$ より定まる定数（図 5・15）

　　$\bar{k}$：梁と柱の剛比の関係（図 5・15）

　　$k_c$：その柱の剛比

2 柱の分担せん断力 $Q_c$ の計算

$D$ を平面的に表（$D$ 値一覧表）にすると，各柱が受け持つせん断力（層せん断力）$Q_i$ の分担割合がわかる．

・$Q_0$（$D = 1.0$）の時のせん断力

$$Q_0 = \frac{Q_i}{\Sigma D}$$

・各柱の分担せん断力

$$Q_c = Q_0 \cdot D$$

　　　$\Sigma D$：$X$ 方向，$Y$ 方向別の $D$ の合計

　　　$D$　：各柱のせん断力分布係数

3 柱の反曲点高比 $y$ の計算

　　　$y = y_0$（$\bar{k}$ より表 5・1 で階数 $m$ 別の各層 $n$ の $y_0$ を求める）

上・下梁の剛比，上・下の層高の変化が 20〜30％を超える場合には $y$ の修正が必要である（武藤清『耐震計算法』（耐震設計シリーズ 1，丸善）参照）．一般的なラーメン架構では影響が小さいので，修正は通常省略する．

|  | 一般階 | 柱脚固定 | 柱脚ピン |
|---|---|---|---|
| $\bar{k}$ | 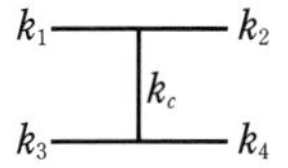 $k_1 \quad k_2$ $k_c$ $k_3 \quad k_4$ $\bar{k} = \dfrac{k_1+k_2+k_3+k_4}{2k_c}$ | 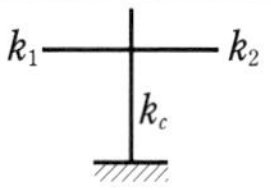 $k_1 \quad k_2$ $k_c$ $\bar{k} = \dfrac{k_1+k_2}{k_c}$ | 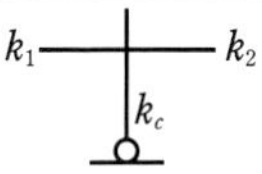 $k_1 \quad k_2$ $k_c$ $\bar{k} = \dfrac{k_1+k_2}{k_c}$ |
| $a$ | $a = \dfrac{\bar{k}}{2+\bar{k}}$ | $a = \dfrac{0.5+\bar{k}}{2+\bar{k}}$ | $a = \dfrac{0.5\bar{k}}{1+2\bar{k}}$ |

図 5·15 $\bar{k}$, $a$ 算定式

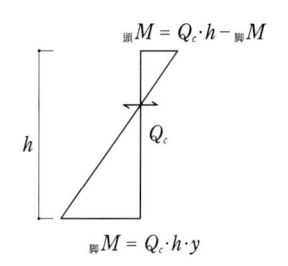

図 5·16 柱の $M$ の計算

表 5·1 標準反曲点高比 $y_0$（逆三角形荷重）/ 1 層から 2 層まで

| $m$ | $n$ | $\bar{k}$ 0.1 | 0.2 | 0.3 | 0.4 | 0.5 | 0.6 | 0.7 | 0.8 | 0.9 | 1.0 | 2.0 | 3.0 | 4.0 | 5.0 |
|---|---|---|---|---|---|---|---|---|---|---|---|---|---|---|---|
| 1 | 1 | 0.80 | 0.75 | 0.70 | 0.65 | 0.65 | 0.60 | 0.60 | 0.60 | 0.60 | 0.55 | 0.55 | 0.55 | 0.55 | 0.55 |
| 2 | 2 | 0.50 | 0.45 | 0.40 | 0.40 | 0.40 | 0.40 | 0.40 | 0.40 | 0.40 | 0.45 | 0.45 | 0.45 | 0.45 | 0.50 |
|  | 1 | 1.00 | 0.85 | 0.75 | 0.70 | 0.70 | 0.65 | 0.65 | 0.65 | 0.60 | 0.60 | 0.55 | 0.55 | 0.55 | 0.55 |

**4 柱の曲げモーメントの計算（図 5·16）**

柱頭・柱脚の曲げモーメントは，まず $_脚M$ を $Q_c \cdot h \cdot y$ で求め，次に $_頭M$ は $Q_c \cdot h$ から $_脚M$ を引いて求める．

  柱脚の曲げモーメント：$_脚M = Q_c \cdot h \cdot y$

  柱頭の曲げモーメント：$_頭M = Q_c \cdot h - {_脚M}$

**5 梁の曲げモーメント，せん断力，柱軸方向力の算定**

①梁の曲げモーメント

柱の曲げモーメントを左右の梁の剛比の割合で分配する（図 5·17）．

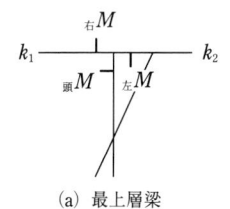

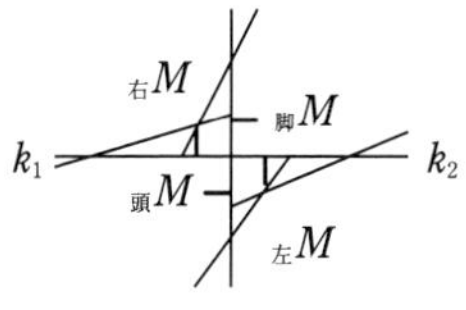

・最上層梁 $_右M = {_頭M} \times \dfrac{k_1}{k_1+k_2}$

    $_左M = {_頭M} \times \dfrac{k_2}{k_1+k_2}$

・中間層梁 $_右M = ({_脚M}+{_頭M}) \times \dfrac{k_1}{k_1+k_2}$

    $_左M = ({_脚M}+{_頭M}) \times \dfrac{k_2}{k_1+k_2}$

図 5·17 梁の曲げモーメント

②梁のせん断力

両端の曲げモーメントの和をスパンで割る（図 5·18）．

$$Q = \dfrac{{_左M}+{_右M}}{l}$$

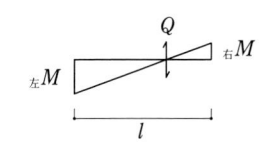

図 5·18 梁のせん断力の算定

③柱軸方向力

左右の梁のせん断力の差を上層から下層に加算する（図5・19）．

④梁中央曲げモーメント $M_c$（図5・20）

$$M_c = \frac{\text{左}M - \text{右}M}{2}$$

ただし，水平荷重時の $M_c$ 応力値は小さく，かつ梁中央は長期応力で断面が決まるので $M_c$ の算定は通常省略する．

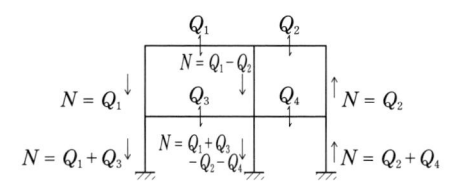

図5・19 柱軸方向力の算定

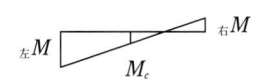

図5・20 梁中央曲げモーメントの算定

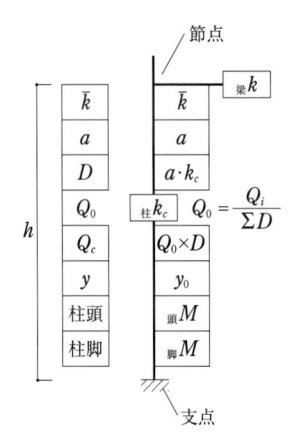

【b】水平荷重時応力算定シートについて

$D$ 値法による計算を図上計算法に定型化したのが構造計算書 520 の水平荷重時応力算定シートである（付録）．

シートの各記号，記入事項は，図5・21 に示すとおりである．

梁$k$ ：梁の剛比→**450**
柱$k_c$ ：柱の剛比→**450**
$\bar{k}$ ：梁と柱の剛比の関係
頭$M$ ：柱の柱頭部の曲げモーメント [kN·m]
脚$M$ ：柱の柱脚部の曲げモーメント [kN·m]
$a$ ：$\bar{k}$ より定まる定数
$D$ ：せん断力分布係数 $a \cdot k_c$
$\Sigma D$ ：階，$X$，$Y$ 方向別の $D$ の合計
$Q_i$ ：設計用層せん断力→**420**
$Q_0$ ：$D = 1.0$ の柱のせん断力 $Q_0 = \dfrac{Q_i}{\Sigma D}$
$Q_c$ ：柱のせん断力 $Q_0 \cdot D$ [kN]
$y$ ：柱の反曲点高比 $y = y_0$
$h$ ：柱高 [m]

図5・21 シートの記入事項

---

**構造計算書 II 演習例 p. 10**

520 解説●水平荷重時応力算定の順序とポイント

$D$ 値法により，シートを使って柱脚固定の場合を計算する．①③，②ラーメン（1スパン），Ⓐ Ⓑラーメン（2スパン）について応力算定する．

【a】準備

構造計算書 520 のシートを用意し，階高，構造計算書 450 で求めた剛比を，柱・梁の $\boxed{k}$ 欄に（有効剛比は使わない），および層せん断力（地震力）$Q_i$（→422）を記入する．

【b】計算

① 柱のせん断力分布係数 $D$ の計算

〈例〉$B_X - E_X$ 柱

$$\bar{k} = \frac{k_1}{k_c} = \frac{2.4}{1.0} = 2.4 \qquad\qquad a = \frac{0.5 + \bar{k}}{2 + \bar{k}} = \frac{0.5 + 2.4}{2 + 2.4} = 0.66$$

$$D = a \cdot k_c = 0.66 \times 1.0 = 0.66$$

〈例〉B − E 柱

$$\bar{k} = \frac{k_1 + k_2}{k_c} = \frac{1.3 + 1.95}{1.0} = 3.25 \qquad a = \frac{0.5 + \bar{k}}{2 + \bar{k}} = \frac{0.5 + 3.25}{2 + 3.25} = 0.71$$

$$D = a \cdot k_c = 0.71 \times 1.0 = 0.71$$

**2** 柱の分担せん断力 $Q_c$ の計算

各柱について求まった $D$ 値を表（$D$ 値一覧表）にし，$X$，$Y$ 方向別に $D$ 値を集計した $\Sigma D_X$，$\Sigma D_Y$ を求め，各柱の受け持つせん断力 $Q_c$ を求める．

〈例〉$B_X − E_X$ 柱

$$_YQ_0 = \frac{Q}{\Sigma D_Y} = \frac{202\,\text{kN}}{3.76} = 53.7\,\text{kN} \qquad _YQ_c = {_YQ_0} \cdot D = 53.7\,\text{kN} \times 0.66 = 35.4\,\text{kN}$$

〈例〉B − E 柱

$$_XQ_0 = \frac{Q}{\Sigma D_X} = \frac{202\,\text{kN}}{3.76} = 53.7\,\text{kN} \qquad _XQ_c = {_XQ_0} \cdot D = 53.7\,\text{kN} \times 0.71 = 38.1\,\text{kN}$$

以上までを記入したものが図 5・22「経過 (1)」である．

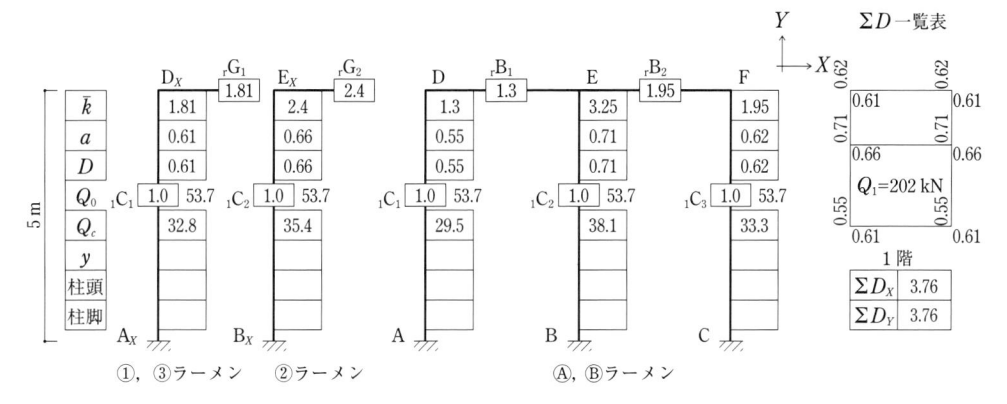

図 5・22　経過 (1)

**3** 柱の反曲点高比 $y$ の計算

$$y = y_0$$

　　　$y_0$：標準反曲点高比（表 5・1）

〈例〉$B_X − E_X$ 柱

　　$\bar{k} = 2.4 \qquad m = 1$ 階建　　$n = 1$ 階柱

　　表 5・1 より　　$y_0 = 0.55 = y$

〈例〉B − E 柱

　　$\bar{k} = 3.25 \qquad m = 1$ 階建　　$n = 1$ 階柱

　　表 5・1 より　　$y_0 = 0.55 = y$

**4** 柱の曲げモーメントの計算

〈例〉$B_X − E_X$ 柱

$$_{脚}M = Q_c \cdot h \cdot y = 35.4\,\text{kN} \times 5\,\text{m} \times 0.55 = 97.4\,\text{kN·m}$$

$$_頭M = Q_c \cdot h - {}_脚M = 35.4 \text{ kN} \times 5 \text{ m} - 97.4 \text{ kN} \cdot \text{m} = 79.6 \text{ kN} \cdot \text{m}$$

〈例〉B－E柱

$$_脚M = Q_c \cdot h \cdot y = 38.1 \text{ kN} \times 5 \text{ m} \times 0.55 = 104.8 \text{ kN} \cdot \text{m}$$

$$_頭M = Q_c \cdot h - {}_脚M = 38.1 \text{ kN} \times 5 \text{ m} - 104.8 \text{ kN} \cdot \text{m} = 85.7 \text{ kN} \cdot \text{m}$$

以上 3, 4 まで計算したものが図5・23「経過(2)」である．

梁の曲げモーメント，せん断力および柱軸方向力の計算は応力図を作成しながら算定する．

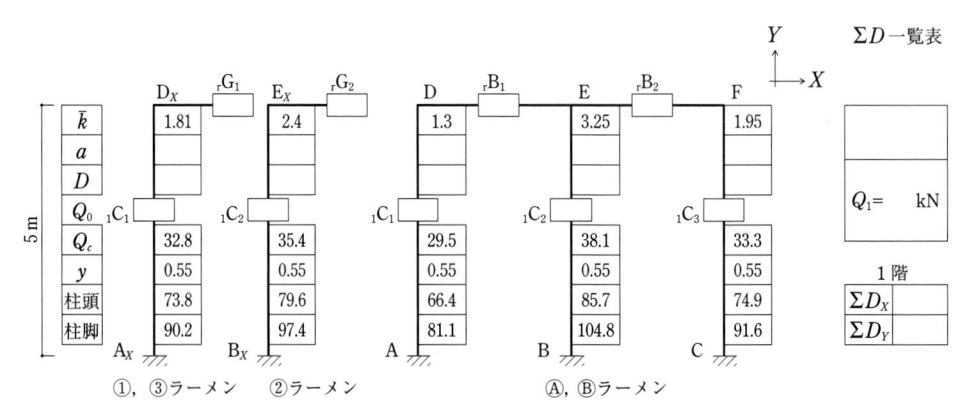

図 5・23　経過(2)

### 解説●応力図作成の順序とポイント

1 シートより算定応力転記

曲げモーメント図用の軸組図を作成し，各節点で右まわり位置に柱材端モーメント $_頭M$, $_脚M$，および柱せん断力 $Q_c$ を転記する．以上を転記したものが図5・24「経過(3)」である．

なお，応力図の描き方は本文【c】を参照いただきたい．

2 梁端曲げモーメント，梁せん断力，柱軸方向力の算定

①梁の曲げモーメント（図5・17）

〈例〉$E_X$ 節点　　$_頭M$　＝　$_端M$

　　　　　　　　79.6 kN·m　79.6 kN·m

〈例〉E 節点　　$_右M = {}_頭M \cdot \dfrac{k_1}{k_1 + k_2} = 85.7 \text{ kN·m} \times \dfrac{1.3}{1.3 + 1.95} = 34.3 \text{ kN·m}$

$$_左M = {}_頭M \cdot \dfrac{k_2}{k_1 + k_2} = 85.7 \text{ kN·m} \times \dfrac{1.95}{1.3 + 1.95} = 51.4 \text{ kN·m}$$

②梁のせん断力

〈例〉$_rG_2$ 梁　　$_rQ = \dfrac{_左M + {}_右M}{l} = \dfrac{79.6 \text{ kN·m} \times 2}{8 \text{ m}} = 19.9 \text{ kN}$

〈例〉$_rB_1$ 梁　　$Q_1 = \dfrac{_左M + {}_右M}{l} = \dfrac{66.4 \text{ kN·m} + 34.3 \text{ kN·m}}{6 \text{ m}} = 16.8 \text{ kN}$

③柱軸方向力

〈例〉$B_X - E_X$ 柱　　$N = {}_rQ = 19.9 \text{ kN}$

## 520 水平荷重時応力算定

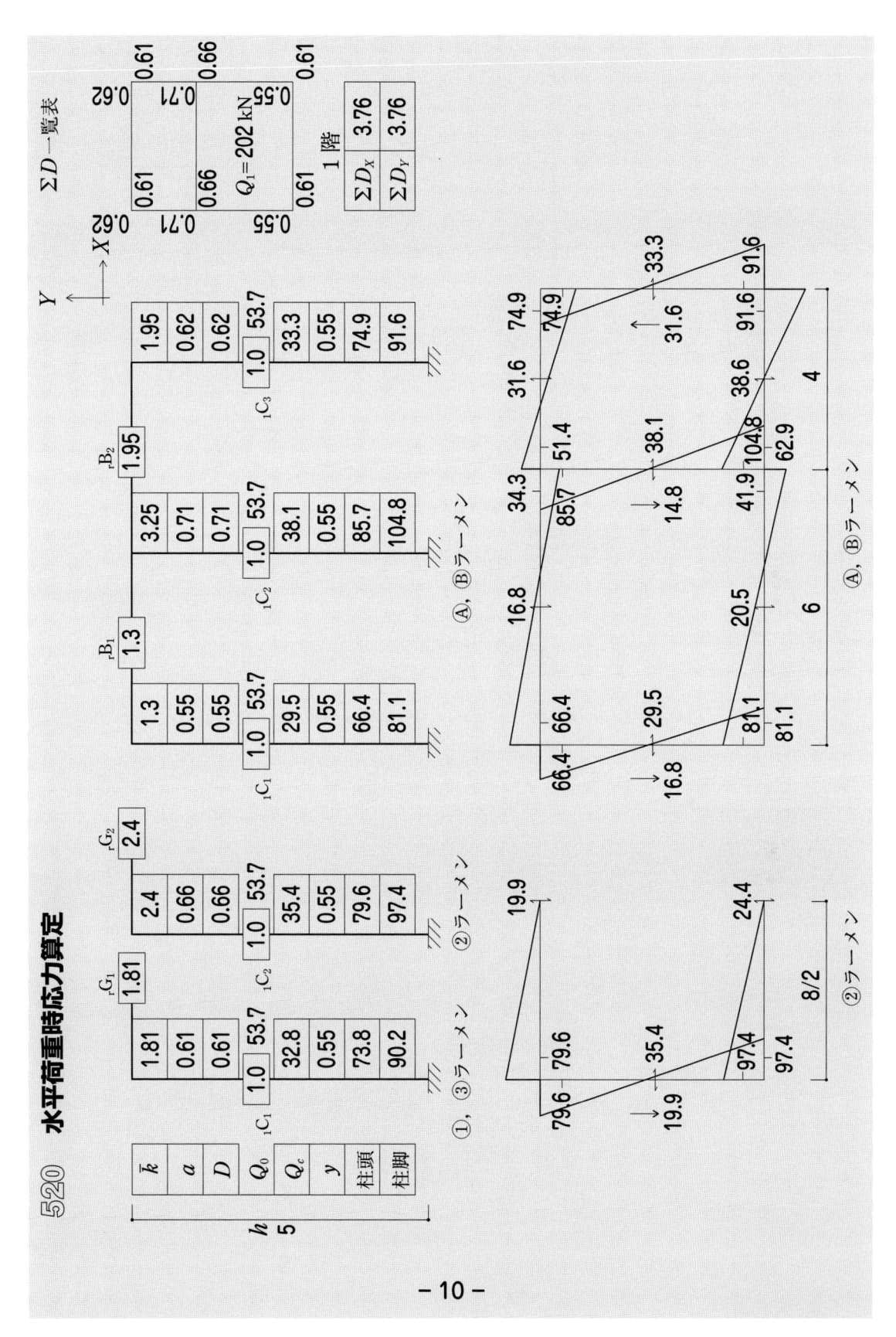

### ①,③ラーメン

| | $_rG_1$ 1.81 | | $_rG_2$ 2.4 | |
|---|---|---|---|---|
| $\bar{k}$ | 1.81 | | 2.4 | |
| $a$ | 0.61 | | 0.66 | |
| $D$ | 0.61 | | 0.66 | |
| $Q_0$ | 1.0 53.7 | $_1C_2$ | 1.0 53.7 | |
| $Q_c$ | 32.8 | | 35.4 | |
| $y$ | 0.55 | | 0.55 | |
| 柱頭 | 73.8 | | 79.6 | |
| 柱脚 | 90.2 | | 97.4 | |

$_1C_1$ ... ①,③ラーメン

### ②ラーメン

| | $_rB_1$ 1.3 | | $_rB_2$ 1.95 | |
|---|---|---|---|---|
| $\bar{k}$ | 1.3 | 3.25 | 1.95 | |
| $a$ | 0.55 | 0.71 | 0.62 | |
| $D$ | 0.55 | 0.71 | 0.62 | |
| $Q_0$ | 1.0 53.7 | 1.0 53.7 | 1.0 53.7 | |
| $Q_c$ | 29.5 | 38.1 | 33.3 | |
| $y$ | 0.55 | 0.55 | 0.55 | |
| 柱頭 | 66.4 | 85.7 | 74.9 | |
| 柱脚 | 81.1 | 104.8 | 91.6 | |

$_1C_1$ ... $_1C_2$ ... $_1C_3$ — Ⓐ, Ⓑラーメン

### $\Sigma D$ 一覧表  $Y \uparrow \rightarrow X$

| 0.61 | 0.62 | 0.61 |
| --- | --- | --- |
| 0.66 | 0.71 | 0.66 |
| 0.55 | 0.55 | 0.55 |
| 0.61 | 0.62 | 0.61 |

$Q_1 = 202$ kN

**1階**

| $\Sigma D_X$ | 3.76 |
|---|---|
| $\Sigma D_Y$ | 3.76 |

### ②ラーメン

19.9 ← 79.6  24.4 ← 97.4
79.6 — 35.4 — 97.4
79.6 → 19.9    8/2

### Ⓐ, Ⓑラーメン

74.9 ← 33.3  91.6
74.9 — 31.6 — 91.6
31.6 — 38.6 — 
51.4 — 38.1 — 104.8
34.3 — 41.9 — 62.9
85.7 → 14.8   4
16.8 — 20.5 — 
66.4 — 29.5 — 81.1
66.4 → 16.8   81.1   6

$h_5$

〈例〉B − E 柱　　$N = Q_1 - Q_2 = -16.8\,\text{kN} + 31.6\,\text{kN} = 14.8\,\text{kN}$

計算経過は図 5·25「経過(4)」による．

図 5·24　経過(3)　算定結果転記

図 5·25　経過(4)　梁端曲げモーメント，梁せん断力，柱軸方向力の計算

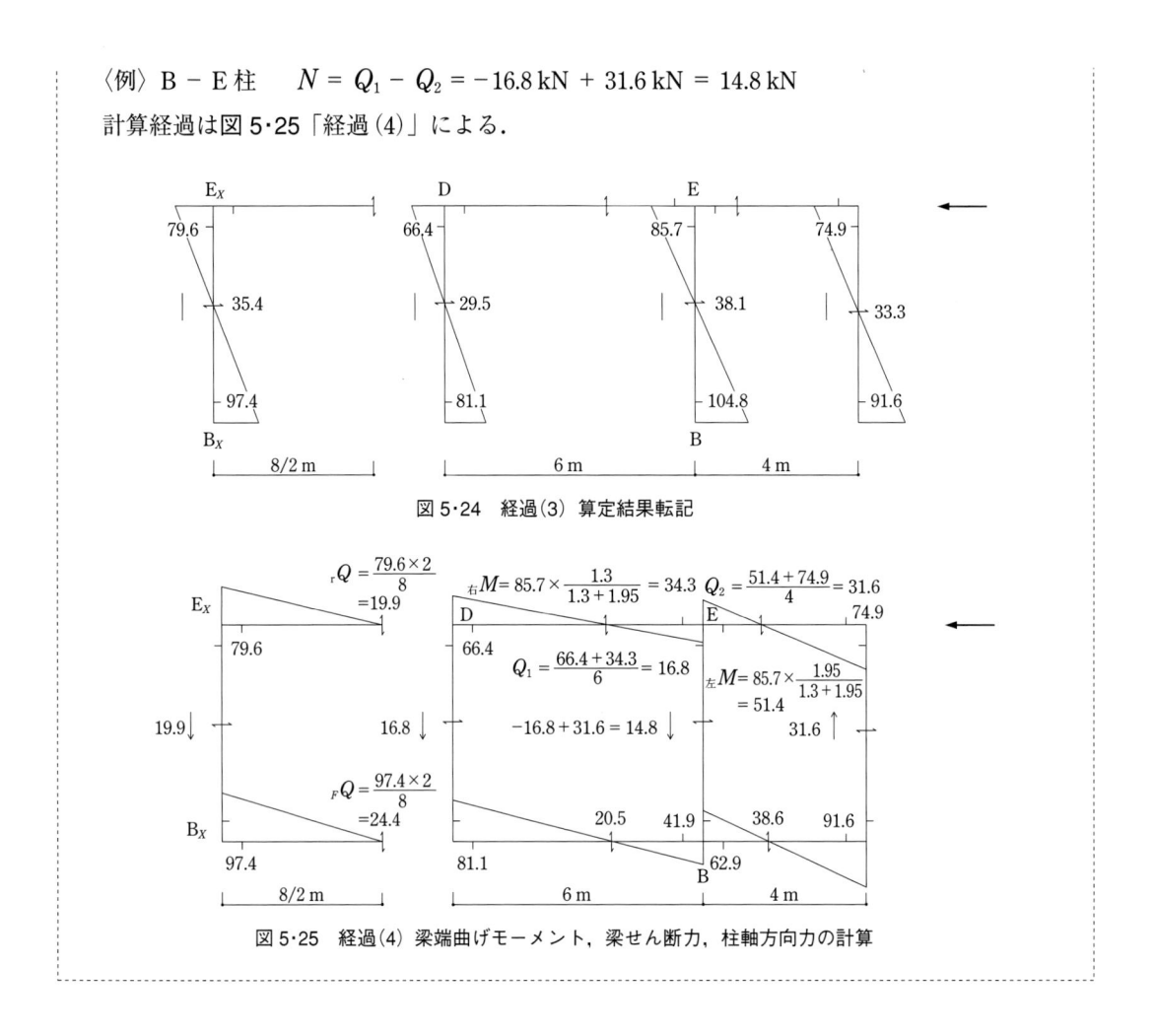

## 【c】水平荷重時応力図

　水平荷重時応力図の概念を，図 5·26 に示す．曲げモーメント図を描く時には，この図を頭に置き作成するが，水平力は左または右から作用するので，正・負 2 種の応力があることに注意する．正負記号はつけない

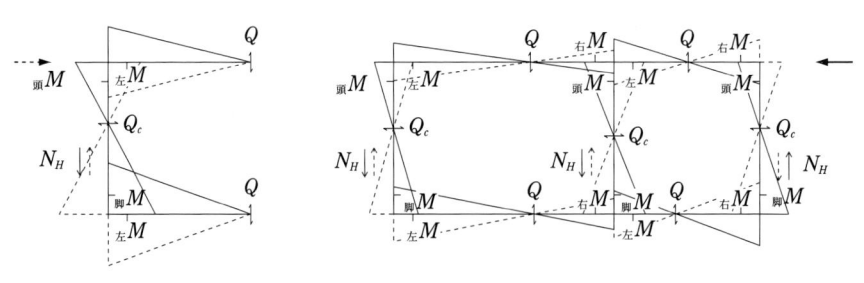

図 5·26　水平荷重時応力概念図

# 600 耐震壁

　耐震壁は，剛性・強度とも大きく，地震には耐震壁が非常に有効であり，RC の構造計画にあたっては，バランスよく耐震壁を設けるようにする．

　設計は，剛性（$D$ 値計算）を求め，$D$ 値による負担せん断力によって強度（配筋設計）を確認する．なお，耐震壁は柱・梁からなる架構と壁が一体のものであるが，実務設計上，架構と壁を分けて設計することにする．

## 610 耐震壁の計算外規定

①壁の厚さは 120 mm 以上で内法高さの 1/30 以上とする．通常，150 mm，180 mm を採用．

②せん断補強筋比 $p_s = \dfrac{a_t}{x \cdot t}$ は 0.25 % 以上とする（表 6・1）．

③壁厚が 200 mm 以上の場合はダブル配筋とする．

④耐震壁周囲の柱・梁は次のように設計する．
　・柱は，コンクリート断面に対して 0.8 % 以上の主筋が必要である．
　・梁は，スラブ部分を除く梁のコンクリート断面積に対して，0.8 % 以上の主筋が必要である．

⑤壁筋は，D10 以上で，壁の見付面に対し間隔 300 mm 以下，千鳥状の複配筋を行う場合には，片面は間隔 450 mm 以下とする．

⑥開口周囲の補強筋は，D13 以上，かつ壁筋と同径以上の異形鉄筋を用いる．

表 6・1　せん断補強筋比 $p_s = 0.25$ % の時の壁のせん断補強筋間隔早見表

| 壁配筋 | | $p_s = 0.25$ % の場合のせん断補強筋間隔 [mm] | | | |
|---|---|---|---|---|---|
| | | シングル配筋 | | ダブル配筋 | |
| 壁厚 [mm] | 壁の高さ [m] | D10 | D10, D13 | D10 | D10, D13 |
| 120 | 3.6 | D10 − @230 | D10, D13 − @330 | — | — |
| 150 | 4.5 | D10 − @180 | D10, D13 − @260 | D10 − @360 | D10, D13 − @520 |
| 180 | 5.4 | D10 − @150 | D10, D13 − @220 | D10 − @300 | D10, D13 − @440 |
| 200 | 6.0 | — | — | D10 − @280 | D10, D13 − @390 |
| 220 | 6.6 | — | — | D10 − @250 | D10, D13 − @360 |
| 250 | 7.5 | — | — | D10 − @220 | D10, D13 − @310 |

## 620 耐震壁の条件

【a】開口を有する耐震壁（図 6・1）

次式より求められる開口周比 $r_0$ の値によって取扱いが異なる．

$$r_0 = \sqrt{\dfrac{h_0 \cdot l_0}{h \cdot l}} \quad \cdots\cdots\cdots\cdots\cdots (6・1)\ \text{式}$$

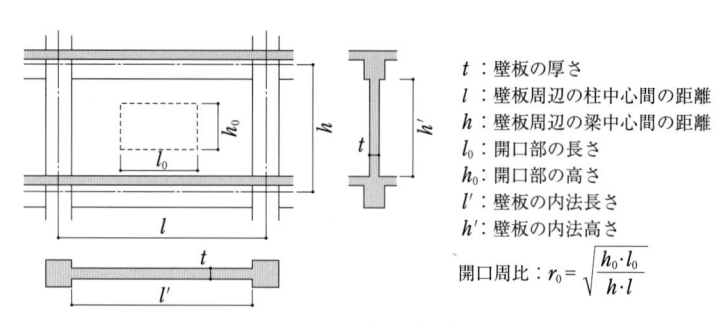

図 6・1　有開口耐震壁

**1** $r_0 \leq 0.4$ の場合（耐震壁）

開口周比が 0.4 以下の小さな開口である場合には，架構の応力計算は無開口耐震壁に準じて行う．分布係数 $D$ 値は開口の大きさを考慮して低減すればよく，許容水平せん断力も開口による低減率 $r_2$ を乗じて求めることができる．

**2** $r_0 > 0.4$ の場合（耐震壁ではない）

開口周比が 0.4 を超える時は，耐震壁くずれの壁とし，そで壁，方立壁とみて設計する．

【b】許容水平せん断力

耐震壁（$r_0 \leq 0.4$）の許容水平せん断力 $Q_A$ は，中小規模の建物では (6・2) 式による．耐震壁負担せん断力 $Q$ による検討は (6・3) 式による．

$$Q_A = r_2 \cdot t \cdot l \cdot f_s \quad \text{……………………………………(6・2) 式}$$

$$\frac{Q}{r_2 \cdot t \cdot l} \leq f_s \quad \text{……………………………………(6・3) 式}$$

$r_2$：開口に対する低減率

$$r_2 = 1 - \max\left\{r_0, \frac{l_0}{l}, \frac{h_0}{h}\right\} = 1 - \max\left\{\sqrt{\frac{h_0 \cdot l_0}{h \cdot l}}, \frac{l_0}{l}, \frac{h_0}{h}\right\} \quad \text{……(6・4) 式}$$

$t$：壁厚 [mm]

$f_s$：コンクリートの短期許容せん断応力度 [N/mm²]

# 630 耐震壁の水平力分布係数 $D$ 値

耐震壁の水平力分布係数（剛性）は，せん断変形，曲げ変形，地盤の沈下による変形（図 6・2）を考慮して求めるのが原則である．しかし，地盤の変形係数が不明確なこと，手計算では手間がかかりすぎること，求められた分布係数が非常に大きな値となってしまう等の理由により，特別なケースを除いて精算されることはまれである．

一般的には，柱の $D$ 値の $n$ 倍を耐震壁の $D$ 値と仮定する略算法，いわゆる $n$ 倍法が広く用いられている．なお，上層部については，曲げ変形が大きく，曲げに対しては柱が抵抗するため（H 型鋼梁ではフランジが曲げに抵抗），柱に比べて耐震壁の負担が小さくなるので，(6・7) 式によって耐震壁の $D$ 値を低減する．

(a)　　　(b)せん断変形　　(c)曲げ変形　　(d)地盤の沈下による変形

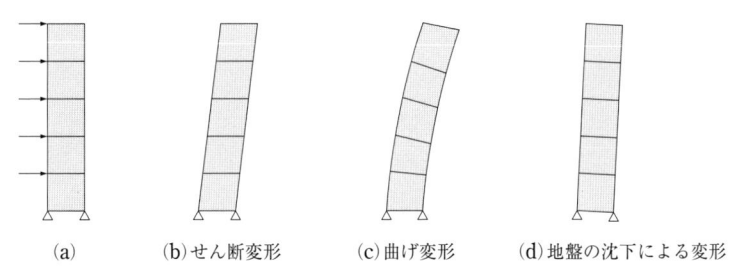

図 6·2　耐震壁の変形

# 640 $n$ 倍法による $D$ 値算定

計算上の基本事項は次による．

**1 2通りの $D$ 値**

$D$ 値は，応力計算用 $D$ 値（柱＋耐震壁．$\Sigma D = \Sigma(D_c + D_w)$）と偏心率，剛性率，層間変形角算定用（剛性評価）の $D$ 値（雑壁を含む．$\Sigma D' = \Sigma(D_c + D_w + D_w')$）の2通りを求める．

**2 耐震壁**

耐震壁（地震力を負担する壁）は次のものとする．

①壁厚 120 mm 以上．

②配筋等は規定に適合するもの．

③開口部があるものは，開口周比 $r_0 \leqq 0.4$ を満足するもの．

④無開口耐震壁に対する有開口耐震壁の低減率は次式による．

$$r_1 = 1 - 1.25 r_0 = 1 - 1.25 \sqrt{\frac{h_0 \cdot l_0}{h \cdot l}} \quad \text{ただし } r_0 \leqq 0.4 \text{ の場合} \quad \cdots\cdots (6\cdot5) \text{式}$$

⑤柱・梁からなる架構に囲まれている．

**3 雑壁**

雑壁（地震力は負担しないが剛性評価する壁）は開口周比 $r_0 \leqq 0.4$ を満足しない壁である．方立壁は $t \geqq 100$ mm かつ $l \geqq 1000$ mm．なお，そで壁については，**452 5** にて柱剛比を割り増す．

**4 耐震壁の $D$ 値**

耐震壁の $D$ 値の略算は $n$ 倍法による．次式を用いる．

$$D_w = n \cdot r_1 \left(\frac{A_w}{A_c}\right) D_c \quad \cdots\cdots\cdots\cdots\cdots\cdots\cdots\cdots\cdots\cdots\cdots\cdots\cdots\cdots (6\cdot6) \text{式}$$

$D_w$：耐震壁（壁板周辺の柱含む）の $D$ 値

$n$　：係数……中小規模の建物では1階は $n = 3 \sim 5$ 程度とし，一層上がるごとに

$$\frac{Q_i\,（その階の地震層せん断力）}{Q_1\,（1階の地震層せん断力）} \quad \cdots\cdots\cdots\cdots\cdots\cdots\cdots (6\cdot7) \text{式}$$

を乗じた値を標準とする

$r_1$　：開口による低減率．(6·5) 式による

$A_w$　：耐震壁の断面積（図 6·3）

$A_c$　：標準柱の断面積

$D_c$　：標準柱の $D$ 値（原則として中柱を標準とする）

$A_w = l' \cdot t$

図 6·3

**5** 雑壁の $D$ 値

雑壁の $D$ 値は耐震壁の $D$ 値の 7/25 とする．

$$D_w' = D_w \times \frac{7}{25} \quad\cdots\cdots\cdots\cdots\cdots\cdots\cdots\cdots\cdots\cdots\cdots\cdots\cdots\cdots\cdots\cdots\cdots\cdots (6\cdot8)\ \text{式}$$

---- 構造計算書 I 演習例 p. 16 ----

600 解説●耐震壁の $D$ 値と配筋

$Y$ 方向Ⓐ通り（無開口），Ⓑ通り（有開口），1, 2 階の耐震壁を設計する．
コンクリートは $F_c = 18\,\text{N/mm}^2$ で，短期許容せん断応力度は 132 より $_sf_s = 0.9\,\text{N/mm}^2$．

【a】耐力壁の $D$ 値計算

$n$ 倍法で，耐震壁の $D_w$ と雑壁の $D_w'$ を計算する．

**1** 耐震壁の $D_w$ 算定

520 水平荷重時応力算定（課題 I の構造計算書 p.14）の $\Sigma D$ 一覧表の柱の $D$ 値が計算できた後に $D_w$ の計算を行う（図 6·4）．

$D_w$ の求め方について解説する．

① 耐震壁の断面積 $A_w$

$$A_w = t \cdot l' = t(l - D) = 150\,\text{mm} \times (4000\,\text{mm} - \underset{\text{柱幅}}{500\,\text{mm}})$$
$$= 525000\,\text{mm}^2$$

② 柱断面積 $A_c$

$$A_c = b \cdot D = 500\,\text{mm} \times 500\,\text{mm} = 250000\,\text{mm}^2$$

③ $\dfrac{A_w}{A_c} = \dfrac{525000}{250000} = 2.1$

④ 開口による低減率 $r_1$

・2 階Ⓑ通り　 $_2r_{1B} = 1 - 1.25\sqrt{\dfrac{h_0 \cdot l_0}{h \cdot l}} = 1 - 1.25\sqrt{\dfrac{1 \times 1.2}{3.4 \times 4}}$ *

$\qquad\qquad\qquad = 0.63$　ただし $r_0 = \sqrt{\dfrac{h_0 \cdot l_0}{h \cdot l}} = 0.3 < 0.4 \rightarrow \text{OK}$

・1 階Ⓑ通り　 $_1r_{1B} = 1 - 1.25\sqrt{\dfrac{h_0 \cdot l_0}{h \cdot l}} = 1 - 1.25\sqrt{\dfrac{1 \times 1.2}{3.7 \times 4}}$ *

$\qquad\qquad\qquad = 0.64$　ただし $r_0 = \sqrt{\dfrac{h_0 \cdot l_0}{h \cdot l}} = 0.28 < 0.4 \rightarrow \text{OK}$

＊課題 I の構造計算書 p.5　262 軸組図Ⓑラーメン

⑤ $n$ 値の算定

・1 階　$_1n = 3$ とする．

・2 階　$_2n = {_1n} \times \dfrac{Q_2}{Q_1} = 3 \times \dfrac{192}{360} = 1.6$

⑥ 標準柱の $D$ 値 $D_c$（中柱の $D$ 値を採用）

・2 階　$_2D_c = 0.53$（図 6·4 より）

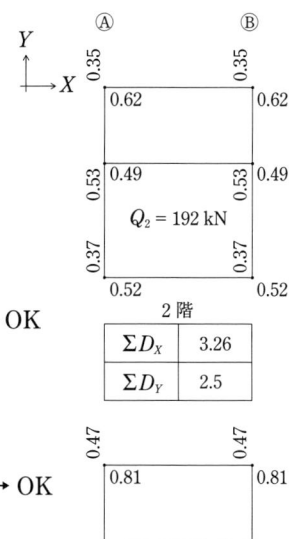

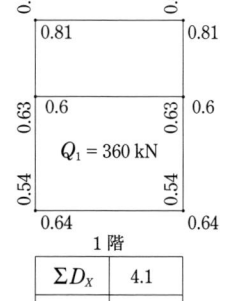

図 6·4　$\Sigma D$ 一覧表(1)（柱の $D$ 値）

2 階

| | Ⓐ | | Ⓑ |
|---|---|---|---|
| 0.35 | | | 0.35 |
| | 0.62 | | 0.62 |
| 0.53 | 0.49 | 0.53 | 0.49 |
| | \multicolumn{2}{c}{$Q_2 = 192$ kN} | |
| 0.37 | | | 0.37 |
| 0.52 | | | 0.52 |

| $\Sigma D_X$ | 3.26 |
|---|---|
| $\Sigma D_Y$ | 2.5 |

1 階

| 0.47 | | | 0.47 |
|---|---|---|---|
| | 0.81 | | 0.81 |
| 0.63 | 0.6 | 0.63 | 0.6 |
| | \multicolumn{2}{c}{$Q_1 = 360$ kN} | |
| 0.54 | | | 0.54 |
| 0.64 | | | 0.64 |

| $\Sigma D_X$ | 4.1 |
|---|---|
| $\Sigma D_Y$ | 3.28 |

・1階　$_1D_c = 0.63$（図6・4より）

⑦耐震壁の$D$値 $D_w$ 計算（架構の$D$値含む）

$$D_w = \frac{A_w}{A_c} r_1 \cdot n \cdot D_c = 2.1 \times 1 \times 1.6 \times 0.53 = 1.78 \cdots\cdots {}_2D_{wA}$$
$$= 2.1 \times 0.63 \times 1.6 \times 0.53 = 1.12 \cdots\cdots {}_2D_{wB}$$
$$= 2.1 \times 1 \times 3 \times 0.63 = 3.97 \cdots\cdots {}_1D_{wA}$$
$$= 2.1 \times 0.64 \times 3 \times 0.63 = 2.54 \cdots\cdots {}_1D_{wB}$$

⑧ $\Sigma D$ 一覧表で耐震壁を含む$\Sigma D$を計算（図6・5）

$D_w$ を $\Sigma D$ 一覧表に記入．ただし，$D_w$ は架構の柱$D$値を含んだ値である．

・2階　$\Sigma D_Y = D_c \times 2 + {}_2D_{wA} + {}_2D_{wB} = 0.37 \times 2 + 1.78 + 1.12 = \boxed{3.64}$

・1階　$\Sigma D_Y = D_c \times 2 + {}_1D_{wA} + {}_1D_{wB} = 0.54 \times 2 + 3.97 + 2.54 = \boxed{7.59}$

⑨ 520 水平荷重時応力算定を進める．

**2** 雑壁の $D_w'$ 算定

$X$方向の1, 2階③通りにある方立壁 $l = 2100$ mm および1階①通り $l = 1000$ mm の$D$値を算定する．ただし，$D_w'$ は架構応力には関係せず，2次設計に採用する．

①雑壁の断面積 $A_w$

・③通り　$A_w = t \cdot l' = 150$ mm $\times$ 2100 mm $= 315000$ mm$^2$

・①通り　$A_w = t \cdot l' = 150$ mm $\times$ 1000 mm $= 150000$ mm$^2$

② $A_c = 250000$ mm$^2$

③ $\dfrac{A_w}{A_c}$ の計算

・③通り　$\dfrac{A_w}{A_c} = \dfrac{315000}{250000} = 1.26$

・①通り　$\dfrac{A_w}{A_c} = \dfrac{150000}{250000} = 0.6$

④ $n$ 値の算定

・2階の $_2n = 1.6$　$_2n' = {}_2n \times \dfrac{7}{25} = 1.6 \times \dfrac{7}{25} = 0.45$

・1階の $_1n = 3$　$_1n' = {}_1n \times \dfrac{7}{25} = 3 \times \dfrac{7}{25} = 0.84$

⑤標準柱の$D$値 $D_c$（中柱の$D$値を採用）

・2階　$_2D_c = 0.53$

・1階　$_1D_c = 0.63$

⑥雑壁の$D$値 $D_w'$ 算定

$$D_w' = \frac{A_w}{A_c} n' \cdot D_c$$

・2階③通り　$1.26 \times 0.45 \times 0.53 = 0.3$

・1階③通り　$1.26 \times 0.84 \times 0.63 = 0.67$

　　①通り　$0.6 \times 0.84 \times 0.63 = 0.32$

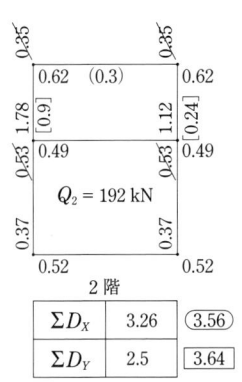

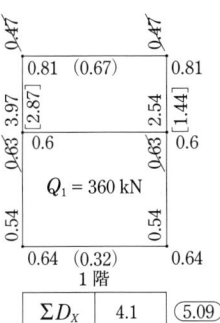

図6・5　$\Sigma D$ 一覧表(2)（耐力壁を含む$D$値）

⑦ $\Sigma D$ 一覧表で雑壁を含む $\Sigma D'$ を計算（図 6・5）
- 2 階　$\Sigma D_X' = \Sigma D_X + D_w' = 3.26 + (0.3) = \underline{3.56}$
- 1 階　$\Sigma D_X' = \Sigma D_X + D_w' = 4.1 + (0.67) + (0.32) = \underline{5.09}$

### 3 耐震壁の壁筋設計

耐震壁が負担するせん断力 $Q_w$ を計算し，$Q_w$ を壁断面積で除し，その値がせん断許容応力度以下であることを確認して，せん断補強筋比 $p_s = 0.25\%$ 以上で壁筋設計する．なお，$\dfrac{Q_w}{t \cdot l} > {}_s f_s$ の場合には柱のせん断耐力も加算することができる．

①耐震壁負担せん断力による検討

〈1 階の耐震壁について〉

$${}_1Q_{wA} = \dfrac{Q_1}{\Sigma D_Y} \times {}_1D_{wA} = \dfrac{360}{7.59} \times 3.97 = 188.3 \text{ kN}$$

$$\dfrac{{}_1Q_{wA}}{t \cdot l} = \dfrac{188300 \text{ N}}{150 \text{ mm} \times 4000 \text{ mm}} = 0.314 \text{ N/mm}^2 < {}_s f_s = 0.9 \text{ N/mm}^2$$

$${}_1Q_{wB} = \dfrac{Q_1}{\Sigma D_Y} \times {}_1D_{wB} = \dfrac{360}{7.59} \times 2.54 = 120.5 \text{ kN}$$

開口による低減率 $r_2 = 1 - \max\left\{\sqrt{\dfrac{h_0 \cdot l_0}{h \cdot l}},\ \dfrac{l_0}{l},\ \dfrac{h_0}{h}\right\}$

$$= 1 - \max\left\{\sqrt{\dfrac{1 \times 1.2}{3.7 \times 4}},\ \dfrac{1.2}{4},\ \dfrac{1}{3.7}\right\}$$

$$= 1 - \max\{0.28,\ 0.3,\ 0.27\}$$

$$= 1 - 0.3 = 0.7$$

$$\dfrac{{}_1Q_{wB}}{r_2 \cdot t \cdot l} = \dfrac{120500 \text{ N}}{0.7 \times 150 \text{ mm} \times 4000 \text{ mm}} = 0.287 \text{ N/mm}^2 < {}_s f_s$$

②壁配筋

必要せん断補強筋比 $p_s = 0.25\%$

1 m あたりの必要鉄筋断面積 $a_t = p_s \cdot t \cdot l = 0.0025 \times 150 \text{ mm} \times 1000 \text{ mm} = 375 \text{ mm}^2$

間隔 $x = \dfrac{1000 \text{ mm}}{\dfrac{a_t}{a_1}}$　D10 $(a_1 = 71 \text{ mm}^2)$　$x = \dfrac{1000 \text{ mm}}{\dfrac{375 \text{ mm}^2}{71 \text{ mm}^2}} = 189 \text{ mm} \rightarrow @150 \text{ mm}$

実務設計においては，配筋基準図 11 (p.203) に基づき，耐震壁 EW15 では D10，D13 - @150 とし，開口部補強筋・斜筋として 2 - D13 を採用する．

**構造計算書Ⅰ演習例**

# 600 耐震壁

## 1 耐力壁の $D$ 値計算
・耐震壁の $D_w$ 算定

| 階 | 方向 | 通り | $t \cdot l'$ | $A_w$ | $A_c$ | $A_w / A_c$ | $r_1$ | $n$ | $D_c$ [5] | $D_w$ [6] | $Q_i$ |
|---|---|---|---|---|---|---|---|---|---|---|---|
| 2 | Y | Ⓐ | 150×3500 | 525000 | 250000 | 2.1 | 1.0 | 1.6 [3] | 0.53 | 1.78 | 192 kN |
|   |   | Ⓑ | 150×3500 | 525000 |   |   | 0.63 [1] |   |   | 1.12 |   |
| 1 | Y | Ⓐ | 150×3500 | 525000 | 250000 | 2.1 | 1.0 | 3.0 [4] | 0.63 | 3.97 | 360 kN |
|   |   | Ⓑ | 150×3500 | 525000 |   |   | 0.64 [2] |   |   | 2.54 |   |

1) $_2r_{1B} = 1 - 1.25\sqrt{\dfrac{1 \times 1.2}{3.4 \times 4}} = 0.63$

2) $_1r_{1B} = 1 - 1.25\sqrt{\dfrac{1 \times 1.2}{3.7 \times 4}} = 0.64$

3) $_2n = {_1n} \times \dfrac{Q_2}{Q_1} = 3 \times \dfrac{192}{360} = 1.6$

4) $_1n = 3$

5) $D_c$：中柱の $D$ 値

6) $D_w = \dfrac{A_w}{A_c} r_1 \cdot n \cdot D_c$

・雑壁の $D_w'$ 算定

| 階 | 方向 | 通り | $t \cdot l'$ | $A_w$ | $A_c$ | $A_w / A_c$ | $n'$ | $D_c$ | $D_w'$ [9] |
|---|---|---|---|---|---|---|---|---|---|
| 2 | X | ③ | 150×2100 | 315000 | 250000 | 1.26 | 0.45 [7] | 0.53 | 0.3 |
| 1 | X | ③ | 150×2100 | 315000 | 250000 | 1.26 | 0.84 [8] | 0.63 | 0.67 |
| 1 | X | ① | 150×1000 | 150000 | 250000 | 0.6 | 0.84 [8] | 0.63 | 0.32 |

7) $_2n' = {_2n} \times \dfrac{7}{25} = 1.6 \times \dfrac{7}{25}$

8) $_1n' = {_1n} \times \dfrac{7}{25} = 3 \times \dfrac{7}{25}$

9) $D_w' = \dfrac{A_w}{A_c} n' \cdot D_c$

## 2 耐震壁の壁筋設計
・耐震壁の検討

$Q_{wA} = \dfrac{Q_1}{\sum D_Y} \times {_1D_{wA}}$

$= \dfrac{360}{7.59} \times 3.97 = 188.3$ kN

$\dfrac{Q_{wA}}{t \cdot \ell} = \dfrac{188300 \text{ N}}{150 \text{ mm} \times 4000 \text{ mm}}$

$= 0.314$ N/mm² $< {_sf_s} = 0.9$ N/mm²

$r_2 = 1 - \max\left\{\sqrt{\dfrac{h_0 \cdot \ell_0}{h \cdot \ell}},\ \dfrac{\ell_0}{\ell},\ \dfrac{h_0}{h}\right\} = 1 - 0.3 = 0.7$

$Q_{wB} = \dfrac{360}{7.59} \times 2.54 = 120.5$ kN

$\dfrac{Q_{wB}}{r_2 \cdot t \cdot \ell} = \dfrac{120500 \text{ N}}{0.7 \times 150 \text{ mm} \times 4000 \text{ mm}}$

$= 0.287$ N/mm² $< {_sf_s}$

・壁筋設計　　$p_s = 0.25$ %

$a_t = p_s \cdot t \cdot l = 0.0025 \times \underline{\ 150\ }$ mm $\times \underline{\ 1000\ }$ mm $= \underline{\ 375\ }$ mm²

$x = \dfrac{1000}{\dfrac{a_t}{a_1}} = \dfrac{1000 \text{ mm}}{\dfrac{375 \text{ mm}^2}{71 \text{ mm}^2}} = \underline{\ 189\ }$ mm → 設計　$\underline{\text{D10}} - @\ \underline{\ 150\ }$

→ 実務設計 D10, D13 − @150

開口補強筋　$\underline{\ 2\ } - \text{D} \underline{\ 13\ }$

# 700 2次設計

建築物の高さ・壁量に応じて、図2・1「構造計算のルート」に示すように、4つのルートによって構造計算を行うよう定められている。課題Ⅱはルート①、課題Ⅰは、$X$方向はルート②、$Y$方向はルート①で構造計算を行うことになる。ルート②は2次設計を行わなければならない。

1次設計とは、自重、地震力などにより建築物の各部に生じる応力度が、許容応力度内であることの確認（許容応力度法による）のための構造計算である。本書では **600** までの構造計算で、部材に生じる応力を計算したことになる。

2次設計では、まず地震力による各階の層間変形角の検討を行い、規定値を満足させることを確認する。次に剛性率、偏心率の検討および耐震基準を満足することを確認するか、または保有水平耐力の検討（ルート③）をするか、2つの方法がある。

1次設計の断面算定の前に2次設計を行うのは、剛性率、偏心率が規定値を満足しない場合には壁配置等を変更するのが原則だからであり、先に計算して対処する。

## 710 層間変形角 $r$ の検討法

2次設計で最初に行う検討である。架構がまとっている内外装材等が地震によって脱落、崩壊するのを防ぐために行うもので、規定値は 1/200 以下であるが、RC は剛性が大きいので規定値を超えることはまれである。なお、**720** の剛性率は層間変形角の逆数 $r_s$ から計算するので、同時に算定する。

各階の層間変形角 $r$ は各層に生じる地震層せん断力 $Q$ と各階方向別の $D$ 値の和 $\Sigma D$ より層間変位 $\delta$ を求め、各階の $\delta$ をそれぞれの階の階高 $h$ で除して求めることができる。

【a】検討式（図7・1）

$D$ 値法の計算過程で求められるせん断力分布係数 $D$ 値を用いて検討することができる。$D$ 値と地震層せん断力 $Q$、層間変位 $\delta$ とには次式のような関係があり、この式を変形させると検討式（7・1）式が得られる。なお、（7・2）式は層間変形角の逆数を求める式で、通常この式で検討する。

$$\Sigma D = \frac{Q}{\delta} \div \left(\frac{12E \cdot K_0}{h^2}\right) \quad (\rightarrow 520) \quad D \text{ は } D_w{'}\text{（雑壁の } D \text{ 値を含む）を採用する}$$

$Q$：地震層せん断力［kN］（→ **422**）

$\delta$：層間変位［mm］

$E$：ヤング係数［kN/mm²］　21 kN/mm²

　　ヤング係数比 $n = \dfrac{E_s}{E_c} \fallingdotseq 10$ とする

　　鋼 $E_s = 2.1 \times 10^5$ N/mm²　したがってコンクリート $E_c = 2.1 \times 10^4$ N/mm²

$K_0$：標準剛度［mm³］（→ **450**）

$h$ ：その階の高さ［mm］

$$\therefore \delta = \frac{Q}{\Sigma D} \cdot \frac{h^2}{12E \cdot K_0}$$

$$r = \frac{\delta}{h} = \frac{Q}{\Sigma D} \cdot \frac{h}{12E \cdot K_0} \leqq \frac{1}{200} \quad \cdots\cdots\cdots\cdots\cdots\cdots\cdots\cdots\cdots\cdots\cdots\cdots\cdots (7\cdot1)\ \text{式}$$

$r$ ：層間変形角

$$\therefore r_s = \frac{h}{\delta} = \frac{12E \cdot K_0 \cdot \Sigma D}{h \cdot Q} \geqq 200 \quad \cdots\cdots\cdots\cdots\cdots\cdots\cdots\cdots\cdots\cdots\cdots (7\cdot2)\ \text{式}$$

$r_s$ ：層間変形角の逆数

# 720 剛性率 $R_s$ の検討法

各階の水平方向への変形のしにくさ，いいかえれば剛性をできるだけ均一にするための検討である．1つの建物で階によって剛性に差があると，地震時に剛性の小さい階に地震エネルギーが集中し，その階の変形，損傷が大きくなり，ひいては建物の倒壊につながる．

剛性率 $R_s$ は層間変形角の逆数 $r_s$ から計算する．規定値は 6/10 以上である．これを下回る場合には構造計画を再検討して規定値以上になるように設計変更するか，あるいは保有水平耐力を検討するルート3として必要保有水平耐力を確保させなければならない．

**【a】検討式（図 7·2）**

計算しようとする階の層間変形角の逆数 $r_s$ と全階を通じての $r_s$ の平均値である $\bar{r}_s$ との比が剛性率 $R_s$ である．

$$R_{si} = \frac{r_{si}}{\bar{r}_s} \geqq 0.6 \quad \cdots\cdots\cdots\cdots\cdots\cdots\cdots\cdots\cdots\cdots\cdots\cdots\cdots\cdots\cdots\cdots (7\cdot3)\ \text{式}$$

$$r_{si} = \frac{12E \cdot K_0 \cdot \Sigma D_i}{h_i \cdot Q_i} \quad \cdots\cdots\cdots\cdots\cdots\cdots\cdots\cdots\cdots\cdots\cdots\cdots\cdots\cdots\cdots\cdots (7\cdot2)'\ \text{式}$$

$$\bar{r}_s = \sum_{i=1}^{n} \frac{r_{si}}{n} \quad \cdots\cdots\cdots\cdots\cdots\cdots\cdots\cdots\cdots\cdots\cdots\cdots\cdots\cdots\cdots\cdots\cdots\cdots (7\cdot4)\ \text{式}$$

$R_{si}$ ：$i$ 階の剛性率

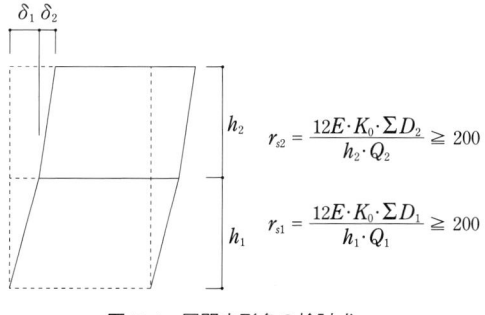

図 7·1　層間変形角の検討式

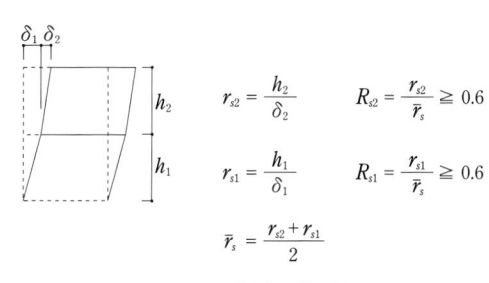

$$r_{s2} = \frac{12E \cdot K_0 \cdot \Sigma D_2}{h_2 \cdot Q_2} \geqq 200$$

$$r_{s1} = \frac{12E \cdot K_0 \cdot \Sigma D_1}{h_1 \cdot Q_1} \geqq 200$$

図 7·2　剛性率の検討式

$$r_{s2} = \frac{h_2}{\delta_2} \qquad R_{s2} = \frac{r_{s2}}{\bar{r}_s} \geqq 0.6$$

$$r_{s1} = \frac{h_1}{\delta_1} \qquad R_{s1} = \frac{r_{s1}}{\bar{r}_s} \geqq 0.6$$

$$\bar{r}_s = \frac{r_{s2} + r_{s1}}{2}$$

$r_{si}$ : $i$ 階の層間変形角の逆数（→ **710**）
$\bar{r}_s$ : 全階を通じての $r_s$ の平均値
$\Sigma D_i$ : $i$ 階の $D$ 値（雑壁の $D$ 値を含む）
$h_i$ : $i$ 階の高さ
$n$ : 地上部分の階数

# 730 偏心率 $R_e$ の検討法

地震力の作用によって生じる平面のねじり変形を最小限度にとどめるための検討である．

剛性率が建物の耐震性能の立面的バランスをはかる物指しであるのに対し，偏心率は平面的バランスについての物指しである．規定値は 15/100 以下で，これを超える場合には構造計画を再検討して規定値以下になるように設計変更するか，あるいは保有水平耐力を検討するルート③として必要保有水平耐力を確保させなければならない．

【a】検討式

$$R_e = \frac{e}{r_e} \leqq 0.15 \quad \cdots\cdots\cdots (7\cdot5) \text{ 式}$$

$$r_e = \sqrt{\frac{K_T}{\Sigma D}} \quad \cdots\cdots\cdots (7\cdot6) \text{ 式}$$

$R_e$ : 偏心率
$e$ : 偏心距離（重心と剛心との距離）[m]
$r_e$ : 弾力半径 [m]
$K_T$ : ねじり剛性
$\Sigma D$ : 水平剛性（$D$ 値→雑壁の $D$ 値含む）

【b】実用計算法（図 7·3）

① 各階の柱軸方向力から重心 O の位置，柱・壁の $D$ 値から剛心 G の位置をそれぞれ求める．

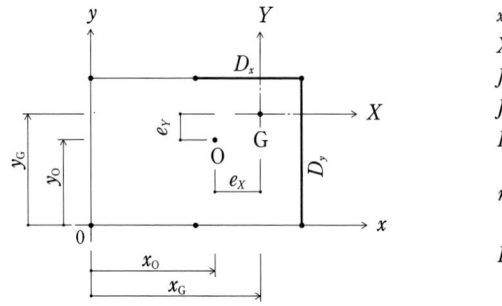

・原点 0 より重心 O までの距離 $x_O$, $y_O$

$$x_O = \frac{\Sigma N \cdot x}{\Sigma N} \quad y_O = \frac{\Sigma N \cdot y}{\Sigma N}$$

$x$–$y$ 座標：左下隅を原点（0）
$X$–$Y$ 座標：剛心（G）を原点
$J_X = J_x - \Sigma D_x \cdot y_G^2$
$J_Y = J_y - \Sigma D_y \cdot x_G^2$
$K_T = J_X + J_Y$

$r_{ex} = \sqrt{\dfrac{K_T}{\Sigma D_x}} \quad r_{ey} = \sqrt{\dfrac{K_T}{\Sigma D_y}}$

$R_{ex} = \dfrac{e_Y}{r_{ex}} \leqq 0.15 \quad R_{ey} = \dfrac{e_X}{r_{ey}} \leqq 0.15$

図 7·3 偏心率の検討式

・原点 0 より剛心 G までの距離 $x_G$, $y_G$

$$x_G = \frac{\Sigma D_y \cdot x}{\Sigma D_y} \qquad y_G = \frac{\Sigma D_x \cdot y}{\Sigma D_x}$$

②次に，重心 O と剛心 G のずれである偏心距離 $e$ を算出する．

$e_X = |x_O - x_G|$

$e_Y = |y_O - y_G|$

　　$x_O$：平面の左下隅の原点 0 から重心 O までの $x$ 方向の距離［m］
　　$y_O$：平面の左下隅の原点 0 から重心 O までの $y$ 方向の距離［m］
　　$x_G$：平面の左下隅の原点 0 から剛心 G までの $x$ 方向の距離［m］
　　$y_G$：平面の左下隅の原点 0 から剛心 G までの $y$ 方向の距離［m］

③剛心 G を原点とする座標軸 $X$ と $Y$ に対する $D$ 値の 2 次モーメント $J_X$, $J_Y$ を計算し，合算してねじり剛性 $K_T$ を求める．

$$K_T = J_X + J_Y \quad \cdots\cdots\cdots\cdots\cdots\cdots\cdots\cdots\cdots\cdots\cdots\cdots\cdots\cdots\cdots\cdots\cdots (7\cdot7) \text{式}$$

　　$J_X$：$X$ 軸に対する $x$ 方向の $D$ 値 $D_x$ の 2 次モーメント

$$J_X = J_x - \Sigma D_x \cdot y_G^2 \quad \cdots\cdots\cdots\cdots\cdots\cdots\cdots\cdots\cdots\cdots\cdots\cdots\cdots (7\cdot8) \text{式}$$

　　　　$J_x$：$x$ 軸に対する $D_x$ の 2 次モーメント

　　$J_Y$：$Y$ 軸に対する $y$ 方向の $D$ 値 $D_y$ の 2 次モーメント

$$J_Y = J_y - \Sigma D_y \cdot x_G^2 \quad \cdots\cdots\cdots\cdots\cdots\cdots\cdots\cdots\cdots\cdots\cdots\cdots (7\cdot8)' \text{式}$$

　　　　$J_y$：$y$ 軸に対する $D_y$ の 2 次モーメント

④ $x$, $y$ 各方向について弾力半径 $r_{ex}$, $r_{ey}$ を求める．

$$r_{ex} = \sqrt{\frac{K_T}{\Sigma D_x}} \qquad r_{ey} = \sqrt{\frac{K_T}{\Sigma D_y}} \quad \cdots\cdots\cdots\cdots\cdots\cdots\cdots\cdots\cdots (7\cdot6)' \text{式}$$

⑤ $x$, $y$ 各方向（$D_x$, $D_y$）について偏心率 $R_{ex}$, $R_{ey}$ を計算する．

$$R_{ex} = \frac{e_Y}{r_{ex}} \leq 0.15 \qquad R_{ey} = \frac{e_X}{r_{ey}} \leq 0.15 \quad \cdots\cdots\cdots\cdots\cdots (7\cdot5)' \text{式}$$

上記の式で $e_Y$, $e_X$ のサフィックスが，検討する方向と逆であるので注意していただきたい．

---

構造計算書 I 演習例 p. 17

**730 解説●偏心率算定の順序とポイント**

偏心率の計算は，各階の柱軸方向力より重心位置を，$D$ 値より剛心位置を求めることから始める．

まず，伏図に各柱軸方向力 $N$（→構造計算書 410），各柱の $D$ 値（→構造計算書 520），原点 0 からの寸法を記入し，表の諸係数を計算しておく（図 7・4）．

**1 重心と剛心の計算**

柱軸方向力 $N$ より重心 O，$D$ 値より剛心 G，$x$, $y$ 軸からの距離を求める．

①原点 0 より重心 O までの距離 $x_O$, $y_O$ は，

$$x_\text{O} = \frac{\sum N \cdot x}{\sum N} = \frac{7617.8}{1904.46} = 4 \text{ m} \qquad y_\text{O} = \frac{\sum N \cdot y}{\sum N} = \frac{9882}{1904.46} = 5.19 \text{ m}$$

② $D$ 値より剛心 G を計算する．

原点 O より剛心 G までの距離 $x_\text{G}$, $y_\text{G}$ は，

$$x_\text{G} = \frac{\sum D_y \cdot x}{\sum D_y} = \frac{24.64}{7.59} = 3.25 \text{ m} \qquad y_\text{G} = \frac{\sum D_x \cdot y}{\sum D_x} = \frac{30.1}{5.09} = 5.91 \text{ m}$$

**2** 偏心距離の算定

伏図に剛心 G を原点とした $X$ 軸, $Y$ 軸を考える．偏心距離は $X$ 軸, $Y$ 軸からの距離となる．剛心 G に対する重心 O までの偏心距離 $e$ を算定する．

$$e_X = |x_\text{O} - x_\text{G}| = |4 - 3.25| = 0.75 \text{ m}$$
$$e_Y = |y_\text{O} - y_\text{G}| = |5.19 - 5.91| = 0.72 \text{ m}$$

**3** ねじり剛性 $K_T$ の計算

剛心 G を $X$, $Y$ 軸とした $D$ 値の 2 次モーメントの合計が $K_T$ である（$K_T = J_X + J_Y$）．

・$X$ 軸に対する $D_x$ の 2 次モーメント

$$J_X = J_x - \sum D_x \cdot y_\text{G}^2 = \sum D_x \cdot y^2 - \sum D_x \cdot y_\text{G}^2$$
$$= \underset{\text{表にて算定ずみ}}{272.2} - \underset{\text{①で算定}}{5.09 \times 5.91^2} = 94.42$$

・$Y$ 軸に対する $D_y$ の 2 次モーメント

$$J_Y = J_y - \sum D_y \cdot x_\text{G}^2 = \sum D_y \cdot x^2 - \sum D_y \cdot x_\text{G}^2 = 197.12 - 7.59 \times 3.25^2 = 116.95$$
$$K_T = J_X + J_Y = 94.42 + 116.95 = 211.37$$

**4** 弾力半径 $r_e$ の計算

$$r_{ex} = \sqrt{\frac{K_T}{\sum D_x}} = \sqrt{\frac{211.37}{5.09}} = 6.44$$

$$r_{ey} = \sqrt{\frac{K_T}{\sum D_y}} = \sqrt{\frac{211.37}{7.59}} = 5.28$$

| $y$ | O | | G | | $J_x$ | |
|---|---|---|---|---|---|---|
| | $N$ | $N \cdot y$ | $D_x$ | $D_x \cdot y$ | $y^2$ | $D_x \cdot y^2$ |
| 10 m | 498.1 | 4981 | 2.29 | 22.9 | 100 | 229 |
| 6 m | 816.84 | 4901 | 1.2 | 7.2 | 36 | 43.2 |
| 0 | 589.52 | 0 | 1.6 | 0 | 0 | 0 |
| $\Sigma$ | 1904.46 | 9882 | 5.09 | 30.1 | — | 272.2 |

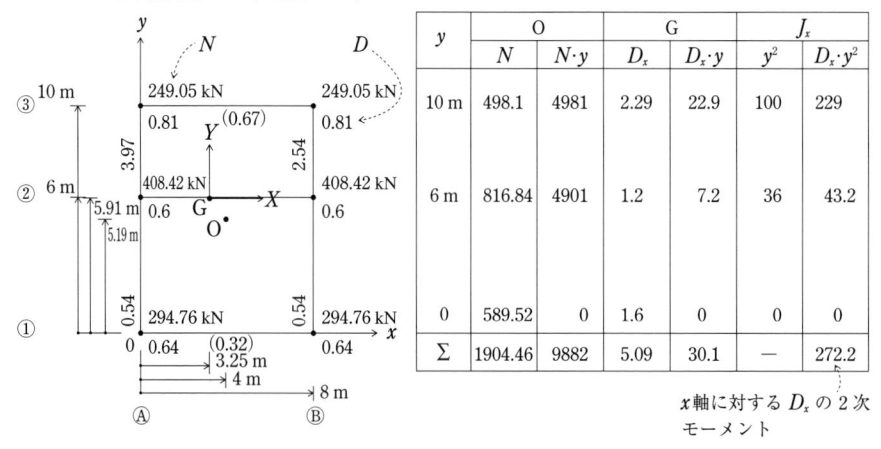

$x$ 軸に対する $D_x$ の 2 次モーメント

図 7・4　計算経過

**構造計算書Ⅰ演習例**

# 700 2次設計

## 710 層間変形角 $r_s = \dfrac{12E \cdot K_0 \cdot \Sigma D}{h \cdot Q}$

## 720 剛性率 $R_s = \dfrac{r_s}{\bar{r}_s}$

$E = 21$ kN/mm$^2$   $K_0 = 1.41 \times 10^6$ mm$^3$

| 方向 | 階 | $\Sigma D$ | $12E \cdot K_0$ | $h$[mm] | $Q$[kN] | $r_s$ | 判定 | $\bar{r}_s$ | $R_s$ | 判定 |
|---|---|---|---|---|---|---|---|---|---|---|
| X | 2 | 3.56 | 355320000 | 3400 | 192 | 1938 | >200 OK | 1648 | 1.18 | >0.6 OK |
| X | 1 | 5.09 | | 3700 | 360 | 1358 | | 1648 | 0.82 | |
| Y | 2 | 3.64 | | 3400 | 192 | 1981 | | 2003 | 0.99 | |
| Y | 1 | 7.59 | | 3700 | 360 | 2025 | | 2003 | 1.01 | |

## 730 偏心率

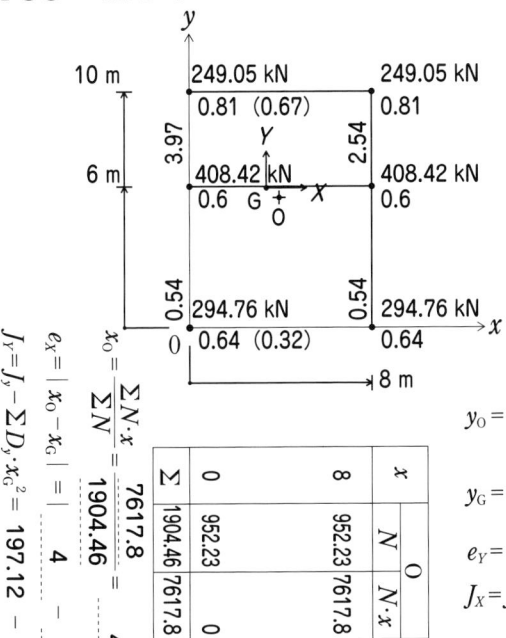

平面図: 10 m × 8 m、6 m 位置

- 上辺: 249.05 kN, 0.81 (0.67), 3.67, 249.05 kN, 0.81
- 中央: 408.42 kN, 0.6, G, +O, 2.54, 408.42 kN, 0.6
- 下辺: 294.76 kN, 0.64 (0.32), 0.54, 294.76 kN, 0.64

| $y$ | O | | G | | $J_x$ | |
|---|---|---|---|---|---|---|
| | $N$ | $N \cdot y$ | $D_x$ | $D_x \cdot y$ | $y^2$ | $D_x \cdot y^2$ |
| 10 | 498.1 | 4981 | 2.29 | 22.9 | 100 | 229 |
| 6 | 816.84 | 4901 | 1.2 | 7.2 | 36 | 43.2 |
| 0 | 589.52 | 0 | 1.6 | 0 | 0 | 0 |
| Σ | 1904.46 | 9882 | 5.09 | 30.1 | — | 272.2 |

| $x$ | O | | G | | $J_y$ | |
|---|---|---|---|---|---|---|
| | $N$ | $N \cdot x$ | $D_y$ | $D_y \cdot x$ | $x^2$ | $D_y \cdot x^2$ |
| 8 | 952.23 | 7617.8 | 3.08 | 24.64 | 64 | 197.12 |
| 0 | 952.23 | 0 | 4.51 | 0 | 0 | 0 |
| Σ | 1904.46 | 7617.8 | 7.59 | 24.64 | — | 197.12 |

$y_O = \dfrac{\Sigma N \cdot y}{\Sigma N} = \dfrac{9882}{1904.46} = 5.19$ m

$y_G = \dfrac{\Sigma D_x \cdot y}{\Sigma D_x} = \dfrac{30.1}{5.09} = 5.91$ m

$e_Y = |y_O - y_G| = |5.19 - 5.91| = 0.72$ m

$J_X = J_x - \Sigma D_x \cdot y_G^2 = 272.2 - 5.09 \times 5.91^2 = 94.42$

$x_O = \dfrac{\Sigma N \cdot x}{\Sigma N} = \dfrac{7617.8}{1904.46} = 4$ m

$x_G = \dfrac{\Sigma D_y \cdot x}{\Sigma D_y} = \dfrac{24.64}{7.59} = 3.25$ m

$e_X = |x_O - x_G| = |4 - 3.25| = 0.75$ m

$J_Y = J_y - \Sigma D_y \cdot x_G^2 = 197.12 - 7.59 \times 3.25^2 = 116.95$

・偏心率の算定

$K_T = J_X + J_Y = 94.42 + 116.95 = 211.37$

$r_{ex} = \sqrt{\dfrac{K_T}{\Sigma D_x}} = \sqrt{\dfrac{211.37}{5.09}} = 6.44$

$R_{ex} = \dfrac{e_Y}{r_{ex}} = \dfrac{0.72}{6.44} = 0.112 < 0.15$   OK

$r_{ey} = \sqrt{\dfrac{K_T}{\Sigma D_y}} = \sqrt{\dfrac{211.37}{7.59}} = 5.28$

$R_{ey} = \dfrac{e_X}{r_{ey}} = \dfrac{0.75}{5.28} = 0.142 < 0.15$   OK

— 17 —

5 偏心率 $R_e$ の計算

・$x$ 方向の（$D_x$ による）偏心率 $R_{ex}$

$$R_{ex} = \frac{e_Y}{r_{ex}} = \frac{0.72}{6.44} = 0.112 < 0.15 \rightarrow \text{OK}$$

・$y$ 方向の（$D_y$ による）偏心率 $R_{ey}$

$$R_{ey} = \frac{e_X}{r_{ey}} = \frac{0.75}{5.28} = 0.142 < 0.15 \rightarrow \text{OK}$$

---

コラム ❺

## 阪神・淡路大震災に学ぶ耐震ポイント 10

### 1. 柱の「せん断破壊」（写真 1）

これが鉄筋コンクリート造の「せん断破壊」の実態である．樽のたがに相当する帯筋が細く，粗く，止め（135°フック）が不完全である．帯筋が外れて主筋がちょうちん型に開き，コンクリートが 45°にせん断破壊した．

・帯筋は密に入れる．
・フックは 135°に曲げる

### 2. コンクリート神話の崩壊（写真 2）

被害建築物のコンクリートを「見たり」「さわったり」「割ったり」「計ったり」したかぎりでは，これが 21000 kN/m²（$F_c$ = 21 N/mm² のコンクリート）の力に耐える人工岩石かと，目を疑いたくなるようなコンクリートの破壊実態である．

・コンクリートは流し込むのではなく，「打ち込む」が基本．
・生コンは JIS 製品だから安定している．「コンクリート打設」に携わる建築技術者の技量によって建築物の強度が左右される．

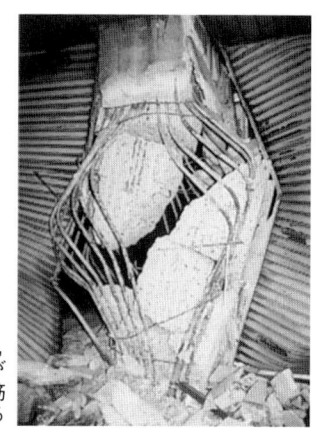

写真 1 帯筋が細く，粗く，止めが不完全．主筋が錆びている

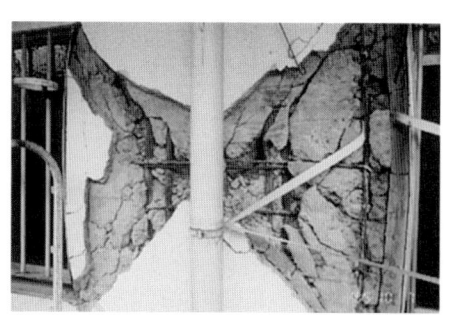

写真 2 手に取ったコンクリート片は，砂利が見あたらず，気泡が多く，簡単に割れた

## 3. アルカリ骨材反応（写真3）

セメント等に含まれているアルカリ金属イオンが，ある種の砕石に存在するシリカと反応してケイ酸アルカリ（水ガラス）を生成する．これが水分を吸収すると膨張する．この膨張圧によってコンクリートにひび割れが発生する．

・アルカリ骨材反応を起こすおそれのある砕石は使わない。

写真3　コンクリートがサイコロ状の塊に破壊

## 4. 海砂・かぶり不足による鉄筋腐食（写真4）

コンクリート中の塩分（塩素イオン）が一定量以上になると，鉄筋が腐食する（錆びる）．鉄筋は，錆びると酸化鉄となり，その体積は約2.5倍に膨張する．この膨張圧でコンクリートにひびが入る．

一方，大気中の炭酸ガス等により，アルカリ性のコンクリートは表面より中性化する．中性化が進むと，腐食に対して無防備となり，錆びる．錆びると膨張し，かぶりコンクリートにひびが入る．そのひびより水が入り，酸素と化合して，錆が増大し，ひび割れが大きくなる．

・海砂を使う場合は水洗いする．
・設計かぶり厚さを確保する．

写真4　帯筋がない，鉄筋腐食，台直し等により破壊．時計が魔の5時47分で止まっている

## 5. 適正な配筋（写真5）

柱・梁等の断面は，配筋施工を加味した寸法とし，コンクリートのまわり，力の流れをも考慮した配筋設計が望ましい．

・かぶり・鉄筋のあき寸法を十分確保できる柱・梁等の断面を採用する．
・配筋基準に基づいた，適正な配筋設計をする．

写真5　ハンチ始端には吊上げ筋が必要

## 6. ガス圧接（写真6）

主筋の継手には，「重ね継手」「ガス圧接」「特殊継手」がある．ガス圧接の継目の耐力は，引張試験をして，ガス圧接部ではなく母材で破断することを確認しなければならない．

1本足（静定構造）では，鉄筋が引張応力を負担する．その鉄筋が破断すれば，当然その位置か

写真6　ガス圧接破断面．母材が完全に溶け込んでおらず，鉄筋が一体化していない

ら柱は崩壊する．
- ・現場で採取した試験片は，封印したものを試験所に持って行く．試験結果を確認してからコンクリートを打設する．
- ・継手は応力の小さい位置に設ける．
- ・特殊継手の採用．

### 7. スリットの設計（→コラム❸）

スリットは，壁と躯体を縁切りすることにより，「短柱」「剛性率」「偏心率」の設計で壁の剛性を調整するために設ける．したがって，その目的に適したスリット・ディテールを設計しなければならない．

### 8. ピロティ階の崩壊（写真7）

上層階に比べて，ガレージ等の用途のために極端に壁の少ない階（ピロティ階），剛性が小さい階に地震エネルギーが集中し，その階の変形・損傷が大きくなり，層崩壊する．
- ・各階の剛性をできるだけ均一にし，剛性率≧0.6とする．
- ・耐力壁の剛性値（$D$値）を過小評価して，計算上は規定剛性率をクリアー設計した建物は危険である．

### 9. 隅柱，偏心の大きな建物（写真8）

壁が偏在している建物は，ねじれが生じ，特に隅柱に大きな地震力が作用する．
- ・壁の剛性を適正に評価するとともに，偏心率≦0.15とする．
- ・隅柱には，2方向から力が作用するので，十分な安全性をみて設計する．

### 10. 堅固なRC造（写真9）

鉄筋とコンクリートの材料強度には大きな差がある．ヤング係数の比も10以上の差のあるコンクリートを鉄筋で補強したRC造は成り立たないのではないかと疑ってみたが，再度震度7の地域を調査すると，健全なRC建築が多い．適正に加工した鉄筋で補強した健全なコンクリートは堅固なRC造なのである．

写真7 ピロティ階の崩壊．2階以上の住宅部分は生活できそうに見える

写真8 隅柱の破壊により，建物が倒壊する

写真9 健全な打ち放しRC造はコンクリート打ちに最善を尽くす

# 800 断面算定

応力解析が済むと，いよいよ構造計算の答えである断面算定を行うことになる．断面算定で重要なことは鉄筋の本数の決定であるが，それには，ただ計算するだけでなく，他の部材との関係，コンクリートのまわり具合や，加工，経済性等さまざまな角度からチェックして，判断を下さなければならない．

## 1 曲げモーメント図と主筋位置

応力算定の結果，架構に生ずる曲げモーメントは **500** の曲げモーメント図のとおりである．その応力に対する主筋の位置はRC造の原理からコンクリートの引張耐力を無視するので，主筋は引張側に，すなわち曲げモーメント図のとおりに配筋することになる．断面算定にあたっては，曲げモーメント図を見て，主筋位置を頭に置いて計算を進める．なお，各応力時に対する主筋位置は図8・1のようになる．

## 2 梁応力と主筋

梁の場合は図8・2のようになる．長期応力に対しては，端部では上端筋が主筋であり，中央部では下端筋が主筋になる．短期応力に対しては，地震時の曲げモーメントが上側になったり，下側になったりするため，短期応力（長期応力＋地震応力）に関しては，端部の主筋は上端筋とするのが原則であるが，長期応力に比べて地震時の曲げモーメントが大きい場合には，端部（特に外端）の下端に引張応力が生じるので（$_下M_S$）下端筋も主筋になる場合（中高層の下層階の梁）がある．

## 3 柱応力と主筋

柱の場合は図8・3のようになる．まず，柱主筋は$X$方向の応力によって必要な主筋本数を$Y$方向に

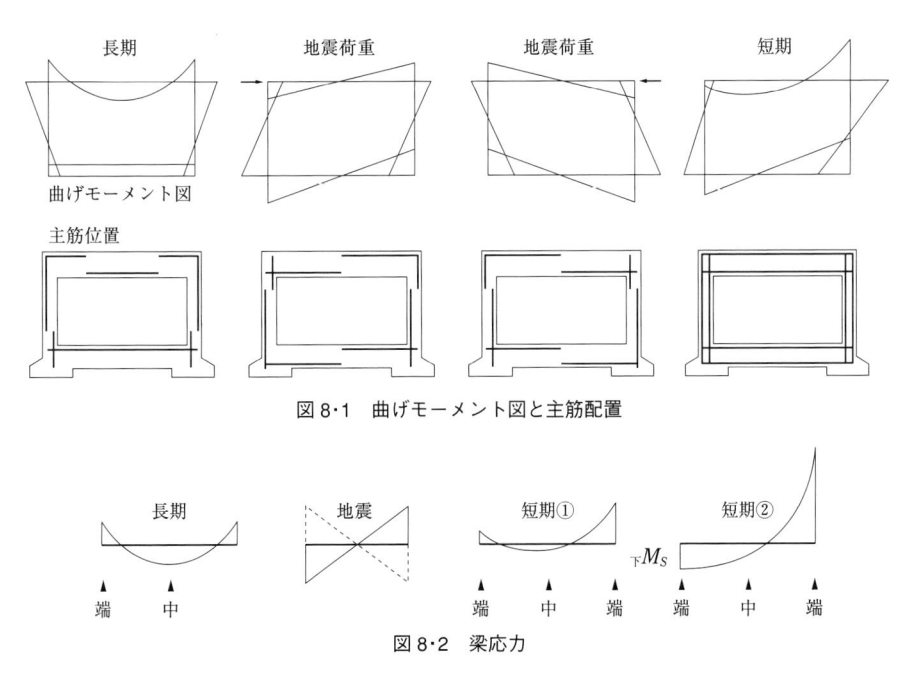

図8・1　曲げモーメント図と主筋配置

図8・2　梁応力

並べる．梁と違って，引張側 $a_t$ も圧縮側 $a_c$ も同じ本数（複筋比 $\gamma = 1.0$）を配筋する（図 8・4）．次に，柱頭と柱脚の応力が違うので，柱頭，柱脚と個別に断面算定するが，通常は柱頭から柱脚まで同配筋とする．なお，応力別では，最上層の柱頭は長期応力で断面が決まる例が多々あるが，その他の階では短期応力の柱脚部で断面が決まるのが一般的である．

**4** 断面算定応力について

長期応力（$L$）か短期応力（$S$）か，どちらの応力で断面算定するかは，許容応力度の比 $\dfrac{{}_Sf}{{}_Lf}$ に関係する．棒鋼は $\dfrac{{}_Sf}{{}_Lf} = 1.5$，一方コンクリートは $\dfrac{{}_Sf}{{}_Lf} = 2.0$，ただし「RC 規」でのせん断は $\dfrac{{}_Sf}{{}_Lf} = 1.5$ である．したがって，コンクリートの圧縮耐力の影響が大きい柱主筋算定以外は，一般的に，応力比 $\dfrac{S}{L}$ が 1.5 以上の場合には $S$ で，1.5 以下の場合には $L$ で断面算定する．

- 大梁主筋算定　　$\dfrac{M_S}{M_L} \geq 1.5 \rightarrow M_S$　　$\dfrac{M_S}{M_L} \leq 1.5 \rightarrow M_L$

- 柱主筋算定　　　$\dfrac{M_S}{M_L} > 2.0 \rightarrow M_S$　　$\dfrac{M_S}{M_L} = 1.5 \sim 2.0 \rightarrow M_L, M_S$ 両応力で　　$\dfrac{M_S}{M_L} < 1.5 \rightarrow M_L$

- せん断設計　　　$\dfrac{Q_D}{Q_L} \geq 1.5 \rightarrow Q_D$　　$\dfrac{Q_D}{Q_L} \leq 1.5 \rightarrow Q_L$（$Q_D$：短期設計用せん断力）

## 801 鉄筋のかぶり厚さ

コンクリート表面から鉄筋表面までの被覆厚を「かぶり」という．RC 造では耐火上・耐久上重要で，表 8・1 の厚さ以上で設計するように規定されている．なお，「RC 規」の値は，施工時の配筋，型枠組立ての寸法誤差を考慮して，「令」の値より 10 mm 割増した値である．

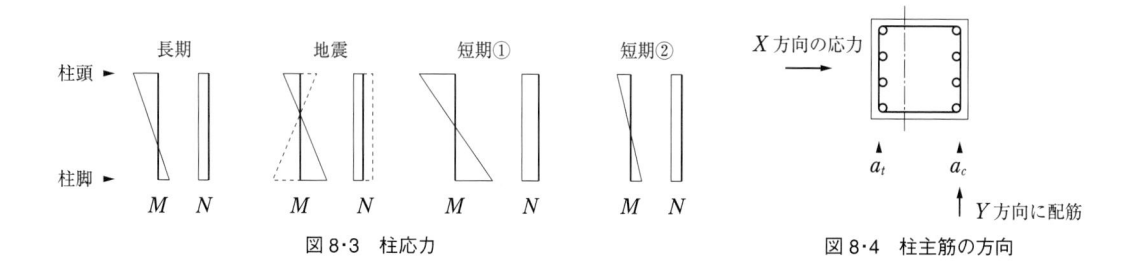

図 8・3　柱応力

図 8・4　柱主筋の方向

表 8・1　かぶり厚さと有効せい $d$ [mm]

|  | 床<br>耐力壁以外の壁 | 柱，梁<br>耐力壁 | 直接土に接する壁，柱，梁 | 基礎（捨コンクリートを除く） |
|---|---|---|---|---|
| かぶり厚さ | 30(20) | 40(30) | 50(40) | 70(60) |
| 断面図 | | | | |
| $d_t$ | 40 | 60 | 70 | 90 |

（　）内は「令」79 条の値

### 802 有効せい $d$

有効せい $d$ は，$d = D - d_t$ で，曲げ材の圧縮縁から引張鉄筋重心までの距離である．したがって，$d_t$ は曲げ材の引張縁から引張鉄筋重心までの距離となる（図8·5）．

この $d_t$ の値は，表8·1のかぶり厚さと，鉄筋径，鉄筋位置および2段配筋かどうかによって異なってくる．表8·1は実務的な $d_t$ の値を示す．

図8·5 $D$, $d$, $d_t$, $j$

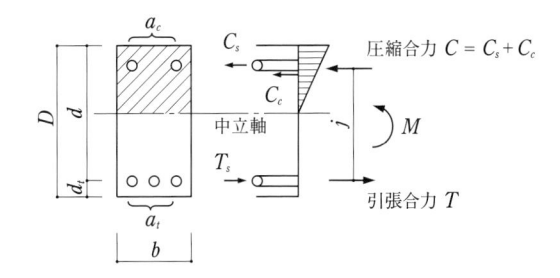

### 803 応力中心距離 $j$ （図8·5）

$j$ は，引張側の引張鉄筋合力 $T$ と圧縮側の圧縮合力 $C = C_s + C_c$ との応力中心間距離であり，梁の引張鉄筋比が釣合い鉄筋比以下の時は，許容曲げモーメントは $M = T \cdot j$ となる．

$$j = (0.85 \sim 0.9)d \fallingdotseq \frac{7}{8}d$$

### 804 鉄筋の使用区分

鉄筋には，径 4～41 mm 程度の種類があるが，一般的な建物では，異形鉄筋を部材によって次のように使い分けている．

- 柱筋　　　　　　D19, D22, D25
- 梁筋　　　　　　D16, D19, D22, D25
- 基礎　　　　　　D13, D16
- あばら筋，帯筋　　D10, D13
- スラブ筋，壁筋　　D10, D13

### 805 鉄筋本数と梁幅・柱幅の最小寸法

主筋のあきは，25 mm 以上かつ異形鉄筋の呼び名の数値の 1.5 倍以上，および粗骨材の最大寸法（一般には砂利 25 mm，砕石 20 mm）の 1.25 倍以上を確保しなければならない．表8·1におけるかぶり厚さの規制値を守り，かつ施工状態をも考慮した場合の鉄筋本数と梁および柱幅の最小寸法は付9に示された値となる．なお，あばら筋，帯筋のフックは一般的には先曲げ加工する．

## 810 梁の断面算定

応力算定の結果，梁に作用する曲げモーメント $M$ とせん断力 $Q$ が求まる．この $M$ に対して，梁主筋を求め，$Q$ に対してはあばら筋を設計し，かつ，この $Q$ によって主筋がコンクリートより抜け出さないか付着の検討をする．

### 811 主筋断面算定式について

RC の梁断面は，スラブと一体になっているので T 形梁であるが，梁端部では上端が引張り（図8·2）になるので，スラブの耐力は無視することになり，長方形梁となる．すなわち，梁端部の上端筋の算定は長方形梁として設計する（図8·6）．

梁中央部は，下端が引張り，上端が圧縮（図8·2）で，スラブが有効に働くため，T 形梁として設計することになる（図8·6）．したがって，端部と中央では主筋断面算定式が異なる．

【a】主筋断面算定式

$$C = \frac{M}{b \cdot d^2} \rightarrow 付4「梁の断面算定図表」において\gamma を決めればp_t が求まる.$$
$$a_t = p_t \cdot b \cdot d \qquad a_c = a_t \cdot \gamma$$
................Ⓐ式

$$a_t = \frac{M}{f_t \cdot j}$$ ......................................................................Ⓑ式

- $M$：曲げモーメント [N·mm]
- $b$：梁幅 [mm]
- $d$：有効せい [mm]
- $\gamma$：複筋比　$\gamma = \dfrac{a_c}{a_t}$　$\gamma = 0.4 \sim 0.6$
- $p_t$：引張鉄筋比　$p_t = \dfrac{a_t}{b \cdot d}$
- $a_t$：引張鉄筋断面積 [mm²]
- $a_c$：圧縮鉄筋断面積 [mm²]
- $f_t$：鉄筋の許容引張応力度 [N/mm²]
- $j$：曲げ材の応力中心距離 [mm]　$j = \dfrac{7}{8}d$

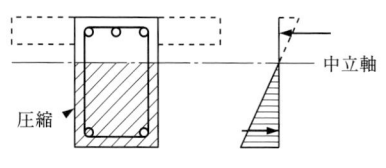

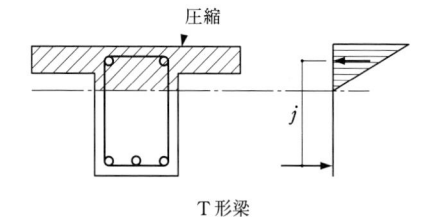

図8·6　長方形梁・T形梁

【b】主筋断面算定式の使用区分

Ⓐ式は梁端・上端筋の算定に，Ⓑ式は梁中央・下端筋および梁端・下端筋の算定に，それぞれ使用する．その使い分けは，釣合い鉄筋比 $p_{tb}$（引張側の鉄筋と圧縮側のコンクリート・鉄筋が同時に許容応力度に達する時の引張側の鉄筋比，図8·7）の値による（表8·2）.

①長方形梁＝梁端上端筋→Ⓐ式（図8·8）

圧縮側のコンクリートが弱いので，圧縮鉄筋量（$a_c = a_t \cdot \gamma$）のγによって引張鉄筋比 $p_t$ が決まる．

②T形梁＝梁中央下端筋→Ⓑ式（図8·9）・梁端下端筋（図8·2 下$M_S$）

圧縮側は，スラブが加担するため強いので，常に引張側鉄筋比 $p_t$ が釣合い鉄筋比 $p_{tb}$ 以下となる．したがって圧縮

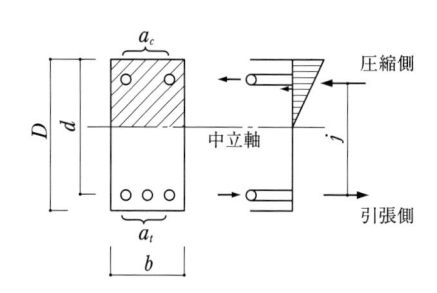

図8·7　梁応力の釣合い

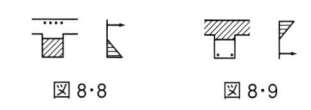

図8·8　　図8·9

表8·2　釣合い鉄筋比 $p_{tb}$ と主筋断面積算定式の関係

| 引張鉄筋比 $p_t$ と釣合い鉄筋比 $p_{tb}$ の関係 | 先に許容応力度に達する材料 | $a_t$ 算定式 | 梁の断面算定図表において |
|---|---|---|---|
| $p_t > p_{tb}$ | コンクリート（圧縮側） | Ⓐ式 $C = \dfrac{M}{b \cdot d^2}$ と γ を決め，図表より $p_t$ を求め，$a_t = p_t \cdot b \cdot d$ | 図表の屈折点より上部 |
| $p_t = p_{tb}$ | コンクリートと鉄筋と同時 | | 図表の屈折点 |
| $p_t < p_{tb}$ | 鉄筋（引張側） | Ⓑ式 $a_t = \dfrac{M}{f_t \cdot j}$ | 図表の屈折点より下部 |

図表とあるのは，付4「梁の断面算定図表」

側の鉄筋とは無関係に引張側の鉄筋断面積を求めることができる．

【c】「梁の断面算定図表」について

図 8·10 は「RC 規」の「梁の断面算定図表」（付 4）の略図で，縦軸に $C$ をとり，水平に進んで $\gamma$ のグラフと交わる点を下にたどると $p_t$ が求められる，という関係を説明したものである．

このようにグラフの数値が $p_{tb}$（屈曲点）以上のところで $p_t$ の値が決まる場合には，複筋比 $\gamma$（普通 0.4～0.6）の考慮が必要である．なお，$p_{tb}$ 以下のところでは $\gamma = 0$ であり，Ⓑ式から求める値と同じになる．

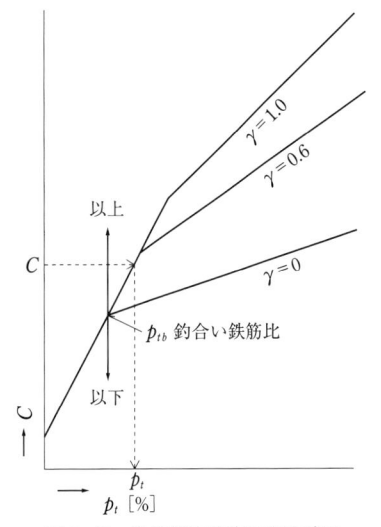

図 8·10 梁の断面算定図表の略図

## 812 梁主筋の計算外規定

① 長期荷重時に引張側となる主筋（梁端上端，中央下端）の引張鉄筋量 $a_t$ は，$0.004b \cdot d$ または存在応力による必要鉄筋量の 4/3 倍のうち小さい方の値以上とする．

② 複筋梁とする．ただし，鉄筋軽量コンクリート梁の圧縮鉄筋断面積は，所要引張鉄筋断面積の 0.4 倍以上とする．

③ 主筋は，異形鉄筋では D13 以上とする（→ **804**）．

④ 主筋のあきは 25 mm 以上，かつ異形鉄筋ではその呼び名の数値の 1.5 倍以上，および粗骨材の最大寸法の 1.25 倍以上とする（→ **805**，付 9(a)）．

⑤ 主筋は，特別の場合を除き 2 段以下とする．

⑥ 設計かぶりと有効せい $d$（→ **801**，**802**，表 8·1）．

## 813 付着の検討

【a】付着の算定式

鉄筋がコンクリートから抜けないように付着（ボンド）の検討が必要である．この検討は，せん断力 $Q$ より必要鉄筋周長 $\psi$ を下式より求める．

$$\psi = \frac{Q}{f_a \cdot j} \quad \cdots\cdots\cdots\cdots\cdots\cdots\cdots\cdots\cdots\cdots\cdots\cdots\cdots\cdots\cdots\cdots\cdots\cdots\cdots\cdots (8 \cdot 1)\,式$$

$\psi$：引張鉄筋周長の総和 [mm]

$Q$：設計用せん断力 [N]

　　長期　$Q_L$

　　短期　$Q_D = Q_L + n \cdot Q_E$

　　　　$n$：割増し係数．$n \geq 1.5$ とし，4 階建程度以下の建築物では 2

　　　　$Q_E$：地震力によるせん断力

$f_a$：許容付着応力度 [N/mm²]（→ **132**）

　　長期　$_L f_a$

　　短期　$_S f_a = 1.5 \,_L f_a$　「RC 規」

$j$：応力中心距離 [mm]　$j = \frac{7}{8}d$　$d$：有効せい [mm]

【b】上端筋の付着応力度

梁の上端筋（鉄筋の下に 300 mm 以上コンクリートが打ち込まれる場合）の付着応力度は，下端筋（その他の鉄筋）の値の 1/1.5 である．これは，生コンクリートの沈下により，鉄筋下端に空洞が生じる現象が，鉄筋の位置・方向によって著しく異なるためである．なお，その他の鉄筋とは，梁の下端筋，スラブ筋，基礎ベース筋および柱筋である．

【c】付着についての検討が必要な箇所

通常，部材の主筋は曲げモーメントによって決められるが，せん断力の大きな箇所，とりわけ次に示すような箇所については付着の検討をした上で決める必要がある．異形鉄筋を使用した場合には，①が付着で決まることはまれである．

①部材の端部（せん断力最大）．
②基礎ベース筋等で単位荷重が大きい場合．

## 8.14 あばら筋の設計（梁のせん断設計）

【a】許容せん断力 $Q_A$ の算定式

$$Q_A = \underbrace{\alpha \cdot f_s \cdot b \cdot j}_{\text{コンクリート負担}} + \underbrace{0.5 \,_w f_t (p_w - 0.002) b \cdot j}_{\text{あばら筋負担}} \quad \cdots \cdots (8\cdot2)\text{式}$$

ただし，$\alpha = \dfrac{4}{\dfrac{M}{Q \cdot d} + 1}$ で，かつ $1 \leq \alpha \leq 2$ $\cdots\cdots$ (8·3) 式

$Q_A$：許容せん断力 [kN]
$\alpha$ ：せん断スパン比（付6）

$$\dfrac{M}{Q \cdot d} \quad \cdots\cdots (8\cdot4)\text{式}$$

による割増し係数

$M$：設計する梁の最大曲げモーメント [N·mm]
$Q$：設計する梁の最大せん断力 [N]
$d$：梁の有効せい [mm]

$f_s$：コンクリートの許容せん断応力度 [N/mm²]（→ 132）

長期　$_L f_s$
短期　$_S f_s = 1.5 \,_L f_s$　「RC 規」

$b$：梁幅 [mm]

$j$：梁の応力中心距離 [mm]　$j = \dfrac{7}{8}d$　$d$：有効せい [mm]

$_w f_t$：あばら筋のせん断補強用許容引張応力度 [N/mm²]（→ 131）

$p_w$：あばら筋比

$$p_w = \dfrac{a_w}{b \cdot x} \quad \cdots\cdots\cdots\cdots (8\cdot5)\text{式}$$

$a_w$：一組のあばら筋の断面積 [mm²]
$x$ ：あばら筋間隔 [mm]

【b】あばら筋の計算外規定

①直径 9 mm 以上の丸鋼，または D10 以上の異形鉄筋を用いる．

②あばら筋の間隔は，D10 の場合には $D/2$ 以下かつ 250 mm 以下，D13 以上の場合には $D/2$ かつ 450 mm 以下とする．あばら筋比 $p_w$ は 0.2 ％以上．

③あばら筋の末端は 135°以上に曲げて定着するか，相互に溶接する．

【c】あばら筋の設計方法

1 長期応力の場合

① $\alpha = 1$ として許容せん断力 $_Lf_s \cdot b \cdot j$ を計算し，長期応力 $Q_L$ と比べる．

$_Lf_s \cdot b \cdot j \geqq Q_L$ であれば OK．あとは【b】「あばら筋の計算外規定」による．

②前項①の計算で，$_Lf_s \cdot b \cdot j < Q_L$ の時，付 6 で $\dfrac{M}{Q \cdot d}$ より $\alpha$ を求めて，再度 $Q_A = \alpha \cdot {_Lf_s} \cdot b \cdot j$ を計算して $Q_L$ と比べる．

$\alpha \cdot {_Lf_s} \cdot b \cdot j \geqq Q_L$ であれば OK．あとは【b】「あばら筋の計算外規定」による．

③前項②の計算で，$\alpha \cdot {_Lf_s} \cdot b \cdot j < Q_L$ の時は，あばら筋負担分 $\Delta Q = Q_L - \alpha \cdot {_Lf_s} \cdot b \cdot j$ を求め，$\Delta Q$ より $\dfrac{\Delta Q}{b \cdot j}$ を計算し，付 7 より $p_w$ を求める（$\Delta Q = 0.5\,_wf_t(p_w - 0.002)b \cdot j$ より計算で求めることもできる）．

$p_w$ が求まれば，計算 $\left(x = \dfrac{a_w}{b \cdot p_w}\right)$ または付 8（a）より，あばら筋型式と間隔 $x$ を決める．【b】「あばら筋の計算外規定」を守る．

2 短期応力の場合

①短期設計用せん断力の計算

$Q_D = Q_L + n \cdot Q_E$

$Q_D$：短期設計用せん断力［kN］

$Q_L$：長期荷重によるせん断力［kN］

$n$ ：割増し係数．$n \geqq 1.5$ とし，4 階建程度の建築物は 2

$Q_E$：地震荷重によるせん断力［kN］

② $\alpha = 1$ として許容せん断力 $_Sf_s \cdot b \cdot j$ を計算し，①で求めた短期設計用せん断力 $Q_D$ と比べる．

$_Sf_s \cdot b \cdot j \geqq Q_D$ であれば OK．あとは【b】「あばら筋の計算外規定」による．

③前項②の計算で，$_Sf_s \cdot b \cdot j < Q_D$ の時は，付 6 で $\dfrac{M}{Q \cdot d}$ より $\alpha$ を求め，再度 $Q_A = \alpha \cdot {_Sf_s} \cdot b \cdot j$ を計算し，$Q_D$ と比べる．

$\alpha \cdot {_Sf_s} \cdot b \cdot j \geqq Q_D$ であれば OK．あとは【b】「あばら筋の計算外規定」による．

④前項③の計算で，$\alpha \cdot {_Sf_s} \cdot b \cdot j < Q_D$ の時は，あばら筋負担分 $\Delta Q = Q_D - \alpha \cdot {_Sf_s} \cdot b \cdot j$ を求め，$\Delta Q$ より $\dfrac{\Delta Q}{b \cdot j}$ を計算し，付 7 より $p_w$ を求める（$\Delta Q = 0.5\,_wf_t(p_w - 0.002)b \cdot j$ より求めることもできる）．

$p_w$ が求まれば，計算 $\left(x = \dfrac{a_w}{b \cdot p_w}\right)$ または付 8（a）より，あばら筋型式と間隔 $x$ を決める．【b】「あばら筋の計算外規定」を守る．

表 8·3 あばら筋比 $p_w = 0.2\%$ の場合のあばら筋間隔早見表

| 梁幅 $b$ [mm] \ あばら筋 | $p_w = 0.2\%$ の場合のあばら筋間隔 [mm] | |
|---|---|---|
| | 2−D10 | 2−D13 |
| 250 | 284 | 508 |
| 300 | 236 | 423 |
| 350 | 202 | 362 |
| 400 | 177 | 317 |
| 450 | 157 | 282 |
| 500 | 142 | 254 |
| 550 | 129 | 231 |
| 600 | 118 | 211 |
| 650 | 109 | 195 |
| 700 | 101 | 181 |
| 750 | 94 | 169 |

3 あばら筋比 $p_w$ は 0.2％以上

あばら筋間隔は $x = \dfrac{a_w}{0.002b}$ なので，$b$（梁幅）に反比例する（$a_w$ は一組のあばら筋の断面積）．いいかえれば，梁幅が大きくなるとあばら筋も多く必要となってくる．なお，$p_w = 0.2\%$ の場合の梁幅に対するあばら筋の間隔をあらかじめ計算したものが，表 8·3 である．付 8（a）は $p_w$ からあばら筋間隔 $x$ を求める早見表である．

---

構造計算書II演習例 p. 11

810 解説●大梁 $_rG_2$ の断面算定の順序とポイント

両端を柱に剛接合した固定梁で，1 スパン $l = 8.000$ m.

許容応力度： 131，132 より

鉄筋 SD295　許容引張応力度 $_Lf_t = 196$ N/mm², $_sf_t = 295$ N/mm²

コンクリート $F_c = 21$ N/mm²　許容せん断応力度 $_Lf_s = 0.7$ N/mm², $_sf_s = 1.05$ N/mm²

　　　　　　　　　　　　　　　許容付着応力度　上端筋 $_Lf_a = 1.4$ N/mm², $_sf_a = 2.1$ N/mm²

1 仮定断面諸係数

①仮定断面

450「断面仮定と剛比算定」で採用した梁断面 $b \times D = 350$ mm × 700 mm で断面算定する．

②梁断面算定用の断面諸係数

断面算定に必要な係数を求めておく．

$d = D - 60$ mm $= 700 - 60 = 640$ mm　→有効せい

$j = \dfrac{7}{8}d = \dfrac{7}{8} \times 640 = 560$ mm　→応力中心距離

$b \cdot d^2$（× 10⁶）$= 350 \times 640^2 = 143.4$（× 10⁶）　→主筋算定用

$b \cdot d$（× 10²）$= 350 \times 640 = 2240$（× 10²）　→鉄筋断面積計算用

$0.4\% \times b \cdot d = 0.4$（× 10⁻²）× 2240（× 10²）$= 896$ mm²　→長期応力の最小鉄筋量

$b \cdot j$（× 10³）$= 350 \times 560 = 196$（× 10³）　→あばら筋算定用

**2** 断面・配筋

算定結果を図示する．

**3** 設計応力

510「鉛直荷重時応力算定」および 520「水平荷重時応力算定」より，$_rG_2$ の応力を転記し，集計して短期応力を求める．なお，曲げモーメントの単位 kN·m を $10^6$ 倍した N·mm 単位で断面算定する．

〈設計応力の判定〉

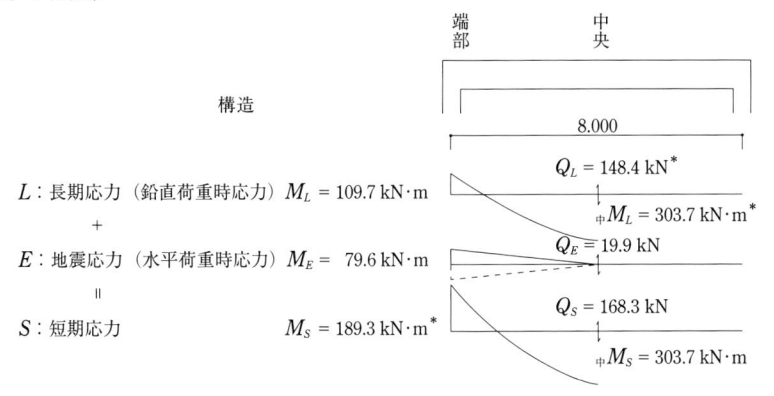

$L$：長期応力（鉛直荷重時応力）　$M_L = 109.7$ kN·m　　　$Q_L = 148.4$ kN *
　　　　　　　　　　　　　　　　　　　　　　　　　　　　　　$_中M_L = 303.7$ kN·m *
　　　　　＋
$E$：地震応力（水平荷重時応力）　$M_E = 79.6$ kN·m　　　　$Q_E = 19.9$ kN
　　　　　＝
$S$：短期応力　　　　　　　　　　$M_S = 189.3$ kN·m *　　$Q_S = 168.3$ kN
　　　　　　　　　　　　　　　　　　　　　　　　　　　　　　$_中M_S = 303.7$ kN·m

短期設計用せん断力 $Q_D = Q_L + 2Q_E = 148.4 + 2 \times 19.9 = 188.2$ kN

図 8·11　大梁 $_rG_2$ の設計応力集計

端部　　$\dfrac{M_S}{M_L} = 189.3$ kN·m */109.7 kN·m $= 1.73 > 1.5$

中央　　$M_L = 303.7$ kN·m *

せん断力　$\dfrac{Q_D}{Q_L} = 188.2$ kN/148.4 kN * $= 1.26 < 1.5$

したがって，両端は短期曲げ応力 $M_S = 189.3$ kN·m，中央は長期応力 $M_L = 303.7$ kN·m，せん断力は長期 $Q_L = 148.4$ kN で設計．

**4** 主筋の算定

①端部

梁の端部では，上端筋が主筋となる．

1) 上端筋の算定はⒶ式 $\left(C = \dfrac{M}{b \cdot d^2}\right)$ で $C$ を求めることから始める．

　　短期応力 $C_S = \dfrac{M_S}{b \cdot d^2} = \dfrac{189.3 \times 10^6 \text{ N·mm}}{143.4 \times 10^6 \text{ mm}^3} = 1.32$ N/mm²

$C$ が求まったら，次に「梁の断面算定図表」（付 4·2）より，引張鉄筋比 $p_t$ [%] を求める．なお，複筋比 $\gamma$ は釣合い鉄筋比 $p_{tb}$ 以下であるので $\gamma = 0$．

　　図表より，$p_t = 0.48$ %

　　　主筋断面積 $_上a_t = 0.48$ % × $b \cdot d = 0.48 \ (\times 10^{-2}) \times 2240 \ (\times 10^2) = 1075$ mm²

2) 付着の検討

せん断力 $Q$ より必要な鉄筋の周長を求める．

長期応力 $\psi = \dfrac{Q_L}{{}_L f_a \cdot j} = \dfrac{148.4 \times 10^3 \, \text{N}}{1.4 \, \text{N/mm}^2 \times 560 \, \text{mm}} = 189 \, \text{mm}$

付 10（b）より，主筋の必要断面積 1075 mm²，必要周長 189 mm を満足させるには D22 が 3 本（1161 mm²，210 mm）必要である．

次に，付 9（a）より梁幅を検討する．主筋 D22，あばら筋 D10，フック先曲げ，3 − D22，最小梁幅 250 mm，設計 350 mm　→ OK

3）下端筋は $\gamma = 0.4$ 程度とし，${}_下 a_t = {}_上 a_t \cdot \gamma = 1075 \, \text{mm}^2 \times 0.4 = 430 \, \text{mm}^2$ より 2 − D22（774 mm²）となる．ただし，次に計算する中央下端筋は 8 − D22 が必要なため，バランスを考慮して 3 − D22 とした．

② 中央

梁の中央部では，下端筋が主筋となる．

1）下端筋の主筋算定式は Ⓑ 式 $\left(a_t = \dfrac{M}{f_t \cdot j}\right)$ で求める．

長期応力 $a_t = \dfrac{M_L}{{}_L f_t \cdot j} = \dfrac{303.7 \times 10^6 \, \text{N} \cdot \text{mm}}{196 \, \text{N/mm}^2 \times 560 \, \text{mm}} = 2767 \, \text{mm}^2$

付 10（b）より，8 − D22（3096 mm²）が必要である．

次に，付 9（a）より梁幅を検討する．8 本は梁幅 350 mm では 1 列に並ばないので，4 本・4 本の 2 段配筋とする．

2）上端筋は $\gamma = 0.4$ 程度とし，${}_上 a_t = {}_下 a_t \cdot \gamma = 2767 \, \text{mm}^2 \times 0.4 = 1107 \, \text{mm}^2$ より 3 − D22（1161 mm²）とする．

**5** あばら筋の算定

あばら筋の算定はせん断力によって検討する．まず，コンクリートが負担する許容せん断力を計算する．長期応力で検討．

${}_L f_s \cdot b \cdot j = 0.7 \, \text{N/mm}^2 \times 196 \times 10^3 \, \text{mm}^2 = 137.2 \times 10^3 \, \text{N}$
$= 137.2 \, \text{kN} < Q_L = 148.4 \, \text{kN}$

コンクリートの許容せん断力が設計せん断力より小さいので，$\alpha$ を計算する．

$\dfrac{M}{Q \cdot d} = \dfrac{303.7 \times 10^6 \, \text{N} \cdot \text{mm}}{148.4 \times 10^3 \, \text{N} \times 640 \, \text{mm}} = 3.2 \quad \rightarrow \alpha = 1.0 \, \text{（付 6 より）}$

$\alpha \cdot {}_L f_s \cdot b \cdot j = 137.2 \, \text{kN} < Q_L$

したがって，あばら筋の算定を行う．

$\Delta Q = Q_L - \alpha \cdot {}_L f_s \cdot b \cdot j = 148.4 \, \text{kN} - 137.2 \, \text{kN} = 11.2 \, \text{kN} \quad \rightarrow$ あばら筋負担分

$\dfrac{\Delta Q}{b \cdot j} = \dfrac{11.2 \times 10^3 \, \text{N}}{196 \times 10^3 \, \text{mm}^2} = 0.057 \, \text{N/mm}^2$

付 7 より $p_w = 0.26 \, \%$

$\left( \begin{array}{l} \text{参考：計算による方法} \\ \Delta Q = 0.5 \, {}_w f_t (p_w - 0.002) b \cdot j \text{ より} \\ p_w = \dfrac{2 \Delta Q}{{}_w f_t \cdot b \cdot j} + 0.002 = \dfrac{2 \times 11.2 \times 10^3 \, \text{N}}{195 \, \text{N/mm}^2 \times 196 \times 10^3 \, \text{mm}^2} + 0.002 = 0.0026 \rightarrow 0.26 \, \% \end{array} \right)$

## 810 梁断面算定　G₂

| | | | | | | 上端筋 | |
|---|---|---|---|---|---|---|---|
| $F_c=$ | 21 N/mm² | $_Lf_t=$ | 196 N/mm² | $_Lf_s=$ | 0.7 N/mm² | $_Lf_a=$ | 1.4 N/mm² |
| | | $_sf_t=$ | 295 N/mm² | $_sf_s=$ | 1.05 N/mm² | $_sf_a=$ | 2.1 N/mm² |

**① 仮定断面諸係数**

| | | |
|---|---|---|
| $d=D-60$　$j=\frac{7}{8}d$ | 640 | 560 |
| $b\cdot d^2(\times 10^6)$　$b\cdot d(\times 10^2)$ | 143.4 | 2240 |
| $0.4\% b\cdot d$　$b\cdot j(\times 10^3)$ | 896 | 196 |

**② 断面・配筋**

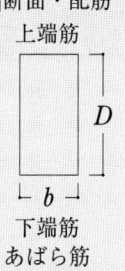

|  | 両端 | 中央 |
|---|---|---|
| 上端筋 | 3-D22 | 3-D22 |
|  | 700 × 350 | 700 × 350 |
| 下端筋 | 3-D22 | 8-D22 |
| あばら筋 | D10□-@150 | |

**③ 設計応力 構造**

| | 両端 | 中央 |
|---|---|---|
| $M_L$[kN·m]　$Q_L$[kN] | 109.7 kN·m | *148.4 kN / *303.7 kN·m |
| $M_E$[kN·m]　$Q_E$[kN] | 79.6 kN·m | 19.9 kN |
| $M_S$[kN·m]　$Q_S$[kN] | *189.3 kN·m | 168.3 kN / 303.7 kN·m |

$\dfrac{*189.3}{109.7}=1.73>1.5$

$Q_D=Q_L+2Q_E$　　148.4 + 2 × 19.9 = 188.2 kN

**④ 主筋の算定**

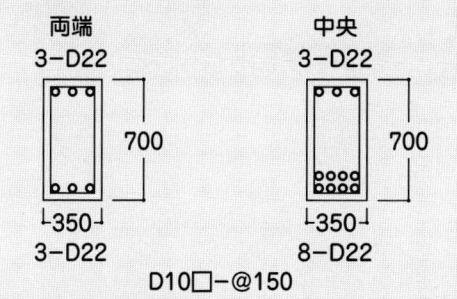

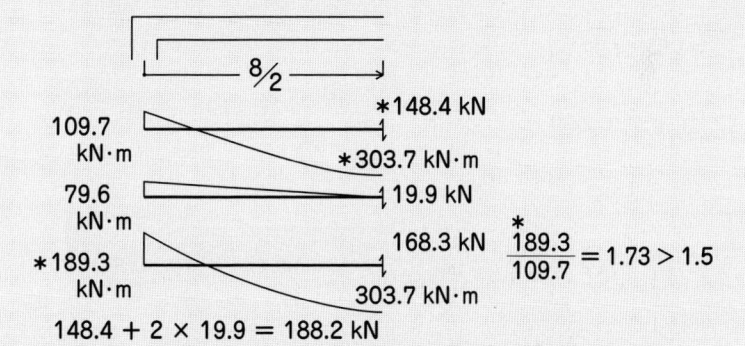

上端筋：
- $C=\dfrac{M[\text{N·mm}]}{b\cdot d^2}$
- $p_t[\%],\ \gamma$
- $_{\perp}a_t=p_t\cdot b\cdot d$

下端筋：
- $_{\top}a_t={_{\perp}a_t}\cdot\gamma$
- $a_t=\dfrac{M[\text{N·mm}]}{f_t\cdot j}$

付着：$\psi=\dfrac{Q[\text{N}]}{f_a\cdot j}$

両端：
$M_S$　$\dfrac{189.3\times 10^6}{143.4\times 10^6}=1.32$ N/mm²
0.48 , 0
0.48 × 2240 = 1075 mm²

$Q_L$　$\dfrac{148.4\times 10^3}{1.4\times 560}=189$ mm

中央：
$M_L$　$\dfrac{303.7\times 10^6}{196\times 560}=2767$ mm²

**⑤ あばら筋の算定**

$f_s\cdot b\cdot j$　　0.7 × 196 × 10³ = 137.2 kN
$M/Q\cdot d \to \alpha$　　303.7×10⁶/148.4×10³×640 = 3.2 → $\alpha$ = 1.0
$\Delta Q/b\cdot j$　　(148.4−137.2)×10³/196×10³ = 0.057
$p_w[\%]$　　$x=\dfrac{a_w}{p_w\cdot b}$　　0.26　$x=\dfrac{71\times 2}{0.0026\times 350}=156$ mm

あばら筋 D10□　$a_1 = 71 \text{ mm}^2$　$a_w = a_1 \times 2 \text{本} = 142 \text{ mm}^2$

$$\text{間隔 } x = \frac{a_w}{p_w \cdot b} = \frac{142 \text{ mm}^2}{0.26 \times 10^{-2} \times 350 \text{ mm}} = 156 \text{ mm} \rightarrow \text{設計 @150 mm}$$

【断面・配筋の決定】

④，⑤で求めた値を基に，他の梁との関係，バランス，計算外規定を考慮して配筋を決める．

あばら筋は，D10で□型，間隔は156 mm，$D/2 = 350$ mm 以下，250 mm 以下を満たし，施工を考慮して@150 mm とした．

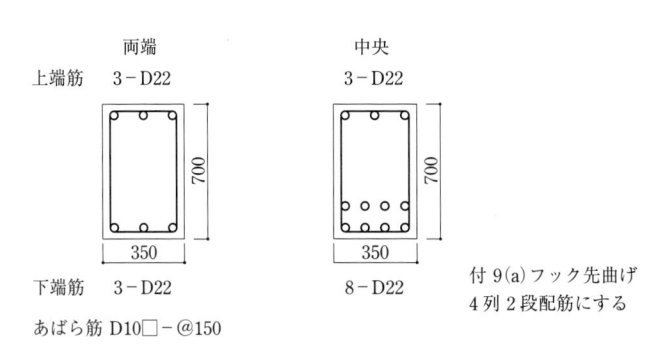

構造計算書 p.12は，梁 $_rB_1$，$_rB_2$ について，付録のシートで断面算定したものである．

両端
上端筋　3-D22
下端筋　3-D22
あばら筋 D10□-@150

中央
上端筋　3-D22
下端筋　8-D22

付9(a)フック先曲げ
4列2段配筋にする

## 815 基礎梁の設計

基礎梁は，不同沈下に対処するとともに，柱脚固定として応力解析するにあたって，相当の剛性が必要なため，大きめの断面を採用する．したがって，断面算定で必要鉄筋断面積は相対的に少ない．一方，地震応力で断面が決まる．地震応力は，外端が最大応力となり，上端も下端も同じ値となる．そのため，一般的に，$X$，$Y$ 方向別に外端の一番大きな応力で設計するとともに，上端筋と下端筋は同じく，かつ端部も中央部も同断面で設計するのが定石である．

## 816 小梁の設計

短辺長さ $l_x$ が長くなるとスラブが厚くなるので，$l_x$ が 4 m を超える場合には小梁を設けるかどうか検討する．小梁は大梁に剛接合されており，大梁の剛性によって小梁端部の曲げモーメントが変わる．

【a】小梁の応力算定

小梁の $C$（固定端モーメント），$M_0$（単純梁の中央曲げモーメント），$Q_0$（せん断力）は，大梁と同じ方法で，440「梁の $C$, $M_0$, $Q_0$ の算定」にて算定済みである．

一方，小梁の端部（大梁との接合部）は，大梁のねじれ抵抗による拘束が完全であれば，小梁端部の曲げモーメントは固定端モーメント $C$ となり，拘束度が小さくなれば，ピンの状態となり，曲げモーメントが小さくなる．したがって，1スパン小梁，連続小梁は図 8・12 より応力を求める．

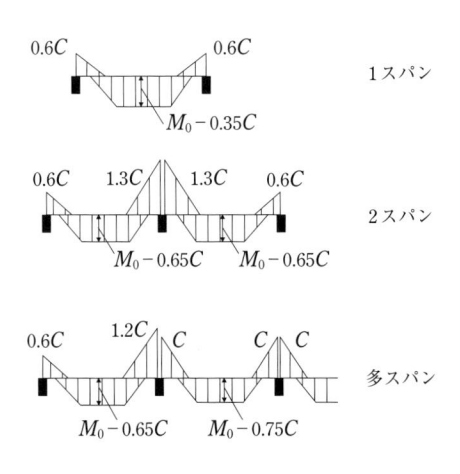

1スパン： $0.6C$, $0.6C$, $M_0 - 0.35C$

2スパン： $0.6C$, $1.3C$, $1.3C$, $0.6C$, $M_0 - 0.65C$, $M_0 - 0.65C$

多スパン： $0.6C$, $1.2C$, $C$, $C$, $M_0 - 0.65C$, $M_0 - 0.75C$

$C$：両端固定の固定端モーメント
$M$：単純梁の中央曲げモーメント

図 8・12　小梁の応力

## 810 梁断面算定

$F_c = 21$ N/mm²　$f_t = 196$ N/mm² / $295$ N/mm²　$f_s = 0.7$ N/mm² / $1.05$ N/mm²　$f_a = 1.4$ N/mm² / $2.1$ N/mm²

| 梁符号 | | $_rB_1$ | | | $_rB_2$ | | |
|---|---|---|---|---|---|---|---|
| 位置 | | ① 端 | 中央 | ② 端 | ② 端 | 中央 | ③ 端 |
| $d$[mm] ┊ $j$[mm] | | 540 ┊ 472.5 | | | | | |
| $b \cdot d^2(\times 10^6)$ ┊ $b \cdot d(\times 10^2)$ | | 87.48 ┊ 1620 | | | | | |
| $0.4\% b \cdot d$ ┊ $b \cdot j(\times 10^3)$ | | 648 ┊ 142 | | | | | |
| 断面・配筋 | 上端筋 | 3−D19 | 2−D19 | 3−D19 | 3−D19 | 2−D19 | 3−D19 |
| | $D$=600, $b$=300 | | | | | | |
| | 下端筋 | 2−D19 | 3−D19 | 2−D19 | 2−D19 | 3−D19 | 2−D19 |
| | あばら筋 | D10□-@200 | | | D10□-@200 | | |
| 設計応力 | 構造 | ← 6 → | | | ← 4 → | | |
| | $M_L$ [kN·m] | 25.16 | 42.4 | 54.2 | 43.44 | 21.2 | 3.23 |
| | $Q_L$ [kN] | | *43 | | | *5.29 | |
| | $M_E$ [kN·m] | 66.4 | 16.8 | 34.3 | 51.4 | 31.6 | 74.9 |
| | $Q_E$ [kN] | | | | | | |
| | $M_S$ [kN·m] | *91.56 | | *88.5 | *94.84 | | *78.13 |
| | $Q_S$ [kN] | | | | | | |
| | $Q_D = Q_L + 2Q_E$ | | *76 | | | *84.4 | |
| | $L, S$ | S | L | S | S | L | S |
| 主筋 | $C$ | 1.05 | — | 1.01 | 1.08 | — | 0.89 |
| | $\gamma$ | 0 | — | 0 | 0 | — | 0 |
| | $p_t$ [%] | 0.38 | — | 0.37 | 0.4 | — | 0.33 |
| | 上 $a_t$ | 616 | — | 599 | 648 | — | 535 |
| | 下 $a_t$ | | 464 | | | 57 | |
| あばら筋 | $\psi = Q[N]/f_a \cdot j$ | 77 | | | 85 | | |
| | $f_s \cdot b \cdot j$ | 149.1 | | | 149.1 | | |
| | $M/Q \cdot d \to \alpha$ | | | | | | |
| | $\Delta Q/b \cdot j$ | | | | | | |
| | $p_w$ [%] | 0.2 | | | 0.2 | | |

【b】小梁断面算定

　小梁には，長期応力の曲げモーメントとせん断力が作用する．端部は負曲げモーメントであるので，梁上端側が引張りとなる．中央部は正曲げモーメントで，梁下端側が引張応力となる．したがって，断面算定は，大梁と同じ方法で算定する．なお，小梁は長期応力で断面が決まるため，端部・上端筋，中央・下端筋の引張鉄筋は $0.4\% \times b \cdot d$ 以上の鉄筋量が必要である．

---
構造計算書Ⅱ演習例 p. 14

**810 解説●小梁 b の断面算定の順序とポイント**

　両端を大梁に剛接合（半固定）した固定梁として設計する．スパン $l = 6.000$ m．

　鉄筋は SD295，コンクリートは $F_c = 21$ N/mm² を使用する．許容応力度は **131**，**132** より，鉄筋の長期許容引張応力度 $_Lf_t = 196$ N/mm²，コンクリートの長期許容せん断応力度 $_Lf_s = 0.7$ N/mm²，および長期許容付着応力度（上端筋）$_Lf_a = 1.4$ N/mm²．

**1 仮定断面諸係数**

①仮定断面 $b \times D = 300$ mm $\times 600$ mm

②梁断面算定用の断面諸係数

$\quad d = D - 60$ mm $= 600 - 60 = 540$ mm 　→有効せい

$\quad j = \dfrac{7}{8}d = \dfrac{7}{8} \times 540 = 472.5$ mm 　→応力中心距離

$\quad b \cdot d^2 \ (\times 10^6) = 300 \times 540^2 = 87.48 \ (\times 10^6)$ 　→主筋算定用

$\quad b \cdot d \ (\times 10^2) = 300 \times 540 = 1620 \ (\times 10^2)$ 　→鉄筋断面積計算用

$\quad 0.4\% \times b \cdot d = 0.4 \ (\times 10^{-2}) \times 1620 \ (\times 10^2) = 648$ mm² 　→長期応力の最小鉄筋量

$\quad b \cdot j \ (\times 10^3) = 300 \times 472.5 = 142 \ (\times 10^3)$ 　→あばら筋算定用

**2 断面・配筋**

　算定結果を図示する．

**3 設計応力**

　1 スパン小梁の応力は，大梁との接合部を半固定と考えて，端部は $0.6C$ の応力で，中央は単純梁の中央曲げモーメント $M_0$ から $0.35C$ を引いた曲げモーメント $M_c$ を設計応力とする．なお，$C$，$M_0$，$Q_0$ は **440** で算定済．ただし，$C$ [kN·m]，$M_0$ [kN·m] は $10^6$ 倍した N·mm 単位で算定する．

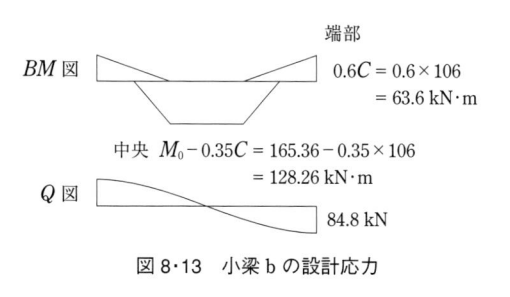

BM 図
端部　$0.6C = 0.6 \times 106 = 63.6$ kN·m
中央　$M_0 - 0.35C = 165.36 - 0.35 \times 106 = 128.26$ kN·m

Q 図　84.8 kN

図 8·13　小梁 b の設計応力

**4 主筋の算定**

①端部

　梁の端部では，上端筋が主筋となる．

1) 上端筋の算定はⒶ式 $\left(C = \dfrac{M}{b \cdot d^2}\right)$ で $C$ を求めることから始める．

## 810 梁断面算定（基礎梁）

上端筋
$F_c =$ 21 N/mm²　　$_Lf_t =$ 196 N/mm²　　$_Lf_s =$ 0.7 N/mm²　　$_Lf_a =$ 1.4 N/mm²
　　　　　　　　　　$_sf_t =$ 295 N/mm²　　$_sf_s =$ 1.05 N/mm²　　$_sf_a =$ 2.1 N/mm²

### 1 仮定断面諸係数

| | FG | | FB | |
|---|---|---|---|---|
| $d = D - 70$　$j = \frac{7}{8}d$ | 680 | 595 | 630 | 551 |
| $b \cdot d^2 (\times 10^6)$　$b \cdot d (\times 10^2)$ | 161.8 | 2380 | 138.9 | 2205 |
| $0.4\% b \cdot d$　$b \cdot j (\times 10^3)$ | 952 | 208 | 882 | 193 |

### 2 断面・配筋

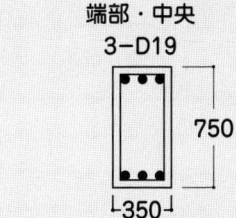

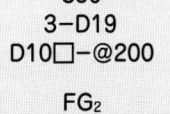

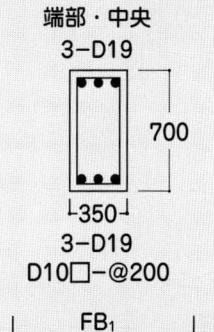

| | FG 端部・中央 | FB 端部・中央 |
|---|---|---|
| 上端筋 | 3-D19 | 3-D19 |
| 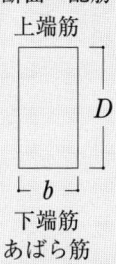 断面 | 750×350 | 700×350 |
| 下端筋 | 3-D19 | 3-D19 |
| あばら筋 | D10□-@200 | D10□-@200 |

### 3 設計応力

構造: FG₂ (8/2)　　FB₁ (6)

| | FG | | FB | |
|---|---|---|---|---|
| $M_L$ [kN·m]　$Q_L$ [kN] | 54.85 kN·m | 0 | 12.58 kN·m　1.74 kN | 2.15 kN·m |
| $M_E$ [kN·m]　$Q_E$ [kN] | 97.4 kN·m | 24.4 kN | 81.1 kN·m　20.5 kN | 41.9 kN·m |
| $M_S$ [kN·m]　$Q_S$ [kN] | *152.25 kN·m | 24.4 kN | *93.68 kN·m　22.24 kN | 39.75 kN·m |
| $Q_D = Q_L + 2Q_E$ | 2×24.4 = *48.8 kN | | 1.74+2×20.5 = *42.74 kN | |

### 4 主筋の算定

| | FG | FB |
|---|---|---|
| $C = \dfrac{M[\text{N·mm}]}{b \cdot d^2}$ | $\dfrac{152.25 \times 10^6}{161.8 \times 10^6} = 0.94$ N/mm² | $\dfrac{93.68 \times 10^6}{138.9 \times 10^6} = 0.67$ N/mm² |
| $p_t$ [%], $\gamma$ | 0.34, 0 | 0.24, 0 |
| $a_t = p_t \cdot b \cdot d$ | 809 mm² | 529 mm² |
| 付着　$\psi = \dfrac{Q[\text{N}]}{f_a \cdot j}$ | $\dfrac{48.8 \times 10^3}{2.1 \times 595} = 39$ mm | $\dfrac{42.74 \times 10^3}{2.1 \times 551} = 37$ mm |

### 5 あばら筋の算定

| | FG | FB |
|---|---|---|
| $f_s \cdot b \cdot j$ | 1.05×208×10³ = 218.4 kN > $Q_D$ | 1.05×193×10³ = 202.7 kN > $Q_D$ |
| $M/Q \cdot d \to \alpha$ | | |
| $\Delta Q / b \cdot j$ | | |
| $p_w$ [%]　$x = \dfrac{a_w}{p_w \cdot b}$ | 0.2 | 0.2 |

$$C = \frac{M_L}{b \cdot d^2} = \frac{63.6 \times 10^6 \text{ N·mm}}{87.48 \times 10^6 \text{ mm}^3} = 0.73 \text{ N/mm}^2$$

$C$ が求まったら，次に「梁の断面算定図表」（付 4・1）より，引張鉄筋比 $p_t$ [％] を求める．なお，複筋比 $\gamma$ は釣合い鉄筋比 $p_{tb}$ 以下であるので $\gamma = 0$．

図表より，$p_t = 0.4\%$

主筋断面積 ${}_\perp a_t = 0.4\% \times b \cdot d = 0.4 (\times 10^{-2}) \times 1620 (\times 10^2) = 648 \text{ mm}^2$

2) 付着の検討

せん断力 $Q$ より必要な鉄筋の周長を求める．

$$\psi = \frac{Q_L}{{}_L f_a \cdot j} = \frac{84.8 \times 10^3 \text{ N}}{1.4 \text{ N/mm}^2 \times 472.5 \text{ mm}} = 128 \text{ mm}$$

付 10 (b) より，主筋の必要断面積 648 mm²，必要周長 128 mm を満足させるには D19 が 3 本（861 mm²，180 mm）必要である．

次に，付 9 (a) より梁幅を検討する．主筋 D19，あばら筋 D10，フック先曲げ，3 – D19，最小梁幅 240 mm，設計 300 mm　→ OK

3) 下端筋は $\gamma = 0.4$ 程度とし，${}_\top a_t = {}_\perp a_t \cdot \gamma = 648 \text{ mm}^2 \times 0.4 = 259 \text{ mm}^2$ より 2 – D19（574 mm²）とする．

② 中央

梁の中央部では，下端筋が主筋となる．

1) 下端筋の主筋算定式はⒷ式 $\left(a_t = \dfrac{M}{f_t \cdot j}\right)$ で求める．

$$a_t = \frac{M_L}{{}_L f_t \cdot j} = \frac{128.26 \times 10^6 \text{ N·mm}}{196 \text{ N/mm}^2 \times 472.5 \text{ mm}} = 1385 \text{ mm}^2$$

付 10 (b) より，5 – D19（1435 mm²）が必要である．

次に，付 9 (a) より梁幅を検討する．5 本は梁幅 300 mm では 1 列に並ばないので，3 本・2 本の 2 段配筋とする．

2) 上端筋は $\gamma = 0.4$ 程度とし，${}_\perp a_t = {}_\top a_t \cdot \gamma = 1385 \text{ mm}^2 \times 0.4 = 554 \text{ mm}^2$ より 3 – D19（861 mm²）とする．

**5** あばら筋の算定

あばら筋の算定はせん断力によって検討する．まず，コンクリートが負担する許容せん断力を計算する．

${}_L f_s \cdot b \cdot j = 0.7 \text{ N/mm}^2 \times 142 \times 10^3 \text{ mm}^2 = 99.4 \times 10^3 \text{ N}$
　　　　　$= 99.4 \text{ kN} > Q = 84.8 \text{ kN}$　→ OK

設計せん断力 $Q$ がコンクリート許容せん断力以下であるので，計算外規定で設計する．

$p_w = 0.2\%$，D10　$D/2$ 以下かつ 250 mm 以下

D10 □　$x = \dfrac{a_w}{p_w \cdot b} = \dfrac{71 \text{ mm}^2 \times 2 \text{ 本}}{0.2 \times 10^{-2} \times 300 \text{ mm}}$

　　　$= 237 \text{ mm}$

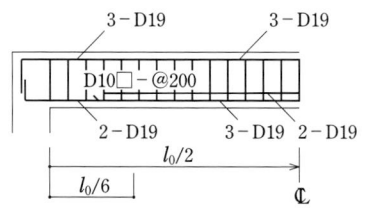

図 8・14　配筋図

## 810 梁断面算定 (小梁)

$F_c =$ __21__ N/mm²    $_Lf_t =$ __196__ N/mm²    $_Lf_s =$ __0.7__ N/mm²    上端筋 $_Lf_a =$ __1.4__ N/mm²

### 1 仮定断面諸係数

| | | |
|---|---|---|
| $d = D - 60$   $j = \dfrac{7}{8}d$ | 540 | 472.5 |
| $b \cdot d^2 (\times 10^6)$   $b \cdot d (\times 10^2)$ | 87.48 | 1620 |
| $0.4\% b \cdot d$   $b \cdot j (\times 10^3)$ | 648 | 142 |

### 2 断面・配筋

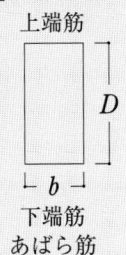

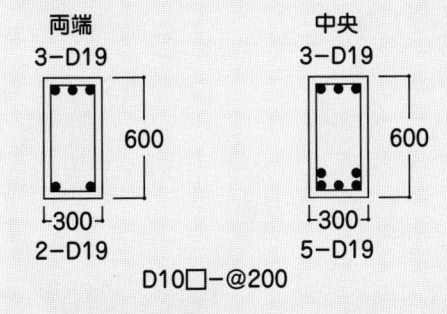

上端筋 / 下端筋 / あばら筋 (断面 $D \times b$)

両端: 3-D19 / 2-D19, 600×300, D10□-@200
中央: 3-D19 / 5-D19, 600×300

### 3 設計応力

梁の $C$, $M_0$, $Q_0$ の算定より (スパン 6, 440)

$C =$ __106__ kN·m  
$M_0 =$ __165.36__ kN·m  
$Q_0 =$ __84.8__ kN  

$0.6C = 0.6 \times 106 = 63.6$ kN·m  
$M_0 - 0.35C = 165.36 - 0.35 \times 106 = 128.26$ kN·m

### 4 主筋の算定

| | 両端 | 中央 |
|---|---|---|
| 上端筋   $C = \dfrac{M[\text{N·mm}]}{b \cdot d^2}$   $p_t [\%], \gamma$   $_\bot a_t = p_t \cdot b \cdot d$ | $\dfrac{63.6 \times 10^6}{87.48 \times 10^6} = 0.73$ N/mm² <br> 0.4 , 0 <br> 648 mm² | |
| 下端筋   $_\top a_t = {_\bot a_t} \cdot \gamma$   $a_t = \dfrac{M[\text{N·mm}]}{f_t \cdot j}$ | | $\dfrac{128.26 \times 10^6}{196 \times 472.5} = 1385$ mm² |
| 付 着   $\psi = \dfrac{Q[\text{N}]}{f_a \cdot j}$ | $\dfrac{84.8 \times 10^3}{1.4 \times 472.5} = 128$ mm | |

### 5 あばら筋の算定

$f_s \cdot b \cdot j$  
$M/Q \cdot d \to \alpha$  
$\Delta Q / b \cdot j$  
$p_w [\%]$   $x = \dfrac{a_w}{p_w \cdot b}$

$0.7 \times 142 \times 10^3 = 99.4$ kN $> Q = 84.8$ kN

0.2    $x = \dfrac{71 \times 2}{0.002 \times 300} = 237$ mm → 設計@200 mm

【断面・配筋の決定】
　主筋の配筋は，④，⑤で求めた値を基にして，端部筋・中央筋の配筋を考慮して決定する．あばら筋は，D10で□型，間隔は237 mm，$D/2 = 300$ mm以下，250 mm以下を満たし，施工を考慮して@200 mmとした．

## 820 柱の断面算定

柱には曲げモーメント$M$と柱軸方向力$N$，そしてせん断力$Q$が作用している．柱断面設計は，まず$M$と$N$によって主筋断面積を求め，あわせて$Q$により付着を検討する．

次に，鉄筋本数と柱幅最小限度の関係をチェックして主筋径と本数を決定する．その上で$Q$に基づきコンクリート断面についてせん断応力を検討し，主筋と直角方向に帯筋を配筋する．

### 821 主筋断面算定図表

①柱の断面算定式について

柱主筋は曲げモーメント$M$と柱軸方向力$N$によって求めるが，$M$と$N$の比によっても主筋の量が変わる．すなわち，偏心距離$e$ $\left(e = \dfrac{M}{N}\right)$ が柱せい$D$の$\dfrac{1}{6}$より大きいか，小さいかによって，柱断面に作用する応力状態が図8・15のように変わる．$e > \dfrac{D}{6}$の場合は中立軸が断面内にあって，柱断面の一部に引張応力が生じることになり，$e < \dfrac{D}{6}$の場合は中立軸が断面外にあって全断面が圧縮だけを受けることになる．

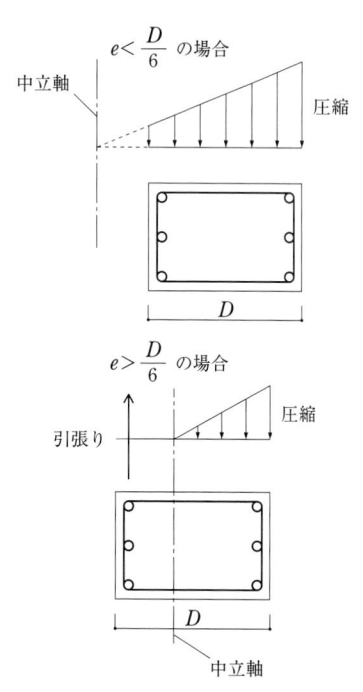

図8・15　偏心距離と応力状態

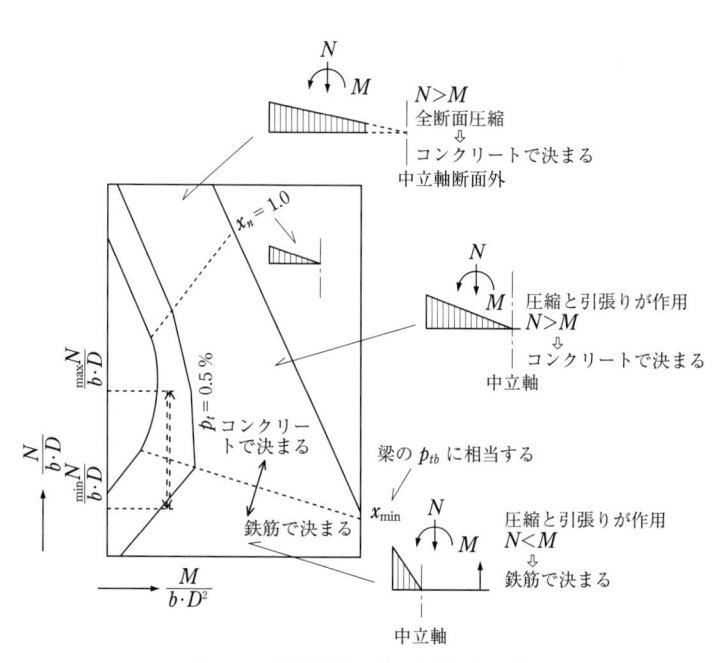

図8・16　長方形柱の断面算定図表の略図

②柱の断面算定図表

図 8・16 に示すように，横軸に $\dfrac{M}{b \cdot D^2}$ をとり，縦軸に $\dfrac{N}{b \cdot D}$ をとって交点上のグラフの $p_t$ を読みとる．

ここで注意しなければならないのは，短期の設計において同じ $M$ に対して $N$ が大きいからといって，必ずしも $p_t$ が大きくなるとは限らず，むしろ逆に $N$ が小さい場合の方が $p_t$ が大きくなることである．

## 822 主筋の算定方法

主筋の量は，$X$ 方向，$Y$ 方向，柱頭，柱脚，長期，短期別に求めるが，通常最上階の柱頭を除けば，柱脚部の短期応力によって断面が決まる．

①柱軸方向力 $N$ に対しては $\dfrac{N}{b \cdot D}$ の式で求める．

②曲げモーメント $M$ に対しては，$\dfrac{M}{b \cdot D^2}$ の式で求める．

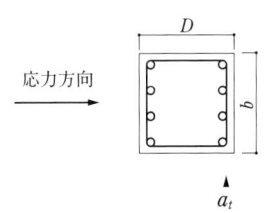

③引張鉄筋比は「長方形柱の断面算定図表」の横軸に $\dfrac{M}{b \cdot D^2}$ をとり，縦軸に $\dfrac{N}{b \cdot D}$ をとって，グラフの交点の $p_t$ を読みとる．

図 8・17 必要鉄筋断面積 $a_t$ の位置と方向

④必要鉄筋の断面積は $a_t = p_t \cdot b \cdot D$ の式によって求める．

$p_c = p_t$   $p_c$：圧縮鉄筋比

この場合の $b$，$D$ は実断面 $b \times D$ を採用する（図 8・17）．

⑤付着の検討

せん断力により必要鉄筋周長を求める．

$$\psi = \dfrac{Q}{f_a \cdot j}$$

⑥主筋断面の決定

付 10（b）「異形棒鋼の断面積および周長表」より $a_t$ と $\psi$ を満足するような鉄筋径と本数を求め，かつ付 9（b）「鉄筋本数と柱幅の最小寸法」でチェックする．

## 823 柱主筋の計算外規定

①コンクリート全断面積に対する主筋全断面積の割合は 0.8 % 以上（表 8・4）．

表 8・4 柱最小鉄筋の本数早見表

| 柱断面積 [mm×mm] | | 350×350 | 400×400 | 450×450 | 500×500 | 550×550 | 600×600 | 650×650 | 700×700 |
|---|---|---|---|---|---|---|---|---|---|
| $p_t$=0.8 % [mm²] | | 980 | 1280 | 1620 | 2000 | 2420 | 2880 | 3380 | 3920 |
| 本数 | D16 | 5(6) | 7(8) | 9(10) | | | | | |
| | D19 | 4 | 5(6) | 6 | 8 | 9(10) | 11(12) | 12 | 14 |
| | D22 | | 4 | 5(6) | 6 | 7(8) | 8 | 9(10) | 11(12) |
| | D25 | | | 4 | 5(6) | 5(6) | 6 | 7(8) | 8 |

（　）は実際の配筋の場合

②主筋は，異形鉄筋ではD13以上，かつ4本以上とし，帯筋により相互に連結する（→ **804**）．

③主筋のあきは25 mm以上，かつ異形鉄筋ではその呼び名の数値の1.5倍以上，および粗骨材の最大寸法の1.25倍以上（→ **805**，付9(b)）．

④設計かぶり（→ **801**）．

## 824 帯筋設計（柱のせん断設計）

$X$，$Y$それぞれの方向別にせん断力によって検討し，コンクリートが受け持つせん断力$Q_A$が，設計せん断力以上の場合には「計算外規定」で設計，設計せん断力以下の場合には帯筋を算定する．

### 【a】許容せん断力 $Q_A$ の算定式

①長期許容せん断力

$$Q_{AL} = \alpha \cdot {_L}f_s \cdot b \cdot j \quad \cdots\cdots\cdots (8 \cdot 6) \text{ 式}$$

・帯筋の効果は無視する．

②短期許容せん断力

$$Q_{AS} = \{{_S}f_s + 0.5{_w}f_t(p_w - 0.002)\} b \cdot j \quad \cdots\cdots\cdots (8 \cdot 7) \text{ 式}$$

・$\alpha$による割増しをしない．

・$p_w > 1.2\%$の時は断面を変更する．

ここで

$$\alpha = \frac{4}{\frac{M}{Q \cdot d} + 1}, \quad \text{かつ } 1 \leq \alpha \leq 2$$

$\alpha$：柱のせん断スパン比 $\dfrac{M}{Q \cdot d}$ による割増し係数（付6）

$\quad M$：設計する柱の最大曲げモーメント [N·mm]

$\quad Q$：設計する柱の最大せん断力 [N]

$\quad d$：柱の有効せい [mm]

${_L}f_s$：コンクリートの長期許容せん断応力度 [N/mm²]（→ 132）

${_S}f_s$：コンクリートの短期許容せん断応力度 [N/mm²]（→ 132） ${_S}f_s = 1.5{_L}f_s$

$b$：柱幅 [mm]

$j$：柱の応力中心距離 [mm] $j = \dfrac{7}{8}d$ $d$：有効せい [mm]

${_w}f_t$：帯筋のせん断補強用許容引張応力度 [N/mm²]（→ 131）

$p_w$：帯筋比

$$p_w = \frac{a_w}{b \cdot x}$$

$\quad a_w$：一組の帯筋の断面積 [mm²]

$\quad x$：帯筋間隔 [mm]

### 【b】帯筋の計算外規定

①帯筋の径はD10以上とし，間隔は，柱の上下端から柱径の1.5倍以内では100 mm以下，その他の範囲では150 mm以下，帯筋比$p_w$は0.2％以上とする．

②帯筋の末端は135°以上に曲げて定着するか，鉄筋端部を溶接するか，またはらせん筋（スパイラ

ル筋）とする．

### 【c】帯筋の設計方法

**1** 長期応力の場合

① $\alpha = 1$ として許容せん断力 $Q_A = {}_Lf_s \cdot b \cdot j$ を計算し，長期応力 $Q_L$ と比べる．

 ${}_Lf_s \cdot b \cdot j \geq Q_L$  → OK（→【b】「帯筋の計算外規定」による）

② 前項①の計算で，${}_Lf_s \cdot b \cdot j < Q_L$ の時，$\alpha$（付6）を計算する．

 $\alpha \cdot {}_Lf_s \cdot b \cdot j \geq Q_L$  → OK（→【b】「帯筋の計算外規定」による）

 $\alpha \cdot {}_Lf_s \cdot b \cdot j < Q_L$  → NO（→断面を変更する．この場合には帯筋によるせん断補強はできない）

**2** 短期応力の場合

① 設計用せん断力の計算

 $Q_D = Q_L + n \cdot Q_E$

  $Q_D$：短期設計用せん断力［kN］
  $Q_L$：長期荷重によるせん断力［kN］
  $n$ ：割増し係数．$n \geq 1.5$ とし，4階建程度の建築物は2
  $Q_E$：地震荷重によるせん断力［kN］

② $\alpha = 1$ として許容せん断力 ${}_Sf_s \cdot b \cdot j$ を計算し，①で求めた短期設計用せん断力 $Q_D$ と比べる．

 ${}_Sf_s \cdot b \cdot j \geq Q_D$  → OK（→【b】「帯筋の計算外規定」による）

③ 前項②の計算で，${}_Sf_s \cdot b \cdot j < Q_D$ の時は，帯筋負担分 $\Delta Q = Q_D - {}_Sf_s \cdot b \cdot j$ を求め，$\Delta Q$ より $\dfrac{\Delta Q}{b \cdot j}$ を計算し，付7より $p_w$ を求める（$\Delta Q = 0.5{}_wf_t(p_w - 0.002)b \cdot j$ より計算で求めることもできる）．

$p_w$ が求まれば，計算 $\left( x = \dfrac{a_w}{b \cdot p_w} \right)$ または付8（b）より，帯筋型式と間隔 $x$ を決める．【b】「帯筋の計算外規定」を守る．

**3** 帯筋比 $p_w$ は 0.2％以上

帯筋比は 0.2％以上とすることと規定されている．帯筋比の式は $p_w = \dfrac{a_w}{b \cdot x}$ とされているので，柱幅 $b$ が大きくなるにつれて帯筋間隔 $x$ が細かくなるという関係にあることがわかる（$a_w$ は一組の帯筋の断面積を示す）．表8・5は，この柱幅に対する帯筋間隔の関係を帯筋比 $p_w = 0.2\%$ の場合について計算して一覧表としたものである．

表8・5 帯筋比 $p_w = 0.2\%$ の場合の帯筋間隔早見表

| 柱幅 $b$ ［mm］ | $p_w = 0.2\%$ の場合の帯筋間隔［mm］ | |
| --- | --- | --- |
| | 2－D10 | 2－D13 |
| 450 | 157 | — |
| 500 | 142 | — |
| 550 | 129 | — |
| 600 | 118 | — |
| 650 | 109 | — |
| 700 | 101 | — |
| 750 | 94 | 169 |
| 800 | 88 | 158 |

構造計算書II演習例 p.15

820 解説●柱 $_1C_2$ の断面算定の順序とポイント

許容応力度： 131, 132 より

鉄筋 SD295　許容引張応力度 $_Lf_t = 196$ N/mm², $_sf_t = 295$ N/mm²

コンクリート $F_c = 21$ N/mm²　　許容せん断応力度 $_Lf_s = 0.7$ N/mm², $_sf_s = 1.05$ N/mm²

　　　　　　　　　　　　　　　許容付着応力度　その他 $_Lf_a = 2.1$ N/mm², $_sf_a = 3.15$ N/mm²

**1** 仮定断面諸係数

①仮定断面

450「断面仮定と剛比算定」で採用した梁断面 $b \times D = 500$ mm $\times 500$ mm で断面算定する．

②柱断面算定用の断面諸係数

断面算定に必要な係数を求めておく．主筋断面算定は，実断面 $b \times D$ により，鉄筋周長および帯筋設計に関しては有効せい $d$ による．

$d = D - 60$ mm $= 500 - 60 = 440$ mm　→有効せい

$j = \dfrac{7}{8}d = \dfrac{7}{8} \times 440 = 385$ mm　→応力中心距離

$b \cdot D$ ($\times 10^3$) $= 500 \times 500 = 250$ ($\times 10^3$)　→主筋算定用

$b \cdot D$ ($\times 10^2$) $= 500 \times 500 = 2500$ ($\times 10^2$)　→鉄筋断面積計算用

$b \cdot D^2$ ($\times 10^6$) $= 500 \times 500^2 = 125$ ($\times 10^6$)　→主筋算定用

$b \cdot j$ ($\times 10^3$) $= 500 \times 385 = 193$ ($\times 10^3$)　→主筋算定用

$0.8\% \times b \cdot D = 0.8$ ($\times 10^{-2}$) $\times 2500$ ($\times 10^2$) $= 2000$ mm²　→最小鉄筋量

**2** 断面・配筋

算定結果を図示する．

**3** 設計応力

510「鉛直荷重時応力算定」および 520「水平荷重時応力算定」より，$_1C_2$ の応力を転記し，集計して短期応力を求める．この場合，②ラーメンの $_1C_2$ 柱の断面算定であるから，$X$ 方向の

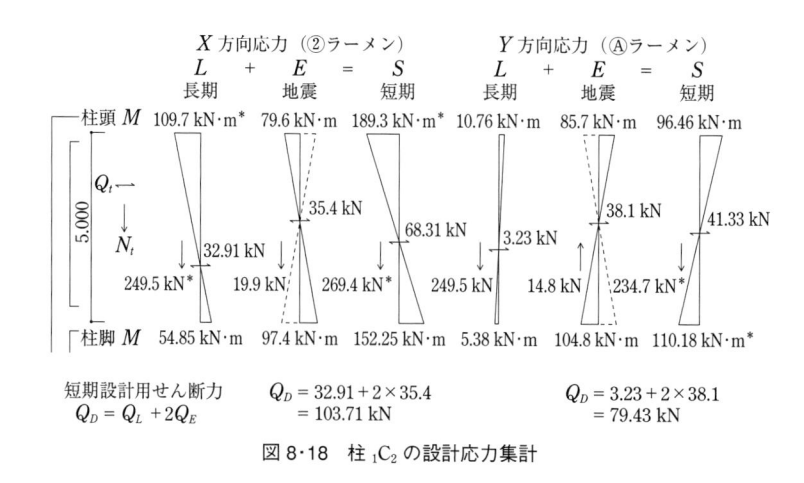

| | $X$ 方向応力（②ラーメン） | | | $Y$ 方向応力（Ⓐラーメン） | | |
|---|---|---|---|---|---|---|
| | $L$ 長期 | $+$ $E$ 地震 | $=$ $S$ 短期 | $L$ 長期 | $+$ $E$ 地震 | $=$ $S$ 短期 |
| 柱頭 $M$ | 109.7 kN·m | 79.6 kN·m | 189.3 kN·m* | 10.76 kN·m | 85.7 kN·m | 96.46 kN·m |
| $Q_t$ | | 35.4 kN | 68.31 kN | | 38.1 kN | 41.33 kN |
| $N_t$ | 32.91 kN | | | 3.23 kN | | |
| | 249.5 kN* | 19.9 kN | 269.4 kN* | 249.5 kN | 14.8 kN | 234.7 kN* |
| 柱脚 $M$ | 54.85 kN·m | 97.4 kN·m | 152.25 kN·m* | 5.38 kN·m | 104.8 kN·m | 110.18 kN·m* |

短期設計用せん断力
$Q_D = Q_L + 2Q_E$

$Q_D = 32.91 + 2 \times 35.4$
　　$= 103.71$ kN

$Q_D = 3.23 + 2 \times 38.1$
　　$= 79.43$ kN

図 8·18　柱 $_1C_2$ の設計応力集計

応力として②ラーメン応力を，$Y$ 方向の応力として④ラーメンの中柱の応力を集計する．なお，曲げモーメントの単位 kN·m は $10^6$ 倍して N·mm 単位で断面算定する．

**4** 主筋の算定

主筋の算定は $X$ 方向の柱頭曲げモーメントが $\dfrac{短期}{長期} = \dfrac{189.3}{109.7} \fallingdotseq 1.7$ 倍であるので，柱頭の長期および短期応力で検討する（1.5～2 倍の場合には長期と短期の両方で断面算定する）．$Y$ 方向は柱脚の短期応力で検討する．

① $X$ 方向

1) 柱頭部の長期応力での検討

$$\frac{N_L}{b \cdot D} = \frac{249.5\ (\times 10^3)\ \text{N}}{250\ (\times 10^3)\ \text{mm}^2} = \frac{249.5}{250} = 1.0\ \text{N/mm}^2$$

$$\frac{M_L}{b \cdot D^2} = \frac{109.7\ (\times 10^6)\ \text{N·mm}}{125\ (\times 10^6)\ \text{mm}^3} = \frac{109.7}{125} = 0.88\ \text{N/mm}^2$$

「長方形柱の断面算定図表（長期）」（付 5·1）より，$\dfrac{N}{b \cdot D}$，$\dfrac{M}{b \cdot D^2}$ の交点の $p_t$ を読みとる．$p_t$ = 0.43 %

2) 柱頭部の短期応力での検討

$$\frac{N_S}{b \cdot D} = \frac{269.4}{250} = 1.08\ \text{N/mm}^2$$

$$\frac{M_S}{b \cdot D^2} = \frac{189.3}{125} = 1.51\ \text{N/mm}^2$$

「長方形柱の断面算定図表（短期）」（付 5·2）より，$p_t$ = 0.45 %

1) での設計 $p_t$ = 0.43 % より大きいので，この値で設計する．

必要鉄筋断面積 $a_t = p_t \cdot b \cdot D = 0.45\ (\times 10^{-2}) \times 2500\ (\times 10^2) = 1125\ \text{mm}^2$

必要鉄筋周長 $\psi = \dfrac{Q_D}{f_a \cdot j} = \dfrac{103.71 \times 10^3\ \text{N}}{3.15\ \text{N/mm}^2 \times 385\ \text{mm}} = 86\ \text{mm}$

付 10 (b) より，4 − D19（1148 mm²，240 mm）

付 9 (b) よりチェック．帯筋 D10，フック先曲げ，4 − D19，最小柱幅 285 mm，設計 500 mm → OK

② $Y$ 方向

柱脚部の短期応力での検討

$$\frac{N_S}{b \cdot D} = \frac{234.7}{250} = 0.94\ \text{N/mm}^2$$

$$\frac{M_S}{b \cdot D^2} = \frac{110.18}{125} = 0.88\ \text{N/mm}^2$$

付 5·2 より，

$p_t$ = 0.21 %

$a_t = 0.21\ (\times 10^{-2}) \times 2500\ (\times 10^2) = 525\ \text{mm}^2$

$\psi = \dfrac{79.43 \times 10^3\ \text{N}}{3.15\ \text{N/mm}^2 \times 385\ \text{mm}} = 65\ \text{mm}$

付 10 (b) より，3 - D19（861 mm², 180 mm）

付 9 (b) よりチェック．帯筋 D10，フック先曲げ，3 - D19，最小柱幅 235 mm，設計 500 mm → OK

③主筋の配筋

・柱主筋の配筋方向は，$X$ 方向の架構応力によって必要となる 4 - D19 は $Y$ 方向に並べる．$Y$ 方向応力によって必要となった 3 - D19 は $X$ 方向に並べる．

```
                    ○           ○○○←X方向に配筋
X方向応力→ ○
                    ○
                    ○
                    ↑           ↑
              Y方向に配筋    Y方向応力
```

・柱の全主筋量が柱断面積の 0.8％以上であるかを検討する．

全主筋 10 - D19 の断面積は，付 10 (b) より 2870 mm² であり，0.8％ × $b \cdot D$ = 2000 mm² 以上あるので OK．

5 帯筋の算定

短期設計用せん断力 $Q_D$ = 103.71 kN で設計する．

$$_sf_s \cdot b \cdot j = 1.05 \times 193 \, (\times 10^3) = 202.7 \text{ kN} > Q_D$$

コンクリートが負担する許容せん断力 $_sf_s \cdot b \cdot j$ を計算した結果，$Q_D$ よりも大きいので，帯筋の計算外規定により設計する．

$p_w$ = 0.2％　D10 □

$$間隔 \; x = \frac{a_w}{p_w \cdot b} = \frac{71 \text{ mm}^2 \times 2 \text{ 本}}{0.2 \times 10^{-2} \times 500 \text{ mm}} = 142 \text{ mm} \rightarrow @100 \text{ mm}$$

【断面・配筋の決定】

4，5 で求めた値を基にして，バランス，計算外規定を考慮して配筋を決める．

主筋は，柱脚から柱頭まで通し同配筋とする．帯筋は D10 で □型，間隔は 142 mm，柱頭・柱脚部は間隔 100 mm 以下の規定を満足させるため，@100 mm とする．

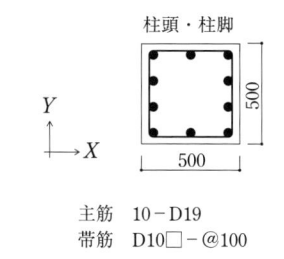

柱頭・柱脚  
主筋　10 - D19  
帯筋　D10□ - @100

# 830 学会規準による付着・定着・継手の検討

「RC 規」に示された学会規準による付着・定着・継手の設計方法について解説する．なお，16 条「付着および継手」，17 条「定着」の許容付着応力度が全面改訂された（1999 年，表 8・6）．

## 831 付着

曲げモーメントを負担する引張鉄筋には，鉄筋とコンクリートとの一体性（付着）が必要である．付着割裂破壊を防ぐためには付着長さを確保することが重要であり，部材端からの設計付着長さ $l_d$（図 8・19）が必要付着長さ $l_{db}$ に部材の有効せい $d$ を加えた値以上であることを確認する．

$$l_d \geq l_{db} + d \quad \cdots\cdots\cdots\cdots\cdots\cdots\cdots\cdots\cdots\cdots\cdots\cdots\cdots\cdots\cdots\cdots\cdots\cdots\cdots\cdots\cdots\cdots\cdots (8 \cdot 8) \text{ 式}$$

## 820 柱断面算定 ₁C₂

$F_c =$ 21 N/mm²　　$_Lf_t =$ 196 N/mm²　　$_Lf_s =$ 0.7 N/mm²　　$_Lf_a =$ 2.1 N/mm²
　　　　　　　　　　$_sf_t =$ 295 N/mm²　　$_sf_s =$ 1.05 N/mm²　　$_sf_a =$ 3.15 N/mm²

### 1 仮定断面諸係数

| | | | |
|---|---|---|---|
| $d = D - 60$ | $j = \frac{7}{8}d$ | 440 | 385 |
| $b \cdot D (\times 10^3)$ | $b \cdot D (\times 10^2)$ | 250 | 2500 |
| $b \cdot D^2 (\times 10^6)$ | $b \cdot j (\times 10^3)$ | 125 | 193 |
| $0.8\% b \cdot D$ | | | 2000 |

### 2 断面・配筋

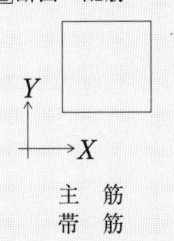

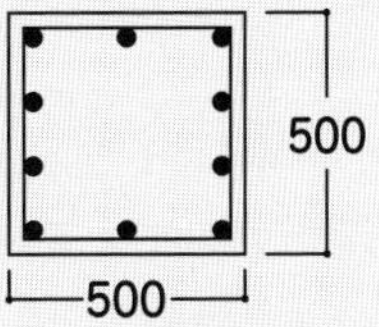

主　筋　10-D19（2870 mm²）
帯　筋　D10□-@100

500 × 500

### 3 設計応力

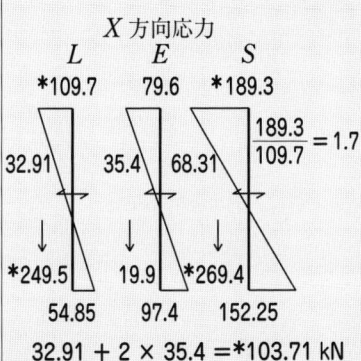

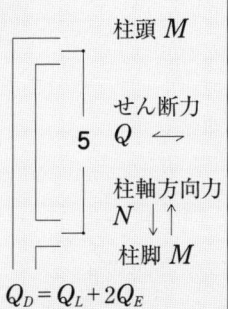

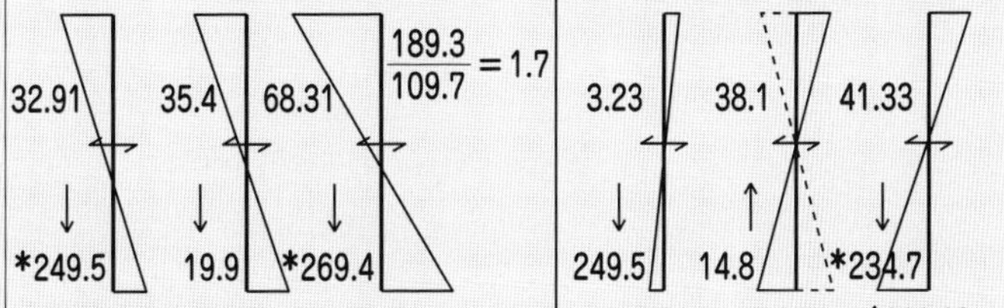

**X方向応力**

| | L | E | S |
|---|---|---|---|
| 柱頭 M | *109.7 | 79.6 | *189.3 |
| せん断力 Q | 32.91 | 35.4 | 68.31 |
| 柱軸方向力 N | *249.5 | 19.9 | *269.4 |
| 柱脚 M | 54.85 | 97.4 | 152.25 |

$\frac{189.3}{109.7} = 1.7$

**Y方向応力**

| | L | E | S |
|---|---|---|---|
| 柱頭 M | 10.76 | 85.7 | 96.46 |
| せん断力 Q | 3.23 | 38.1 | 41.33 |
| 柱軸方向力 N | 249.5 | 14.8 | *234.7 |
| 柱脚 M | 5.38 | 104.8 | *110.18 |

$Q_D = Q_L + 2Q_E$　　X: $32.91 + 2 \times 35.4 = {}^*103.71$ kN　　Y: $3.23 + 2 \times 38.1 = {}^*79.43$ kN

### 4 主筋の算定

| | 柱頭・L | 柱頭・S | 柱脚・S |
|---|---|---|---|
| $\frac{N[\text{N}]}{b \cdot D}$ | $\frac{249.5}{250} = 1.0$ | $\frac{269.4}{250} = 1.08$ | $\frac{234.7}{250} = 0.94$ |
| $\frac{M[\text{N} \cdot \text{mm}]}{b \cdot D^2}$ | $\frac{109.7}{125} = 0.88$ | $\frac{189.3}{125} = 1.51$ | $\frac{110.18}{125} = 0.88$ |
| $p_t [\%]$ | 0.43 | 0.45 | 0.21 |
| $a_t = p_t \cdot b \cdot D$ | | $0.45 \times 2500 = 1125$ mm² | $0.21 \times 2500 = 525$ mm² |
| $\psi = \frac{Q[\text{N}]}{f_a \cdot j}$ | | $\frac{103.71 \times 10^3}{3.15 \times 385} = 86$ mm | $\frac{79.43 \times 10^3}{3.15 \times 385} = 65$ mm |
| $n$ | | 4-D19 | 3-D19 |

### 5 あばら筋の算定

| | | | |
|---|---|---|---|
| $f_s \cdot b \cdot j$ | $1.05 \times 193 = 202.7$ kN $> Q_D$ | | $202.7$ kN $> Q_D$ |
| $p_w [\%]$ | 0.2 | | 0.2 |
| $x = \frac{a_w}{p_w \cdot b}$ | D10□　$x = \frac{71 \times 2}{0.002 \times 500} = 142$ mm | | |

— 15 —

$l_d$：設計付着長さ [mm]
$l_{db}$：必要付着長さ [mm]
$d$：部材有効せい [mm]

【a】必要付着長さ $l_{db}$

$$l_{db} = \frac{\sigma_t \cdot A_s}{K \cdot f_b \cdot \psi} \quad \cdots\cdots (8\cdot9) \text{ 式}$$

$\sigma_t$：付着検定断面位置の長期・短期の鉄筋存在応力度 [N/mm²]．フックを設ける場合は 2/3 倍としてもよい

$$\sigma_t = \frac{M}{j \cdot \Sigma A_s} \quad \cdots\cdots (8\cdot10) \text{ 式}$$

　　$M$　：曲げモーメント [N·mm]

　　$j$　：$j = \frac{7}{8}d$　$d$：部材有効せい [mm]

　　$\Sigma A_s$：上端筋全断面積 [mm²]

$A_s$：主筋断面積 [mm²]
$K$：鉄筋配置と横補強筋（あばら筋，帯筋）による修正係数（≦ 2.5）

　　長期　$K = 0.3 \dfrac{C}{d_b} + 0.4$ $\cdots\cdots$ (8·11) 式

　　短期　$K = 0.3 \left(\dfrac{C + W}{d_b}\right) + 0.4$ $\cdots\cdots$ (8·12) 式

　　$C$：引張鉄筋間のあきまたは最小かぶり厚さの 3 倍のうちの小さい値．ただし，引張鉄筋径の 5 倍以下の値とする

　　$W$：横補強筋効果を表す換算長さ．引張鉄筋径の 2.5 倍以下

$$W = 80 \frac{A_{st}}{s \cdot N} \quad \cdots\cdots (8\cdot13) \text{ 式}$$

　　　　$A_{st}$：付着割裂面を横切る横補強筋 1 組の全断面積 [mm²]
　　　　$s$　：1 組の横補強筋（断面積 $A_{st}$）の間隔 [mm]
　　　　$N$：引張鉄筋本数

　　$d_b$：引張鉄筋径 [mm]

$f_b$：許容付着応力度 [N/mm²]（表 8·6）．多段配筋の一段目（断面外側）以外の鉄筋に対しては 0.6 を乗じる

$\psi$：主筋周長 [mm]

表 8·6 「RC規」16 条，17 条で使用する異形鉄筋のコンクリートに対する許容付着応力度 $f_b$ [N/mm²]

| 普通コンクリート | 長　　期 | | 短　　期 |
|---|---|---|---|
| | 上端筋 | その他の鉄筋 | |
| | $0.8 \times \left(\dfrac{F_c}{60} + 0.6\right)$ | $\dfrac{F_c}{60} + 0.6$ | 長期の 1.5 倍 |

1) 上端筋とは曲げ材にあってその鉄筋の下に 300 mm 以上のコンクリートが打ち込まれる場合の水平鉄筋をいう．
2) $F_c$ はコンクリートの設計基準強度 [N/mm²] を表す．
3) 軽量コンクリートでは本表の値に 0.8 を乗じる．

【b】構造規定
- カットオフ鉄筋は，計算上不要となる断面を超えて部材有効せい $d$ 以上延長する．
- 負曲げモーメントによる引張鉄筋（上端筋）の 1/3 以上は反曲点を超えて有効せい $d$ 以上延長する．ただし，短期応力の存在する部材では 1/3 以上の鉄筋は部材全長に連続，あるいは継手をもって配する．
- 正曲げモーメントによる引張鉄筋（下端筋）の 1/3 以上は部材全長に連続，あるいは継手をもって配する．
- 引張鉄筋の付着長さは 300 mm 以上とする．
- 柱および梁（基礎梁を除く）の出隅部分にはフックを設ける．

## 8.3.2 定着

主筋の仕口への定着では，定着長さ $l_a$ が必要定着長さ $l_{ab}$ 以上であることを確認する．定着長さ $l_a$ は，仕口面から鉄筋端までの直線長さとする（図 8・19）．標準フックを設ける場合には，投影定着長さ $l_{dh}$ を $l_a$ とする（図 8・20）．

$$l_a \geqq l_{ab} \qquad (8 \cdot 14)\text{ 式}$$

【a】直線定着

直線定着における必要定着長さ $l_{ab}$ は，(8・9) 式の付着検討式による．許容付着応力度 $f_b$ は短期付着応力度を用い，割裂の恐れのない仕口に定着する場合には $K = 2.5$ として検討を行う．

【b】フックつき定着

フックつき定着の場合の必要定着長さ $l_{ab}$ は下式により求められる．横補強筋で拘束されたコア内に定着する場合には 0.8 を乗じてよい．

$$l_{ab} = \frac{S \cdot \sigma_t \cdot d_b}{8\,{}_sf_b} \qquad (8 \cdot 15)\text{ 式}$$

- $S$ ：側面のかぶり厚さによる低減係数（表 8・7）
- $\sigma_t$ ：仕口面における鉄筋の存在応力度 [N/mm²]．長期，短期にかかわらず原則として短期許容応力度を用いる
- ${}_sf_b$ ：短期許容付着応力度 [N/mm²]　　${}_sf_b = \dfrac{F_c}{40} + 0.9$
- $d_b$ ：鉄筋径 [mm]

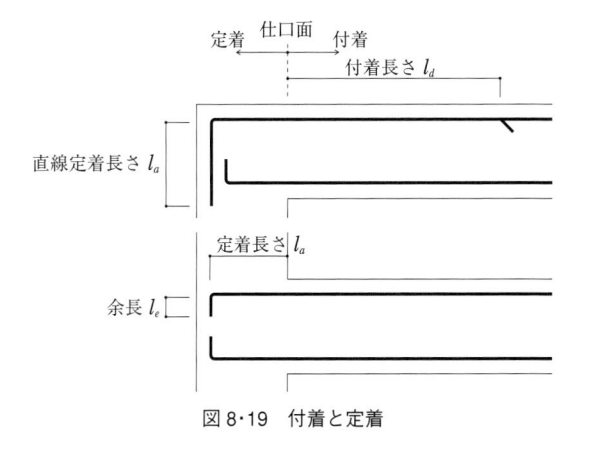

図 8・19　付着と定着

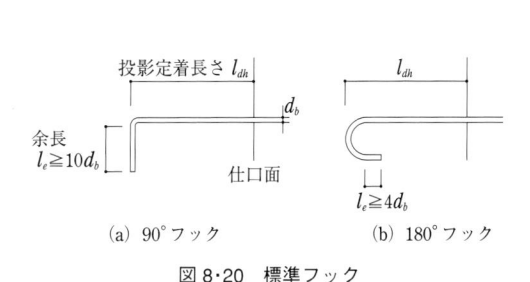

図 8・20　標準フック
(a) 90°フック　　(b) 180°フック

【c】構造規定
- 投影定着長さ $l_{dh}$ は $8d_b$ かつ 150 mm 以上，直線定着の場合は 300 mm 以上とする．
- 梁主筋の柱への定着，柱主筋の梁への定着においては，投影定着長さ $l_{dh}$ は仕口部材断面全せいの 0.75 倍以上とし，接合部側へと折り曲げる（図 8・21）．
- 出隅部における梁上端筋の定着は 90°折り曲げ定着とし，折り曲げ終点部からの余長部直線長さを定着長さとして（8・9）式により求められる必要付着長さ以上とする（図 8・22）．
- 標準フック折り曲げ定着における最小側面かぶり厚さは表 8・8 による．
- 床スラブ・屋根スラブの下端筋の仕口への定着長さは $10d_b$ かつ 150 mm 以上の直線定着，小梁・片持ちスラブの下端筋の仕口への定着長さは $25d_b$ 以上の直線定着または $l_{dh} \geq 10d_b$ の折り曲げ定着としてよい．

【d】設計例

課題Ⅱにおける梁 $_rG_2$ を例に，最上階出隅部への梁上端筋の定着の設計方法を示す．

出隅部における定着は，余長部直線長さを定着長さ $l_a$ とし，次式により求められる必要定着長さ $l_{ab}$ 以上とする．

$$l_{ab} = \frac{\sigma_t \cdot A_s}{K \cdot f_b \cdot \psi}$$

$\sigma_t$：鉄筋の存在応力度（短期の許容応力度）
 SD295　$\sigma_t = 295$ N/mm²
$A_s$：主筋断面積　D22　$A_s = 387$ mm²
$K$：修正係数　帯筋内に定着（割裂の恐れなし）　$K = 2.5$
$f_b$：許容付着応力度（短期）　132 より $f_b = 1.425$ N/mm²（$F_c = 21$，上端筋）
$\psi$：主筋周長　D22　$\psi = 70$ mm

必要定着長さ $l_{ab}$ を求め，設計定着長さ $l_a$ を決定する（図 8・23）．

$$l_{ab} = \frac{295 \text{ N/mm}^2 \times 387 \text{ mm}^2}{2.5 \times 1.425 \text{ N/mm}^2 \times 70 \text{ mm}} = 458 \text{ mm} \rightarrow 設計定着長さ \quad l_a = 500 \text{ mm}$$

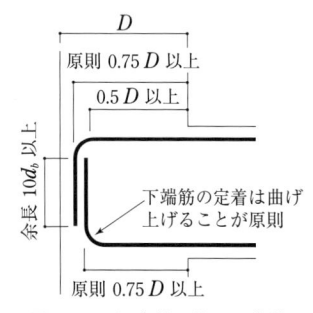

図 8・21　梁主筋の柱への定着

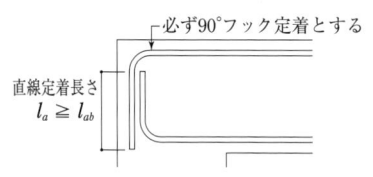

図 8・22　出隅部梁上端筋の定着

表 8・7　側面のかぶり厚さによる低減係数 S

| かぶり厚さ | <2.5 $d_b$ | 2.5 $d_b$～ | 3.5 $d_b$～ | 4.5 $d_b$～ | 5.5 $d_b$～ |
|---|---|---|---|---|---|
| 低減係数 $S$ | 1.0 | 0.9 | 0.8 | 0.7 | 0.6 |

表 8・8　最小側面かぶり厚さ

| $F_c$ | 鉄筋種別 | | |
|---|---|---|---|
| | SD295 | SD345 | SD390 |
| 18 以上 | 4.5 (2.5) $d_b$ | 5.5 (4) $d_b$ | — |
| 21 以上 | | | |
| 24 以上 | 3.5 (1.5) $d_b$ | 4.5 (3) $d_b$ | 5.5 (4) $d_b$ |
| 27 以上 | | | |
| 30 以上 36 未満 | 2.5 (1.5) $d_b$ | 4 (2) $d_b$ | 5 (3.5) $d_b$ |

（　）内は折曲げ部が横補強筋で拘束された接合部内に定着される時

### 8.3.3 継手

継手に関する構造規定は以下の通りである．

・D35 以上の鉄筋には原則として重ね継手を用いない．
・鉄筋継手は部材応力，鉄筋応力の小さい箇所に設ける．
・重ね継手長さは（8·9）式により，鉄筋降伏強度に対する必要付着長さ以上とする．
・同一断面で全数継手としない．
・重ね継手は曲げひび割れが生じる部位には設けない．
・溶接金網の重ね継手では，溶接最外端の横筋間で測った重ね長さを横筋間隔 + 50 mm 以上，かつ 150 mm 以上とする．
・圧縮筋の重ね継手は（8·9）式において $K = 2.8$ として求めた重ね継手長さ以上とする．ただし，200 mm および鉄筋径の 20 倍を下回る長さとしてはならない．

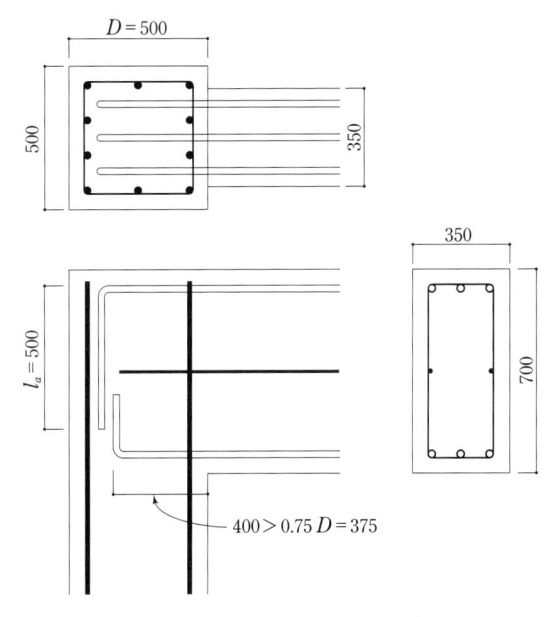

図 8·23 梁 $_rG_2$ における梁主筋の定着

## コラム❻ 鉄筋とコンクリートの応力分担

RC 柱 $C_1$（図1）に，荷重 $P = 3500$ kN が作用した場合の鉄筋とコンクリートの分担力，応力度分担比を求める．材料の諸係数を表1に，応力度―ひずみ曲線を図2に示す．

■記号

ヤング係数 $E$：弾性体の垂直応力度 $\sigma$ と縦ひずみ度 $\varepsilon$ との比［N/mm²］

$$E = \frac{\sigma}{\varepsilon} = \frac{\frac{N}{A}}{\frac{\Delta l}{l}} = \frac{N \cdot l}{A \cdot \Delta l} \quad \varepsilon = \frac{\sigma}{E}$$

$\sigma$：応力度　$N$：応力　$A$：断面積
$\varepsilon$：ひずみ度　$l$：材長　$\Delta l$：ひずみ

■■計算

鉄筋とコンクリートのひずみ $\Delta l$，ひずみ度 $\varepsilon$ が等しい．

$$\frac{\sigma_s}{E_s} = \frac{\sigma_c}{E_c} \quad \sigma_s = \frac{E_s}{E_c} \cdot \sigma_c = n \cdot \sigma_c = 10\sigma_c$$

$n$：ヤング係数比　$n = \dfrac{E_s}{E_c} \fallingdotseq 10$

鉄筋に生じる応力度はコンクリート応力度の 10 倍（$n$ 倍）となる．

したがって，

コンクリートが負担する応力 $N_c = \sigma_c \cdot A_c$

鉄筋が負担する応力 $N_s = n \cdot \sigma_c \cdot a_s$

$$N = N_c + N_s = \sigma_c \cdot A_c + n \cdot \sigma_c \cdot a_s$$
$$= \sigma_c(A_c + n \cdot a_s) = \sigma_c \cdot A_e$$

ただし，$A_e = A_c + n \cdot a_s = 250000 + 10 \times 2870$
$= 278700$ mm²

$A_e$：等価断面積．鉄筋の断面積はコンクリート断面積の $n$ 倍（10倍）となる

【分担力の計算】

$$P = N = 3500 \text{ kN} = \sigma_c \cdot A_e$$

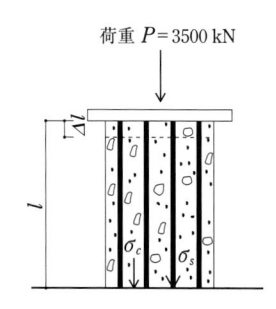

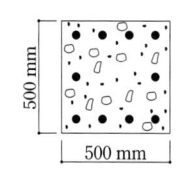

荷重 $P = 3500$ kN

鉄筋 10−D19　　　　断面積 $a_s = 2870$ mm²
コンクリート 500 mm × 500 mm　　断面積 $A_c = 250000$ mm²

図1　柱断面

〈コンクリート〉

$$\sigma_c = \frac{N}{A_e} = \frac{3500000 \text{ N}}{278700 \text{ mm}^2} = 12.558 \text{ N/mm}^2$$

$$< f_c = 14 \text{ N/mm}^2 \qquad \frac{\sigma_c}{f_c} = 0.9$$

$$N_c = \sigma_c \cdot A_c = 12.558 \text{ N/mm}^2 \times 250000 \text{ mm}^2$$
$$= 3139500 \text{ N} \to 3140 \text{ kN}$$

〈鉄筋〉

$$N_s = n \cdot \sigma_c \cdot a_s = 10 \times 12.558 \text{ N/mm}^2 \times 2870 \text{ mm}^2$$
$$= 360415 \text{ N} \to 360 \text{ kN}$$

$$\sigma_s = \frac{N_s}{a_s} = \frac{360415 \text{ N}}{2870 \text{ mm}^2} = 125.58 \text{ N/mm}^2$$

$$< f_s = 295 \text{ N/mm}^2 \qquad \frac{\sigma_s}{f_s} = 0.43$$

■■■まとめ

ヤング係数比 $n$ は，応力計算では $n = 10$ を用いる．断面算定では，コンクリート強度によるヤング係数の変化やコンクリートのクリープを考慮して $n = 15$ として設計する．

| 材料 | 断面積 | 比 | 分担力 | 比 | 応力度 | 比 | $\sigma / f$ | |
|---|---|---|---|---|---|---|---|---|
| コンクリート | 250000 mm$^2$ | 99 | 3140 kN | 9 | 12.558 N/mm$^2$ | 1 | 0.9 | 余裕なし |
| 鉄筋 | 2870 mm$^2$ | 1 | 360 kN | 1 | 125.58 N/mm$^2$ | 10 | 0.43 | 余裕あり |

表1　材料のヤング係数，許容応力度

| 材料 | ヤング係数 | ヤング係数比 | 短期許容圧縮応力度 | 許容応力度比 |
|---|---|---|---|---|
| コンクリート $F_c = 21$ | $E_c = 2.15 \times 10^4$ N/mm$^2$ | $n = \dfrac{E_s}{E_c} \fallingdotseq 10$ | $f_c = 14$ N/mm$^2$ | $\dfrac{f_s}{f_c} = 21$ |
| 鉄筋 SD295A | $E_s = 2.1 \times 10^5$ N/mm$^2$ | | $f_s = 295$ N/mm$^2$ | |

図 2-1　鋼材の応力度-ひずみ曲線

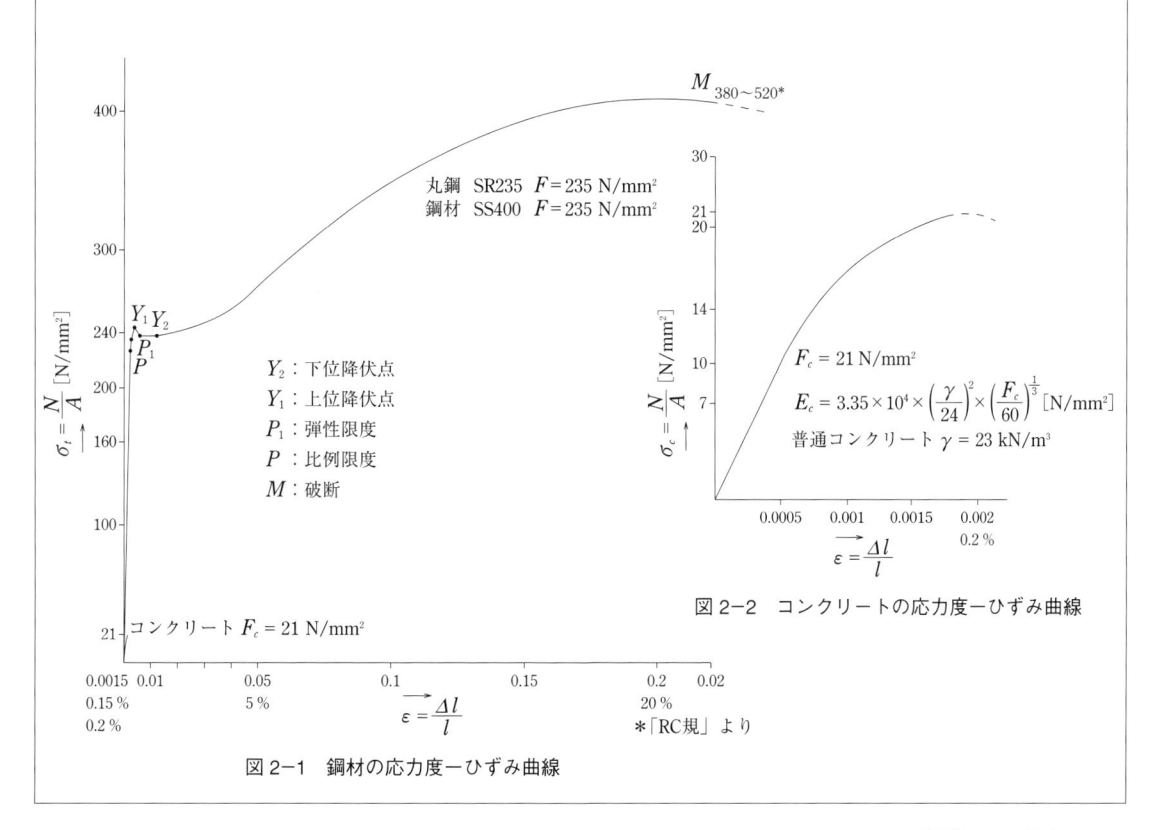

図 2-2　コンクリートの応力度-ひずみ曲線

# 900 スラブ・階段設計

## 910 スラブ設計

　床スラブは，積載荷重，固定荷重を支えるだけでなく，地震力を梁，柱，耐震壁に伝達しなければならない．したがって，スラブには強度と剛性が必要であり，剛床の確保のため，吹抜けや階段等により柱が孤立するような構造計画は行ってはならない．

### 911 スラブ厚さ

　床スラブの厚さ $t$ は表9・1に示す値以上，かつ80 mm 以上で，施工条件を考慮して，通常 130 mm 以上を採用する．ただし，スラブの長さは内法寸法であるため，スパンから梁幅を差し引いて求める．

　なお，マンションの床は騒音防止等のためにスラブ厚さを大きくとっている．

### 912 スラブ応力

　4辺固定スラブの応力は，1 m 幅あたり，$x$，$y$，2方向の曲げモーメントを次式で求める．なお，周辺よりの $l_x/4$ 幅の部分については，周辺に平行な方向の $M_x$，$M_y$ の値を 1/2 とすることができる（図9・1）．

・短辺 $x$ 方向の曲げモーメント

$$両端最大負曲げモーメント \quad M_{x1} = -\frac{1}{12} w_x \cdot l_x^2 \quad \cdots\cdots (9\cdot3) 式$$

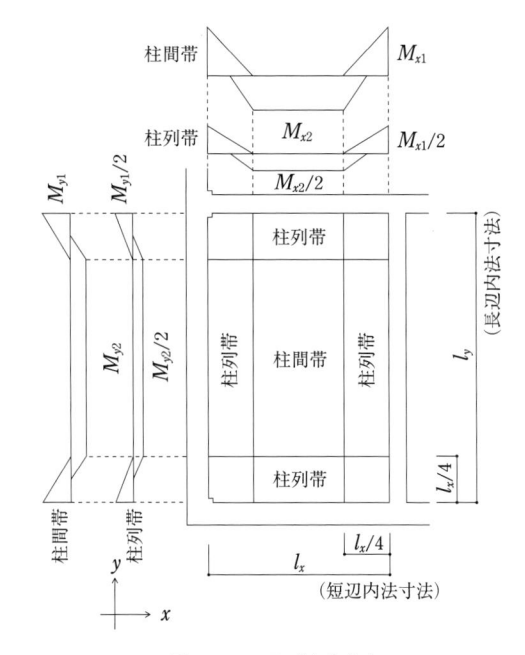

図9・1　スラブ応力分布

表9・1　スラブ厚さ

| 支持条件 | スラブ厚さ $t$ [mm] | |
|---|---|---|
| 周辺固定 | $t = 0.02\left(\dfrac{\lambda - 0.7}{\lambda - 0.6}\right)\left(1 + \dfrac{w_p}{10} + \dfrac{l_x}{10000}\right)l_x$ | $(9\cdot1)$ 式 |
| 片持ち | $t = \dfrac{l_x}{10}$ | $(9\cdot2)$ 式 |

1) $\lambda = \dfrac{l_y}{l_x}$　$l_x$：短辺有効スパン [mm]，$l_y$：長辺有効スパン [mm]
　　ただし，有効スパンとは，梁，その他支持部材間の内法寸法をいう．
2) $w_p$：積載荷重と仕上荷重との和 [kN/m²]
3) 片持スラブの厚さは支持端について制限する．その他の部分の厚さは適当に低減してよい．
4) 鉄筋軽量コンクリート床スラブでは表に示す値の 1.1 倍以上かつ 100 mm 以上とする．

（「RC規」表10等に基づく）

中央部最大正曲げモーメント $M_{x2} = \dfrac{1}{18} w_x \cdot l_x^2$ ……………………………………(9・4) 式

・長辺 $y$ 方向の曲げモーメント

両端最大負曲げモーメント $M_{y1} = -\dfrac{1}{24} w \cdot l_x^2$ ………………………………(9・5) 式

中央部最大正曲げモーメント $M_{y2} = \dfrac{1}{36} w \cdot l_x^2$ ………………………………(9・6) 式

$l_x$：短辺有効スパン [m]
$l_y$：長辺有効スパン [m]
$w$：単位面積あたりの全荷重 [kN/m²]

$$w_x = \dfrac{l_y^4}{l_x^4 + l_y^4} w \cdots\cdots\cdots\cdots\cdots\cdots\cdots\cdots\cdots\cdots\cdots\cdots\cdots\cdots\text{(9・7) 式}$$

## 913 スラブ筋算定

断面算定は，釣合鉄筋比以下の梁と考え，一般式は次式となる．なお，せん断力による付着の検討は，倉庫またはべた基礎のスラブのように荷重が特に大きい場合に行う．

$$a_t = \dfrac{1000 M}{f_t \cdot j} \cdots\cdots\cdots\cdots\cdots\cdots\cdots\cdots\cdots\cdots\cdots\cdots\cdots\cdots\text{(9・8) 式}$$

$a_t$：スラブ 1 m 幅の引張鉄筋断面積 [mm²]
$M$：曲げモーメント [kN・m]
$f_t$：鉄筋の許容引張応力度 [kN/mm²]
$j$：応力中心距離 [mm]　$j = \dfrac{7}{8} d$　$d = t - 40\,\text{mm}$

スラブ筋は，通常 SD295（$f_t = 196\,\text{N/mm}^2 = 0.196\,\text{kN/mm}^2$）の D10，D13 を使用する．この場合の必要な鉄筋の間隔 $b$ は次式より算定する．

基本式　$b = \dfrac{1000}{\dfrac{a_t}{a_1}} = \dfrac{a_1 \cdot f_t \cdot \dfrac{7}{8} d}{M} = \dfrac{0.196\,\text{kN/mm}^2 \times \dfrac{7}{8} d \cdot a_1}{M} = \dfrac{0.171\,d \cdot a_1}{M}$ ……………(9・9) 式

D10 （$a_1 = 71\,\text{mm}^2$）　$b = \dfrac{12.1 d}{M}$ ……………………………………………(9・10) 式

D13 （$a_1 = 127\,\text{mm}^2$）　$b = \dfrac{21.7 d}{M}$ ……………………………………………(9・11) 式

D10，D13 交互　$b = \dfrac{16.9 d}{M}$ ……………………………………………(9・12) 式

## 914 スラブ筋の計算外規定

1 引張鉄筋の間隔

短辺方向の引張鉄筋の間隔は 200 mm 以下とし，長辺方向の引張鉄筋の間隔は 300 mm 以下，かつスラブ厚さの 3 倍以下とする．

最大間隔 $b' = 500 \times \dfrac{a_1}{t}$

2 鉄筋全断面積

鉄筋全断面積は，コンクリート全断面積の 0.2％以上とする．ダブル配筋の場合には，検討の必要はない．

## 915 スラブ配筋のポイント

1 D10 と D13 を混用

D10 だけを使用すると，工事中に配筋が乱れやすく，適正な有効せいや間隔を保ちにくいので，特に上端筋については D13 を混用する．

2 スラブ標準配筋リスト（表9・2, 9・3）

構造計算によって算出された主筋の径，ピッチに基づき，施工を考慮して，表9・2「スラブ標準配筋リスト」より間隔の小さいタイプを選ぶ．近年ではベンド筋による配筋は少なく，表9・3「スラブ標準ダブル配筋リスト」が主流である．

表9・2 スラブ標準配筋リスト　　　　　$t = 130 \sim 150$ mm

| タイプ | 位置 | 短辺方向の主筋 | | 長辺方向の主筋 | |
|---|---|---|---|---|---|
| | | 端部 | 中央部 | 端部 | 中央部 |
| I | 上端筋 | D10, D13 - @200 | | D10, D13 - @250 | |
| | 下端筋 | D10 - @400 | D10 - @200 | D10 - @500 | D10 - @250 |
| II | 上端筋 | D10, D13 - @150 | | D10, D13 - @250 | |
| | 下端筋 | D10 - @300 | D10 - @150 | D10 - @500 | D10 - @250 |
| III | 上端筋 | D13 - @200 | | D13 - @250 | |
| | 下端筋 | D10 - @400 | D10 - @200 | D10 - @500 | D10, D13 - @250 |
| IV | 上端筋 | D13 - @150 | | D13 - @200 | |
| | 下端筋 | D10 - @300 | D10 - @150 | D10 - @400 | D10 - @200 |

表9・3 スラブ標準ダブル配筋リスト　　　　　$t = 130 \sim 150$ mm

| タイプ | 位置 | 短辺方向の主筋 | 長辺方向の主筋 |
|---|---|---|---|
| I | 上端筋 | D10, D13 - @200 | D10, D13 - @300 |
| | 下端筋 | D10 - @200 | D10 - @300 |
| II | 上端筋 | D10, D13 - @150 | D10, D13 - @250 |
| | 下端筋 | D10 - @150 | D10 - @250 |
| III | 上端筋 | D10, D13 - @200 | D10, D13 - @300 |
| | 下端筋 | D10, D13 - @200 | D10 - @300 |
| IV | 上端筋 | D13 - @200 | D13 - @300 |
| | 下端筋 | D13 - @200 | D13 - @300 |
| V | 上端筋 | D13 - @150 | D13 - @250 |
| | 下端筋 | D13 - @150 | D13 - @250 |

---

構造計算書II演習例 p.16

900 解説●スラブ設計の順序とポイント

4辺固定スラブ $S_1$ を設計する．

1 設計条件

1) 床設計用荷重（→ 320）床用　$w = 8500$ N/m² $= 8.5$ kN/m²

# 900 スラブ設計

**1 設計条件**　$S_1$

床設計用荷重 $w =$ 8500 N/m² = 8.5 kN/m²

スラブ厚 $t =$ 140 mm

スラブ厚検討用荷重 $w_p = w - 24 \times t =$ 8500 $- 24 \times$ 140
　　　　　　　　　　＝ 5140 N/m² = 5.14 kN/m²

短辺有効スパン $l_x = \left(4000 + \dfrac{500}{2}\right) - 350 - \dfrac{350}{2}$
　　　　　　　　＝ 3725 mm

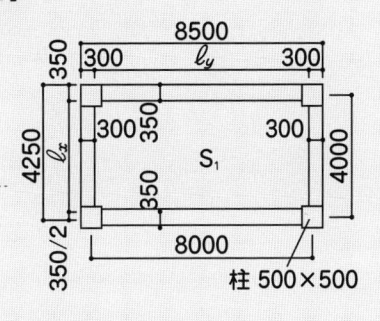

長辺有効スパン $l_y = (8000 + 500) - 300 \times 2 =$ 7900 mm

$$\lambda = \dfrac{l_y}{l_x} = \dfrac{7900}{3725} =\ 2.12$$

**2 スラブ厚の検討**

$$t = 0.02 \left(\dfrac{\lambda - 0.7}{\lambda - 0.6}\right)\left(1 + \dfrac{w_p}{10} + \dfrac{l_x}{10000}\right) l_x$$

$$= 0.02 \times \left(\dfrac{2.12 - 0.7}{2.12 - 0.6}\right) \times \left(1 + \dfrac{5.14}{10} + \dfrac{3725}{10000}\right) \times 3725 =\ 131.3\ \text{mm}$$

→ 設計 140 mm

**3 スラブ応力の算定**

$$w_x = \dfrac{l_y^4}{l_x^4 + l_y^4} w = \dfrac{7.9^4}{3.725^4 + 7.9^4} \times 8.5\ \text{kN/m}^2 =\ 8.1\ \text{kN/m}^2$$

短辺方向　両端　$M_{x1} = -\dfrac{1}{12} w_x \cdot l_x^2 = -\dfrac{1}{12} \times 8.1 \times 3.725^2 = -9.37$ kN·m

　　　　　中央　$M_{x2} = \dfrac{1}{18} w_x \cdot l_x^2 = \dfrac{1}{18} \times 8.1 \times 3.725^2 = 6.24$ kN·m

長辺方向　両端　$M_{y1} = -\dfrac{1}{24} w \cdot l_x^2 = -\dfrac{1}{24} \times 8.5 \times 3.725^2 = -4.91$ kN·m

　　　　　中央　$M_{y2} = \dfrac{1}{36} w \cdot l_x^2 = \dfrac{1}{36} \times 8.5 \times 3.725^2 = 3.28$ kN·m

**4 スラブ筋の算定**

$d = t - 40$ mm = 140 $- 40 =$ 100 mm

短辺方向　両端　D10, D13交互　$b = \dfrac{16.9\ d}{M_{x1}} = \dfrac{16.9 \times 100}{9.37} =$ 180 mm
　　　　　　　　　　　　　　　→設計 150 mm

　　　　　中央　D10　$b = \dfrac{12.1\ d}{M_{x2}} = \dfrac{12.1 \times 100}{6.24} =$ 194 mm
　　　　　　　　　　　→設計 150 mm

長辺方向　両端　D10, D13交互　$b = \dfrac{16.9\ d}{M_{y1}} = \dfrac{16.9 \times 100}{4.91} =$ 344 mm
　　　　　　　　　　　　　　　→設計 250 mm

　　　　　中央　D10　$b = \dfrac{12.1\ d}{M_{y2}} = \dfrac{12.1 \times 100}{3.28} =$ 369 mm
　　　　　　　　　　　→設計 250 mm

2) スラブ厚検討用荷重 $w_p$ は，仕上げと積載荷重の重量で，床用 $w$ からスラブ重量を差し引いて求める．③⑩屋上の固定荷重計算より，

$$w_p = w \text{ [N/m}^2\text{]} - 24 \text{ [N/m}^2\text{/mm]} \times t \text{ [mm]} = 8500 - 24 \times 140 = 5140 \text{ N/m}^2$$
$$= 5.14 \text{ kN/m}^2$$

3) 有効スパン $l_x$，$l_y$ の計算

梁に囲まれたスラブの設計用のスパンは，梁幅を差し引いた有効（内法）スパンによる．

　　柱幅 500 mm　　梁幅 350 mm，300 mm

短辺有効スパン $l_x = \left(4000 + \dfrac{500}{2}\right) - 350 - \dfrac{350}{2} = 3725$ mm

長辺有効スパン $l_y = (8000 + 500) - 300 \times 2 = 7900$ mm

$$\lambda = \frac{l_y}{l_x} = \frac{7900}{3725} = 2.12$$

**2** スラブ厚の検討

荷重は kN/m²，長さ・厚さは mm 単位で計算する．

$$\text{スラブ厚 } t = 0.02\left(\frac{\lambda - 0.7}{\lambda - 0.6}\right)\left(1 + \frac{w_p}{10} + \frac{l_x}{10000}\right)l_x$$

$$= 0.02 \times \left(\frac{2.12 - 0.7}{2.12 - 0.6}\right) \times \left(1 + \frac{5.14 \text{ kN/m}^2}{10} + \frac{3725 \text{ mm}}{10000}\right) \times 3725 \text{ mm}$$

$$= 131.3 \text{ mm} \rightarrow 設計 140 \text{ mm}$$

**3** スラブ応力の算定

荷重は kN/m²，長さは m 単位，したがって応力は kN·m 単位で求める．

$$w_x = \frac{l_y^4}{l_x^4 + l_y^4}\, w = \frac{7.9^4 \text{ m}^4}{3.725^4 \text{ m}^4 + 7.9^4 \text{ m}^4} \times 8.5 \text{ kN/m}^2 = 0.95 \times 8.5 = 8.1 \text{ kN/m}^2$$

〈応力算定〉

・短辺方向の両端部応力

$$M_{x1} = -\frac{1}{12}\, w_x \cdot l_x^2 = -\frac{1}{12} \times 8.1 \text{ kN/m}^2 \times 3.725^2 \text{ m}^2 = -9.37 \text{ kN·m}$$

・短辺方向の中央部応力

$$M_{x2} = \frac{1}{18}\, w_x \cdot l_x^2 = \frac{1}{18} \times 8.1 \text{ kN/m}^2 \times 3.725^2 \text{ m}^2 = 6.24 \text{ kN·m}$$

・長辺方向の両端部応力

$$M_{y1} = -\frac{1}{24}\, w \cdot l_x^2 = -\frac{1}{24} \times 8.5 \text{ kN/m}^2 \times 3.725^2 \text{ m}^2 = -4.91 \text{ kN·m}$$

・長辺方向の中央部応力

$$M_{y2} = \frac{1}{36}\, w \cdot l_x^2 = \frac{1}{36} \times 8.5 \text{ kN/m}^2 \times 3.725^2 \text{ m}^2 = 3.28 \text{ kN·m}$$

**4** スラブ筋の算定

　　有効せい $d = t$ [mm] $- 40$ mm $= 140 - 40 = 100$ mm

(9·10) 式，(9·12) 式より，鉄筋間隔 $b$ を算定する．鉄筋間隔は，両端と中央をあわせるようにする．

・短辺方向

両端　D10, D13 交互　　$b = \dfrac{16.9\,d}{M_{x1}} = \dfrac{16.9 \times 100\ \text{mm}}{9.37\ \text{kN·m}} = 180 \rightarrow$ 設計 150 mm

中央　D10　　　　　　$b = \dfrac{12.1\,d}{M_{x2}} = \dfrac{12.1 \times 100\ \text{mm}}{6.24\ \text{kN·m}} = 194 \rightarrow$ 設計 150 mm

・長辺方向

両端　D10, D13 交互　　$b = \dfrac{16.9\,d}{M_{y1}} = \dfrac{16.9 \times 100\ \text{mm}}{4.91\ \text{kN·m}} = 344 \rightarrow$ 設計 250 mm

中央　D10　　　　　　$b = \dfrac{12.1\,d}{M_{y2}} = \dfrac{12.1 \times 100\ \text{mm}}{3.28\ \text{kN·m}} = 369 \rightarrow$ 設計 250 mm

# 920 階段設計

【a】標準階段

階段の構造形式としては，壁から段を持ち出した①片持式階段と，踊り場・踏面を板とした②床板式階段が多く採用されている．

【b】標準設計

2種類の階段について，その構造形式別，規模別の板厚，配筋を示した構造基準図によって設計すれば安全である．なお詳細は『実務から見たRC構造設計』（上野嘉久著／学芸出版社）の **900** を参照されたい．

①片持式階段で $l \leqq 1.2\ \text{m}$ の場合　「片持式階段Ⅰ」（図9·2）

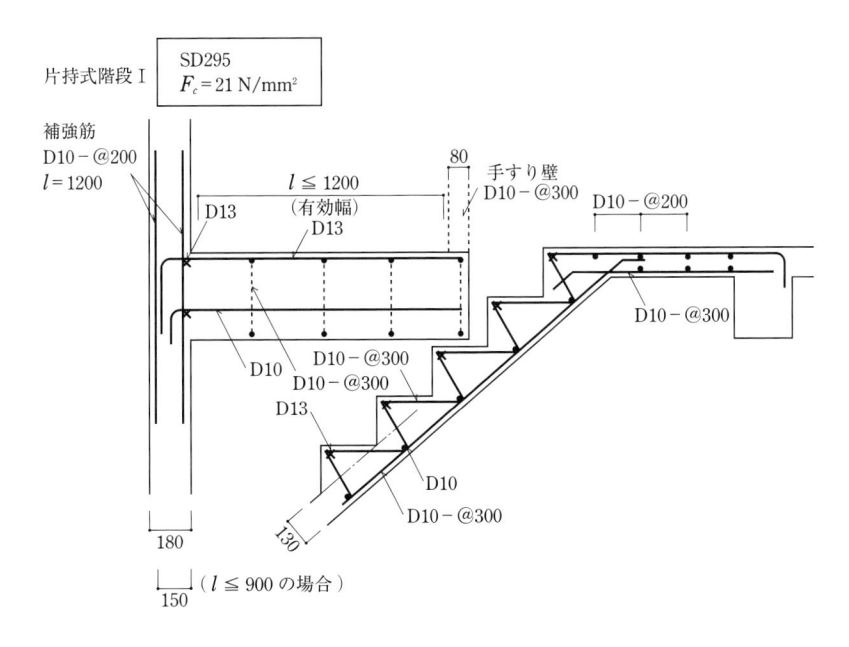

図9·2　片持式階段の配筋図

②床板式階段で $l \leqq 3.8$ m の場合　「床板式階段Ⅲ」（図 9·3）

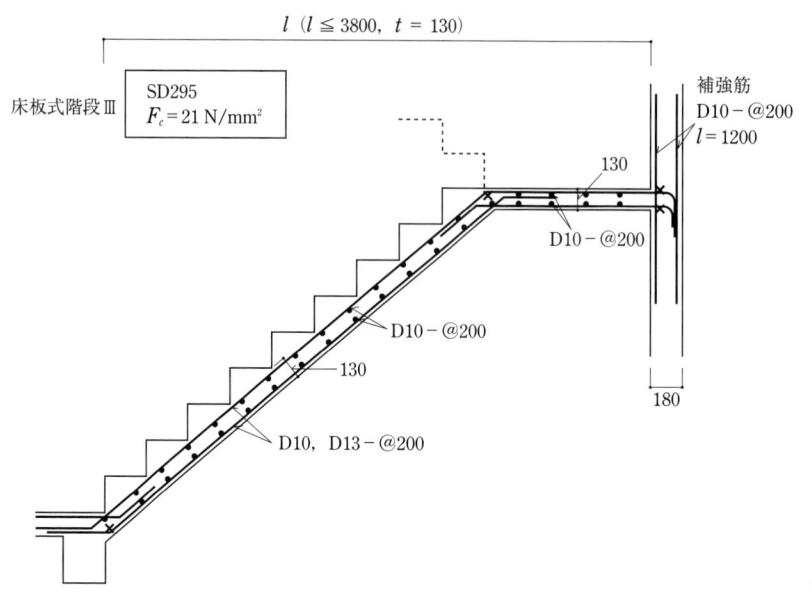

図 9·3
床板式階段の配筋図

## コラム ❼

## SI 単位について

　ニュートンの法則では，力＝質量×加速度である．日本の重力単位系＝工学単位（重力加速度を加味した単位）では，質量（単位：kg）と力（荷重・重量）（単位：kgf, tf（f は力＝force））は区別されずに用いられてきた．それに対して，国際単位系＝SI 単位（System International d'Unites）では明確に区別され，質量 1 kg の物質に 1 m/s² の加速度を生じさせる力を 1 N（ニュートン）と規定している．したがって，工学単位の力 1 kgf は質量 1 kg の物質に地球上の重力加速度 $g$ ＝ 9.80665 m/s² ≒ 9.8 m/s² が作用している力であり，これを SI 単位では，9.8 N と表す．

　したがって，工学単位の SI 単位への換算は，換算係数 $g_c$ ＝ 9.80665 ≒ 9.8 を乗じて換算する．

　なお，実務上は四捨五入した $g_c$ ＝ 10 を乗じる（1 桁増す）．2 ％の誤差であり，構造設計の誤差範囲内と考えられる．

$$1 \text{ kgf} = g_c \text{ N} = 9.8 \text{ N} \rightarrow 10 \text{ N}$$
$$1 \text{ tf} = 1 \times 10^3 \text{ kgf} = g_c \times 10^3 \text{ N} = 9.8 \times 10^3 \text{ N}$$
$$\rightarrow 10 \times 10^3 \text{ N} = 10 \text{ kN}$$
　　　　　　　　　↑
　　　　　　　　k（キロ）

# 1000 基礎設計

基礎は建物の重量を大地に伝えるもので，直接基礎（基礎スラブから直接地盤に伝える）と杭基礎（杭を介して地盤に伝える）に分類することができる（図10·1）．地盤の種類と支持地盤の深さおよび建物規模・用途によって，その地盤に適した基礎形式を採用する．なお，地盤の許容応力度（地耐力）は，地盤の種類に応じた値を採用することができる（表1·1）．

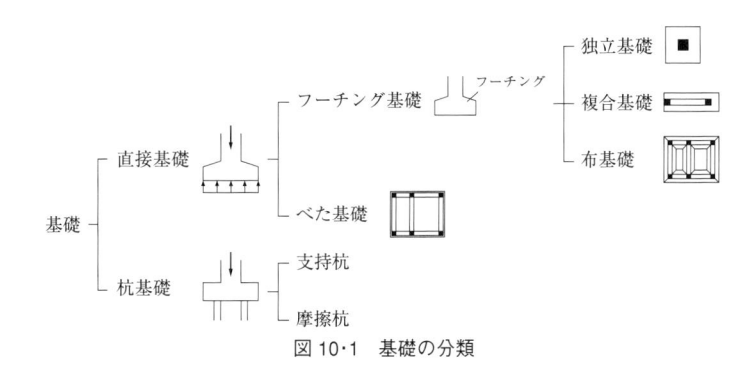

図10·1 基礎の分類

## 1010 直接独立基礎の設計

### 1 設計条件

基礎設計用の柱軸方向力は，**410**で算定済みの柱脚用の値で設計する．基礎設計は，短期の地耐力値が長期の2倍であるため，特殊な場合を除いて長期で設計する．

### 2 基礎スラブ底面積の算定

基礎底面積は，基礎自重を含めた柱軸方向力 $N$ を地耐力 $f_e$ で除せば求められる．しかし，基礎自重は基礎寸法が決まらないと正確に求められない．そこで，次の有効許容地耐力 $f_e'$ を求めて基礎自重を含まない柱軸方向力 $N'$ によって算定する．

$$f_e' = f_e - 20 \times D_f \quad \cdots\cdots (10\cdot1)\ \text{式}$$

$$A' \geq \frac{N'}{f_e'} \quad \cdots\cdots (10\cdot2)\ \text{式}$$

ここで，基礎スラブ底面積 $A$ を $A \geq A'$ として仮定すると，

$$\sigma' = \frac{N'}{A} \quad \cdots\cdots (10\cdot3)\ \text{式}$$

$f_e'$：有効許容地耐力［kN/m²］
$f_e$：許容地耐力［kN/m²］
20：基礎および埋戻し土の平均単位容積重量［kN/m³］

$D_f$：地盤面から基礎スラブ底面までの深さ［m］
　　（図 10・2）
$\sigma'$：地反力［kN/m²］
$N'$：フーチングに作用する柱軸方向力．基礎自重は含まない［kN］
$A$：基礎スラブの底面積［m²］
　　$A = l \cdot l'$
　　$l, l'$：基礎スラブの一辺長さ［m］

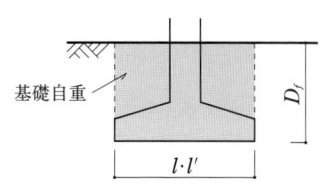

図 10・2　基礎自重に算入すべき範囲

**3 基礎スラブ筋の設計**

基礎スラブ筋設計の応力計算では，基礎自重を含まない $N'$ によって柱からの持出し板と考えた場合のせん断力 $Q_F$ と曲げモーメント $M_F$ を求める（図 10・3）．

スラブ筋の断面算定は，曲げモーメントより主筋断面積 $a_t$ とせん断力より主筋周長 $\psi$ を求め，スラブ筋本数を決定する．なお，スラブ筋の本数は 200 〜 250 mm 以下のピッチとなるように決める．

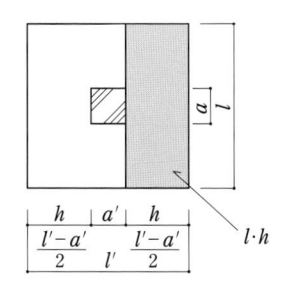

図 10・3　基礎スラブ筋算定断面

①応力算定

　計算式（図 10・3）

$$Q_F = \sigma' \cdot l \cdot h \quad \cdots\cdots\cdots (10 \cdot 4)\text{ 式}$$

$$M_F = Q_F \cdot \frac{h}{2} \quad \cdots\cdots\cdots (10 \cdot 5)\text{ 式}$$

②断面算定

$$\psi = \frac{Q_F}{f_a \cdot j} \quad \cdots\cdots\cdots (10 \cdot 6)\text{ 式}$$

$$a_t = \frac{M_F}{f_t \cdot j} \quad \cdots\cdots\cdots (10 \cdot 7)\text{ 式}$$

　　$\psi$：主筋周長［mm］
　　$f_a$：鉄筋の許容付着応力度［N/mm²］
　　$j$：$j = \frac{7}{8}d$（$d = D - 90$［mm］，$D$：スラブ厚さ）
　　$a_t$：主筋の断面積［mm²］
　　$f_t$：鉄筋の許容引張応力度［N/mm²］

**4 せん断力およびパンチングシヤーの検討**

上記のせん断力 $Q_F$ および柱直下のパンチングシヤーについて (10・8) 〜 (10・12) 式で検討する．小規模建物の基礎については検討を省略する（図 10・4）．

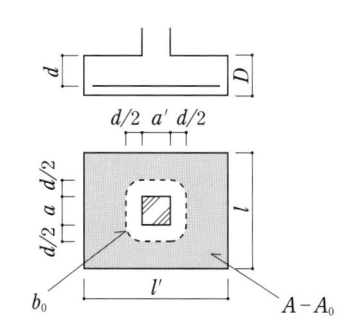

図 10・4　パンチングシヤー検討用断面

$$\frac{Q_F}{l \cdot j} \leq f_s \quad \cdots\cdots\cdots (10 \cdot 8)\text{ 式}$$

$$\frac{Q_{PD}}{1.5 b_0 \cdot j} \leq f_s \quad \cdots\cdots\cdots\cdots\cdots\cdots\cdots\cdots\cdots\cdots\cdots\cdots\cdots\cdots\cdots\cdots\cdots\cdots\cdots\cdots\cdots (10\cdot9) \text{式}$$

$$Q_{PD} = N' \cdot \frac{A - A_0}{A} = \sigma'(A - A_0) \quad \cdots\cdots\cdots\cdots\cdots\cdots\cdots\cdots\cdots\cdots\cdots (10\cdot10) \text{式}$$

$$A_0 = \frac{\pi}{4} d^2 + (a + a')d + a \cdot a' \quad \cdots\cdots\cdots\cdots\cdots\cdots\cdots\cdots\cdots\cdots\cdots (10\cdot11) \text{式}$$

$$b_0 = 2(a + a') + \pi \cdot d \quad \cdots\cdots\cdots\cdots\cdots\cdots\cdots\cdots\cdots\cdots\cdots\cdots\cdots\cdots\cdots (10\cdot12) \text{式}$$

$j$ ：（10·6）式に同じ

$f_s$ ：コンクリートの許容せん断応力度 [N/mm²]

$Q_{PD}$：パンチングシヤー

$b_0$ ：パンチングシヤーに対する算定断面の延べ長さ

$A_0$ ：パンチングシヤー算定のための面積

---

構造計算書Ⅱ演習例 p.17

### 1000 解説●直接独立基礎設計の順序とポイント

基礎には，柱軸方向力 $N$ とモーメント $M$ が作用するが，基礎梁にモーメントを負担させることにより，基礎には柱軸方向力のみが作用する直接独立基礎として設計する．

#### 1 設計条件

鉄筋は SD295，コンクリートは $F_c$ = 21 N/mm² の普通コンクリートを使用する．許容応力度は，131，132 より，鉄筋の長期許容引張応力度 $_L f_t$ = 196 N/mm²，コンクリートの長期許容せん断応力度 $_L f_s$ = 0.7 N/mm² および長期許容付着応力度（その他）$_L f_a$ = 2.1 N/mm².

410「柱軸方向力算定」で，中柱の $_1C_2$ 柱脚部の軸方向力 $N'$ = 267 kN が一番大きいので，この基礎 $F_2$ を設計する．

地盤は，基礎深さ $D_f$ = 1.2 m で，堅いローム層であり，長期許容地耐力 $_L f_e$ = 100 kN/m² とする．なお，柱径 $a = a'$ = 0.5 m角である．

柱軸方向力，地耐力および支持地盤深さ等を総合的に判断して，独立のフーチングを直接地盤に設ける直接独立基礎で設計する．

#### 2 基礎スラブ底面積の算定

まず基礎の大きさを決める．基礎底面積の計算は，基礎自重を含めた柱軸方向力 $N$ を地盤の地耐力 $f_e$ で除せば求まるが，基礎自重は，基礎寸法が決まらないと正確に求めることができない．そこで，次のように有効地耐力 $f_e'$ を求めて，基礎自重を含まない柱軸方向力 $N'$ によって必要基礎底面積 $A'$ を算定し，基礎寸法を決定する．

有効地耐力 $f_e'$ は次のように求める．

$$_L f_e' = {_L f_e} \text{ [kN/m}^2\text{]} - 20 \text{ kN/m}^3 \times D_f \text{ [m]} = 100 - 20 \times 1.2 = 76 \text{ kN/m}^2$$

　　　　　　　　↑土とフーチングとの平均重量　　↑基礎深さ

必要基礎底面積 $A' = \dfrac{N'}{{_L f_e'}} = \dfrac{267 \text{ kN}}{76 \text{ kN/m}^2} = 3.51 \text{ m}^2$

余裕をみて，基礎の 1 辺長さ $l$, $l'$ を 1.9 m とすれば，$A = l \times l'$ = 1.9 m × 1.9 m = 3.61 m²

でOK.

基礎スラブ設計のせん断力・曲げモーメント算定用の地反力 $\sigma' = \dfrac{N'}{A}$,すなわち基礎自重を含まない $N'$ を設計底面積で除して求める.

$$\sigma' = \dfrac{N'}{A} = \dfrac{267 \text{ kN}}{3.61 \text{ m}^2} = 74 \text{ kN/m}^2$$

**3** 基礎スラブ筋の設計

①応力算定

基礎スラブの応力は,柱からの持出し板として求める.

せん断力 $Q_F$ から計算する.

$$Q_F = \sigma' \cdot l \cdot h = 74 \text{ kN/m}^2 \times 1.9 \text{ m} \times 0.7 \text{ m} = 98.42 \text{ kN}$$

$$h = \dfrac{l - a}{2} = \dfrac{1.9 \text{ m} - 0.5 \text{ m}}{2} = 0.7 \text{ m}$$

曲げモーメント $M_F$ は $Q_F$ に持出し長さの $\dfrac{1}{2} = \dfrac{h}{2}$ を乗じて求める.

$$M_F = Q_F \cdot \dfrac{h}{2} = 98.42 \text{ kN} \times \dfrac{0.7 \text{ m}}{2} = 34.45 \text{ kN}\cdot\text{m}$$

②断面算定

スラブ筋は,せん断力 $Q_F$ より主筋周長 $\psi$,曲げモーメントより主筋断面積 $a_t$ を求め,スラブ筋本数を決める.なお,スラブ筋の本数は200～250 mm以下のピッチとなるように決める.

スラブ厚さ $D$ は250 mm以上とる.

$D = 300$ mm　　有効厚さ $d = D - 90$ mm $= 210$ mm　　$j = \dfrac{7}{8}d = 183.75$ mm
　　　　　　　　　　　　　　↑
　　　　　　　　　　　　　表8·1

必要鉄筋周長 $\psi = \dfrac{Q_F}{{}_L f_a \cdot j} = \dfrac{98420 \text{ N}}{2.1 \text{ N/mm}^2 \times 183.75 \text{ mm}} = 255$ mm

必要鉄筋断面積 $a_t = \dfrac{M_F}{{}_L f_t \cdot j} = \dfrac{34450000 \text{ N}\cdot\text{mm}}{196 \text{ kN/mm}^2 \times 183.75 \text{ mm}} = 957$ mm$^2$

付10(b)より必要本数を求める.

8 − D13（周長 $\psi = 320$ mm,断面積 $a_t = 1016$ mm$^2$）

鉄筋間隔をチェックする.

$\dfrac{l}{n} = \dfrac{1900 \text{ mm}}{8} ≒ @240 \text{ mm} < @200 \sim 250 \text{ mm}$　→ OK

**4** せん断力,パンチングシヤーの検討

前項の $Q_F$ および柱直下のパンチングシヤーでスラブ厚さを検討する.なお,基礎スラブは,せん断力に対して鉄筋で補強することができないので,許容せん断応力度以下になるようにスラブ厚さを決めなければならない.

①せん断力による検討

$\dfrac{Q_F}{l \cdot j} = \dfrac{98420 \text{ N}}{1900 \text{ mm} \times 183.75 \text{ mm}} = 0.28 \text{ N/mm}^2 < {}_L f_s = 0.7 \text{ N/mm}^2$　→ OK

# 1000 基礎設計

**1** 設計条件

鉄筋 SD295　　$_Lf_t=$ 196 N/mm²

コンクリート 普通　$F_c=$ 21 N/mm²　$_Lf_s=$ 0.7 N/mm²　$_Lf_a=$ 2.1 N/mm²

基礎 F₂　$N'=$ 267 kN　$D_f=$ 1.2 m　$a=$ 0.5 m　$a'=$ 0.5 m

地耐力　$_Lf_e=$ 100 kN/m²　堅いローム層

**2** 基礎スラブ底面積の算定

$_Lf_e' = {_L}f_e - 20\text{ kN/m}^3 \times D_f =$ 100 $- 20 \times$ 1.2 $=$ 76 kN/m²

$A' = \dfrac{N'}{_Lf_e'} = \dfrac{267 \text{ kN}}{76 \text{ kN/m}^2} =$ 3.51 m²

$l \times l' =$ 1.9 m × 1.9 m ($A =$ 3.61 m²)

$\sigma' = \dfrac{N'}{A} = \dfrac{267 \text{ kN}}{3.61 \text{ m}^2} =$ 74 kN/m²

**3** 基礎スラブ筋の設計

①応力算定

$Q_F = \sigma' \cdot l \cdot h =$ 74 kN/m² × 1.9 m × 0.7 m = 98.42 kN

$M_F = Q_F \cdot \dfrac{h}{2} =$ 98.42 kN × $\dfrac{0.7 \text{ m}}{2} =$ 34.45 kN·m

②断面算定

基礎スラブ厚さ $D =$ 300 mm　$d = D - 90$ mm $=$ 210 mm　$j = \dfrac{7}{8}d =$ 183.75 mm

$\psi = \dfrac{Q_F}{_Lf_a \cdot j} = \dfrac{98420 \text{ N}}{2.1 \text{ N/mm}^2 \times 183.75 \text{ mm}} =$ 255 mm　　8 $-$ D 13

$a_t = \dfrac{M_F}{_Lf_t \cdot j} = \dfrac{34450000 \text{ N·mm}}{196 \text{ N/mm}^2 \times 183.75 \text{ mm}} =$ 957 mm² $\left(\dfrac{320 \text{ mm}}{1016 \text{ mm}^2}\right)$

**4** せん断力，パンチングシヤーの検討

$\dfrac{Q_F}{l \cdot j} = \dfrac{98420 \text{ N}}{1900 \text{ mm} \times 183.75 \text{ mm}} =$ 0.28 N/mm² $< {_L}f_s$ OK

$\dfrac{Q_{PD}}{1.5 b_0 \cdot j} = \dfrac{230880 \text{ N}}{1.5 \times 2660 \text{ mm} \times 183.75 \text{ mm}} =$ 0.31 N/mm² $< {_L}f_s$ OK

$Q_{PD} = \sigma'(A - A_0) =$ 74 kN/m² × ( 3.61 m² $-$ 0.49 m² ) = 230.88 kN

$A_0 = \dfrac{\pi}{4}d^2 + (a+a')d + a \cdot a' = \dfrac{3.14}{4} \times$ 0.21 ² m² + ( 0.5 m + 0.5 m ) × 0.21 m

　　　　　　　　　　　　　　　　　　$+$ 0.5 m × 0.5 m = 0.49 m²

$b_0 = 2(a+a') + \pi d = 2 \times ($ 0.5 m + 0.5 m $) + 3.14 \times$ 0.21 m = 2.66 m

**5** その他の基礎の設計

F₁　$A' = \dfrac{N'}{_Lf_e'} = \dfrac{190.2 \text{ kN}}{76 \text{ kN/m}^2} =$ 2.5 m²　$l \times l' =$ 1.6 m × 1.6 m

　　　　　　　　　　　　　　　　　　　　　$D =$ 300 mm　7 $-$ D 13

F₃　$A' = \dfrac{N'}{_Lf_e'} = \dfrac{143.8 \text{ kN}}{76 \text{ kN/m}^2} =$ 1.89 m²　$l \times l' =$ 1.4 m × 1.4 m

　　　　　　　　　　　　　　　　　　　　　$D =$ 300 mm　6 $-$ D 13

②パンチングシヤーの検討
- パンチングシヤー $Q_{PD} = \sigma'(A - A_0) = 74 \text{ kN/m}^2 \times (3.61 \text{ m}^2 - 0.49 \text{ m}^2) = 230.88 \text{ kN}$

  ただし，$A_0$ はパンチングシヤー算定のための面積で，
  $$A_0 = \frac{\pi}{4}d^2 + (a + a')d + a \cdot a' = \frac{3.14}{4} \times 0.21^2 \text{ m}^2 + (0.5 \text{ m} + 0.5 \text{ m}) \times 0.21 \text{ m} + 0.5^2 \text{ m}^2$$
  $$= 0.49 \text{ m}^2$$

- $b_0$ はパンチングシヤー算定断面の延べ長さで，
  $$b_0 = 2(a + a') + \pi \cdot d = 2 \times (0.5 \text{ m} + 0.5 \text{ m}) + 3.14 \times 0.21 \text{ m} = 2.66 \text{ m}$$

下式により検討する．
$$\frac{Q_{PD}}{1.5 b_0 \cdot j} = \frac{230880 \text{ N}}{1.5 \times 2660 \text{ mm} \times 183.75 \text{ mm}} = 0.31 \text{ N/mm}^2 < {}_L f_s = 0.7 \text{ N/mm}^2 \rightarrow \text{OK}$$

**5** その他の基礎の設計

$F_1$，$F_3$ 基礎の設計は，基礎スラブ厚さ $D = 300$ mm とし，配筋は $F_2$ に準じて本数を決めることにして，柱軸方向力 $N'$ で基礎スラブ底面の大きさを設計する．

$F_1$ $\quad A' = \dfrac{N'}{{}_L f_e'} = \dfrac{190.2 \text{ kN}}{76 \text{ kN/m}^2} = 2.5 \text{ m}^2 \qquad l \times l' = 1.6 \text{ m} \times 1.6 \text{ m} \qquad D = 300 \text{ mm}$

$\qquad n = \dfrac{1600 \text{ mm}}{@240 \text{ mm}^*} = 6.6 \rightarrow 7 \text{ 本} \qquad 7 - D13$

$F_3 \quad A' = \dfrac{N'}{{}_L f_e'} = \dfrac{143.8 \text{ kN}}{76 \text{ kN/m}^2} = 1.89 \text{ m}^2 \qquad l \times l' = 1.4 \text{ m} \times 1.4 \text{ m} \qquad D = 300 \text{ mm}$

$\qquad n = \dfrac{1400 \text{ mm}}{@240 \text{ mm}^*} = 5.8 \rightarrow 6 \text{ 本} \qquad 6 - D13$

\* $F_2$ の鉄筋間隔

# 1100 構造図の書き方

これまでの構造計算により，建物の躯体断面と鉄筋径・本数が求められた．次に，この答えに従って，構造設計図を作成する．構造設計図には，次の7種類の図面がある．

①基礎伏図，各階の柱・梁伏図
②軸組図
③柱・梁断面リスト
④基礎リストおよび配筋詳細図
⑤スラブ・壁断面リストおよび配筋詳細図
⑥架構配筋詳細図
⑦雑配筋図

断面リストや配筋詳細図等の製図にあたっては，「配筋基準図Ⅰ・Ⅱ・Ⅲ」（p.201～203）を基にして，「定着」「継手の方法・位置」「施工性」等について設計（配筋設計）しながら，製図しなければならない（「課題Ⅰ構造図」p.230，「課題Ⅱ構造図」p.154）．

## 1101 基本事項の確認

構造図作成にあたって必要な基礎知識と一般共通事項について説明する．

【a】部材記号

C：柱　　G：$X$方向梁　　B：$Y$方向梁　　b：小梁　　S：スラブ　　W：一般壁
EW：耐震壁　　F：基礎　　FG, FB：基礎梁

【b】配筋のための用語

①主筋（図11・1）

柱筋，梁筋，スラブの短辺方向，長辺方向の鉄筋で，構造計算によって求められた鉄筋．

②副筋（配力筋）（図11・1）．

主筋の位置を保持し応力を分散伝達させるために，主筋と直角方向に入れる鉄筋．

図11・1　主筋・配力筋

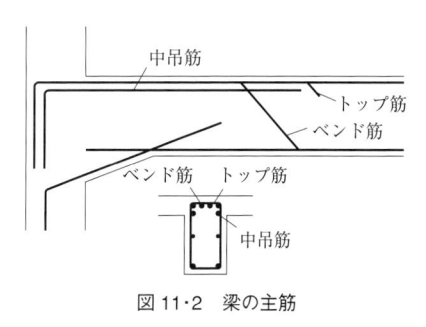

③ベンド筋（折曲げ筋）（図11・2）

梁の主筋で，端部の上端筋をベンドして（折り曲げて）中央で下端筋とする鉄筋で，一般に本数調整のために用いる．せん断補強にも有効．

④トップ筋（図11・2）

梁の端部だけに必要な主筋で，ベンドしない鉄筋．

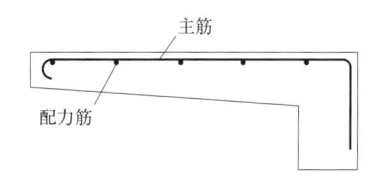

図11・2　梁の主筋

⑤中吊筋（図11・2）

梁主筋を2段配筋とした時の2段目の鉄筋．

⑥補強筋

直接力を分担しない鉄筋．

・腹筋（図11・3）

梁せいが高い時（約600 mm以上），中間にあばら筋振れ止め用に入れる．

・幅止め筋（図11・3）

梁幅を正しく保つために用いる．

⑦帯筋＝フープ，HOOP（図11・4）

柱の主筋をとり囲み，主筋の位置を固定する．せん断力に抵抗する．

・副帯筋

・割フープ

フープ配筋の施工が困難な場合に用いる．

⑧スパイラル筋（らせん筋）（図11・5）

主筋にらせん状に巻きつけて連結した一種のフープ．コンクリートの外方へのふくらみを押さえ，事実上コンクリート強度を高める．

⑨ベース筋（図11・6）

基礎の主筋．

⑩はかま筋（図11・6）

フーチング側面，上面に配筋する鉄筋．

⑪あばら筋＝スタラップ，STP（図11・3）

梁の主筋を囲んで位置を固定させ，せん断力による応力を負担させる．

⑫吊上げ筋（図11・7）

ハンチ始端のあばら筋．

⑬定着（アンカー）（図11・8）

梁筋は柱の中に，スラブ筋は梁の中にそれぞれの端部を入れる，要するに他の部材に端部を埋め込むこと．

⑭定着長さ（図11・8）

梁筋を柱に定着する時の柱面から梁筋の折曲げ起点までの水平直線部分の長さ．

⑮鈎（フック）（図11・8）

鉄筋の末端をかぎ状に折り曲げたもの．定着応力の1/3を負担する．

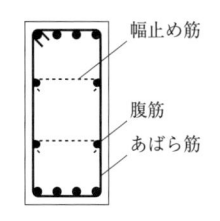

図11・3　あばら筋と補強筋

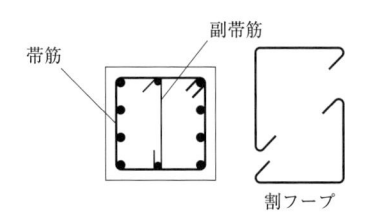

図11・4　帯筋

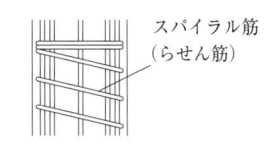

図11・5　スパイラル筋

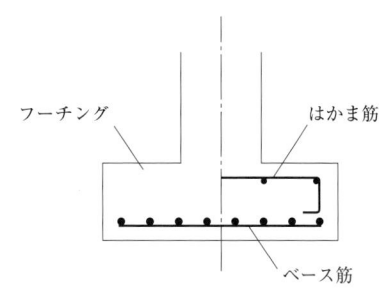

図11・6　基礎筋

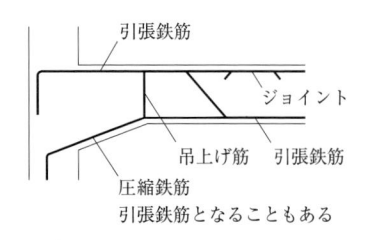

図11・7　引張鉄筋と圧縮鉄筋

⑯ 継手（ジョイント）（図11・7）

鉄筋と鉄筋とを重ねて結束した箇所．

⑰ 引張鉄筋（図11・7）

引張力を受け持つ鉄筋．

⑱ 圧縮鉄筋（図11・7）

圧縮力を受け持つ鉄筋．

⑲ かぶり（図11・9）

コンクリートの表面から鉄筋（帯筋，あばら筋）までの寸法．

⑳ バーサポート，スペーサー（図11・10, 11・11）

鉄筋を保持し，鉄筋間隔とかぶり厚さを確保するためのもの．金属，モルタル，塩ビ製のものがある．水平鉄筋を保持するものがバーサポート，側面の型枠のかぶり寸法を保持するものがスペーサー．

㉑ セパレーター（図11・11）

型枠の相互間隔を保持するもの．市販品にホームタイ等がある．

㉒ 型枠（図11・11）

せき板と支保工との総称．

㉓ せき板（図11・11）

コンクリートに直接接する木，または金属などの板類．

㉔ 支保工（図11・11）

桟木，ばた材，支柱，筋かい，仮設ばりなど，せき板を支持する型枠の部分．

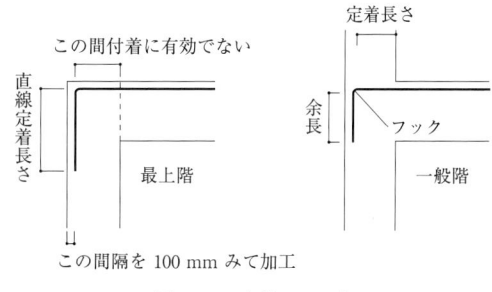

図11・8　定着・フック

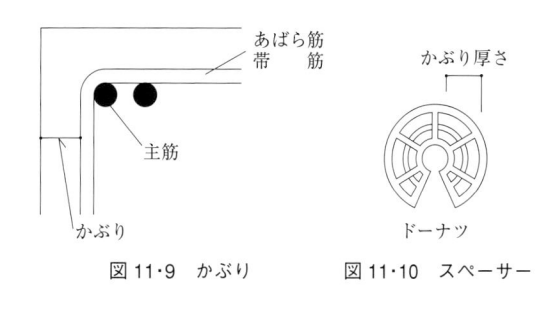

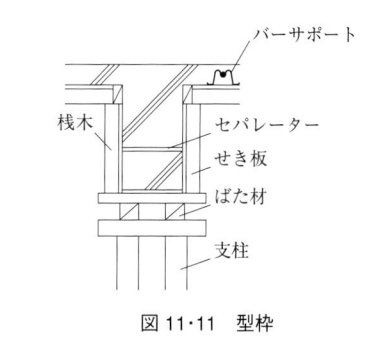

図11・9　かぶり　　図11・10　スペーサー

図11・11　型枠

## 【c】基本事項

### 1 鉄筋の表示記号

柱・梁等の断面リストで鉄筋径を表示する場合には，鉄筋径に応じた表11・1に示した記号を用いる．

### 2 鉄筋径および本数の表示

鉄筋の種別表示は，丸鋼は $\phi$（ファイ），異形鉄筋はDの記号で示す．本数，間隔の表示例を表11・2に示す．@はピッチ，間隔を示す．

### 3 鉄筋末端部の表示記号

丸鋼は，すべて末端部にフックが必要である．異形鉄筋では，出隅筋等を除いて，原則としてフックは必要ない（6による）．そのフックにも90°，135°，180°フックがある．これらの末端部の表示は表11・3による．

### 4 鉄筋のかぶりと主筋心（作図線）

鉄筋のかぶり厚さは，梁・柱では，あばら筋・帯筋までの寸法である．このため，作図上の主筋位置

は，梁・柱では 60 ～ 70 mm の位置にあるとして作図する（表 11・4，図 11・12）．

5 鉄筋の折曲げ，定着，継手長さ

　フックの内径，折曲げ半径，余長等および継手・定着長さは，鉄筋の種類とコンクリート強度によって配筋基準図に示されている数値によることになる．SD295，$F_c$ = 21 の場合についてまとめると，表 11・5 のようになる．この寸法を基本にして製図することになる．

6 鉄筋の末端にフックの必要な箇所

　丸鋼については，すべてフックが必要である．異形鉄筋では，①あばら筋，帯筋，②柱・梁（基礎梁を除く）の出隅の鉄筋，③最上階の四隅の柱鉄筋についてはフックをつける．

表 11・1　表示記号と使用区分

| 鉄筋使用区分 | 柱筋／梁筋／基礎筋／スラブ筋・STP・HOOP | | | | | | | |
|---|---|---|---|---|---|---|---|---|
| 丸　鋼 | 9φ | 13φ | 16φ | 19φ | 22φ | 25φ | 28φ | 32φ |
| 異形鉄筋 | D10 | D13 | D16 | D19 | D22 | D25 | D29 | D32 |
| 記　号 | ● | × | ⌀ | ● | ○ | ⊙ | ⊗ | ◎ |

表 11・2　鉄筋径と表示本数

| 表　示 | 丸　鋼 | 異形鉄筋 | 解　　説 |
|---|---|---|---|
| 本　数 | 4 − 19φ | 4 − D19 | 径 19 mm の鉄筋が 4 本 |
| 等間隔 | 13φ − @200 | D13 − @200 | 径 13 mm の鉄筋が 200 mm 間隔 |

表 11・3　末端部の表示記号

| 90°フック | 135°フック | 180°フック | 異形鉄筋フックなし |
|---|---|---|---|
| ⌐ | ╱ | ⌒ | ─ |

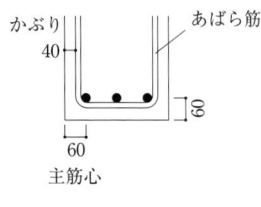

図 11・12　かぶりと主筋心

表 11・4　かぶりと主筋心寸法

| | 耐力壁以外の壁，床 | 耐力壁柱，梁 | 直接土に接する壁，柱，梁 | 基礎（捨コンクリートを除く） |
|---|---|---|---|---|
| 設　計かぶり[mm] | 30 (20) | 40 (30) | 50 (40) | 70 (60) |
| 断面図 | ─── 40 | ─┐ 60または70 | ─── 60 | ─── 60 |

（　）内は「令」79 条の値

表 11・5　SD295，$F_c$ = 21 の定着と継手の常用長さ

| 鉄筋 | フック | 定着長さ | | | 重ね継手長さ ($L_1$) |
|---|---|---|---|---|---|
| | | 一般 ($L_2$) | 下端筋 ($L_3$) | | |
| | | | 小梁 | 床・屋根スラブ | |
| SD295 | なし | 35d／D22 → 770 | 25d／D19 → 475 | 10d かつ 150 mm 以上 | 40d (25d)*／D22 → 880 (550)* |
| | あり | 25d／D22 → 550 | 15d／D19 → 285 | D13 → 150 | 30d |

（　）*：鉄筋応力が小さい場合

## 1102 構造図の解説

### 1 伏図

構造設計図の根幹となる図面である．座標（$X$, $Y$）・通り（Ⓐ Ⓑ）・列（① ② ③）・部材の記号・番号・スパン等を構造計算書の伏図に基づいて製図する．

種類として次の2種類がある．

① 基礎伏図

杭・基礎・基礎梁の位置と記号を示す．切断線は基礎梁より下を「見下げ」て書く（図11・13）．

② 各階柱・梁伏図

柱・梁・床・壁等の位置と記号を示す．各階柱・梁伏図についての切断線は，その階の梁を「見上げ」て書く．すなわち，2階梁伏図では，1階柱断面を示すことになる（図11・13）．

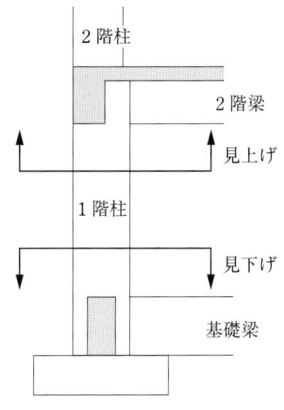

図11・13 各伏図の切断線

### 2 軸組図

構造体の立面図で，階高・スパン・壁・開口部等を示す．複雑な架構の場合に必要となる．一般的には架構配筋詳細図と兼ねる．

軸組図の見方向は，伏図の$X$方向面は上方向，$Y$方向面は左方向を見たものを書くことにする（図11・14）．

### 3 柱・梁断面リスト表

柱・梁断面の一覧表で，断面の寸法，鉄筋本数を示し，伏図の座標・記号・番号を対応させる．

- 部材断面は構造計算で求めた寸法によって示す．
- 鉄筋の断面は表示記号（表11・1）に従う．
- あばら筋・帯筋は細い実線で示し，幅止め筋等は一般的に破線で示す．
- 梁せいが高い時（600 mm以上）には，あばら筋の振れ止めとして補助筋（腹筋）を入れ，振れ止め補助筋の位置に，あばら筋数個ごとに幅止め筋を入れる（図11・3）．
- 副帯筋の径，型，間隔は特記による．
- 梁主筋で折曲げ筋を図示する場合は↓印で示す（図11・15）．

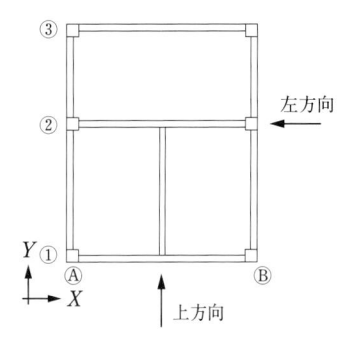

図11・14 軸組図の見方向

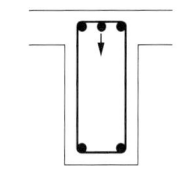

図11・15 折曲げ筋（ベンド筋）

### 4 基礎リスト

基礎幅，GLからの深さ，フーチング厚さ，鉄筋径と本数（間隔），地業としての捨コンクリート60 mm，敷込み砂利厚60～140 mm（岩盤や良質な砂礫地盤では設けなくてもよい）．なお，捨コンクリートは，墨出しおよびベース筋，柱筋，型枠を組立て，支え

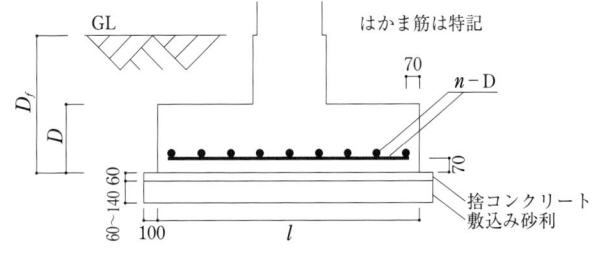

図11・16 直接独立基礎の製図

る役目をするため，平滑に仕上げる．

　はかま筋は，偏心基礎，地震時に浮き上がるおそれのある基礎および杭基礎で杭頭処理筋用に設ける．一般独立基礎には必要ない（図 11·16）．

5 スラブ配筋

- スラブ厚さ，鉄筋径と間隔を，**表 9·2**「スラブ標準配筋リスト」または**表 9·3**「スラブ標準ダブル配筋リスト」を参照してスラブリスト図として示す．
- 4辺固定スラブの肩筋位置は，短辺，長辺とも短辺 $l_x$ の1/4．肩筋を起点にしてピッチを振り分ける．
- 施工上，端部主筋ピッチ $P_1$ と中央主筋のピッチ $P_2$ は，合わせるか（$P_1 = P_2$），または倍ピッチ（$P_1 = 2P_2$）とする．
- 柱列帯の鉄筋ピッチは，原則として柱間帯の2倍である．
- 部材や仕口のせいが小さく，フックつきの定着長さ $L_2$ が確保できない場合には，余長部で直線定着長さ $L_2$ を確保する．
- 配筋図は，スラブ配筋基準図に基づいて製図する（図 11·17）．
- 近年ベンド筋のないダブル配筋が主流である（p.231，$S_2$ スラブ設計例参照）．

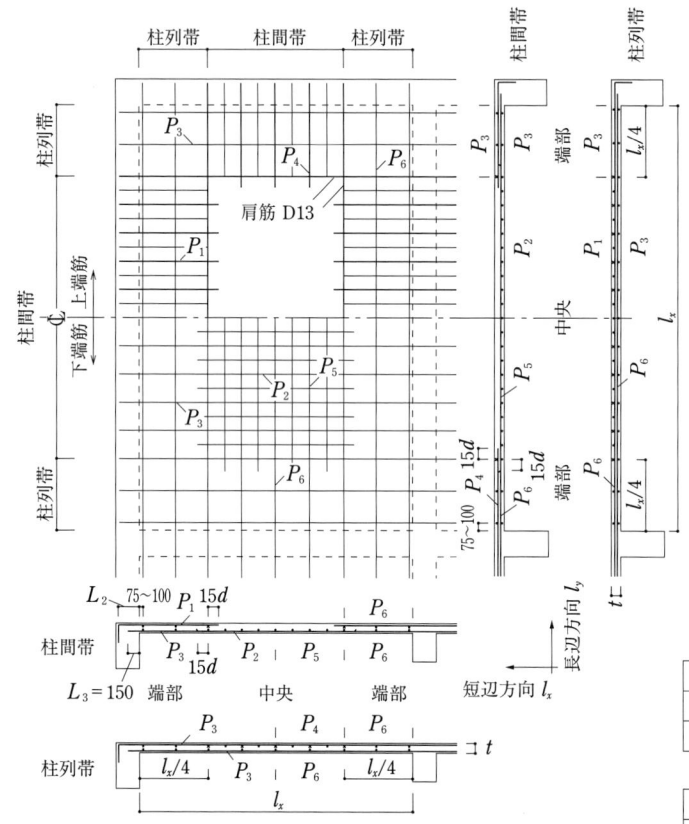

スラブ主筋の内外

|  | 上端筋 | 下端筋 |
|---|---|---|
| 短辺方向 | $P_1$ 外 | $P_2$ 外 |
| 長辺方向 | $P_4$ 内 | $P_5$ 内 |

定着長さ（$F_c = 21$）[mm]

|  | D13 | D10 |
|---|---|---|
| $L_2 = 35d$（フックあり） | 455 | 350 |
| $25d$（フックなし） | 325 | 250 |
| 余長 $15d$ | 195 | 150 |
| $L_3 = 10d$ かつ 150 | 150 | 150 |

図 11·17　スラブ配筋図の製図

**6** 架構配筋詳細図

　柱・梁・基礎梁・基礎の各リストに基づいて躯体として示した軸組図に配筋を書いた図面で，基礎と基礎梁の取合い，定着位置・長さ，折曲げ位置等が一目で理解できるので，最低一構面は製図する．配筋を書くにあたっては，配筋基準図に基づいて製図する（図 11・18）．

**7** 雑配筋図

　パラペット・ひさし等の特殊な部分の配筋を示す．一般的な壁・階段の配筋は，配筋基準図 **11**，**13**（p.203）による．

**8** 共通事項

　使用するコンクリート，鉄筋等について，特記共通事項として明示する．

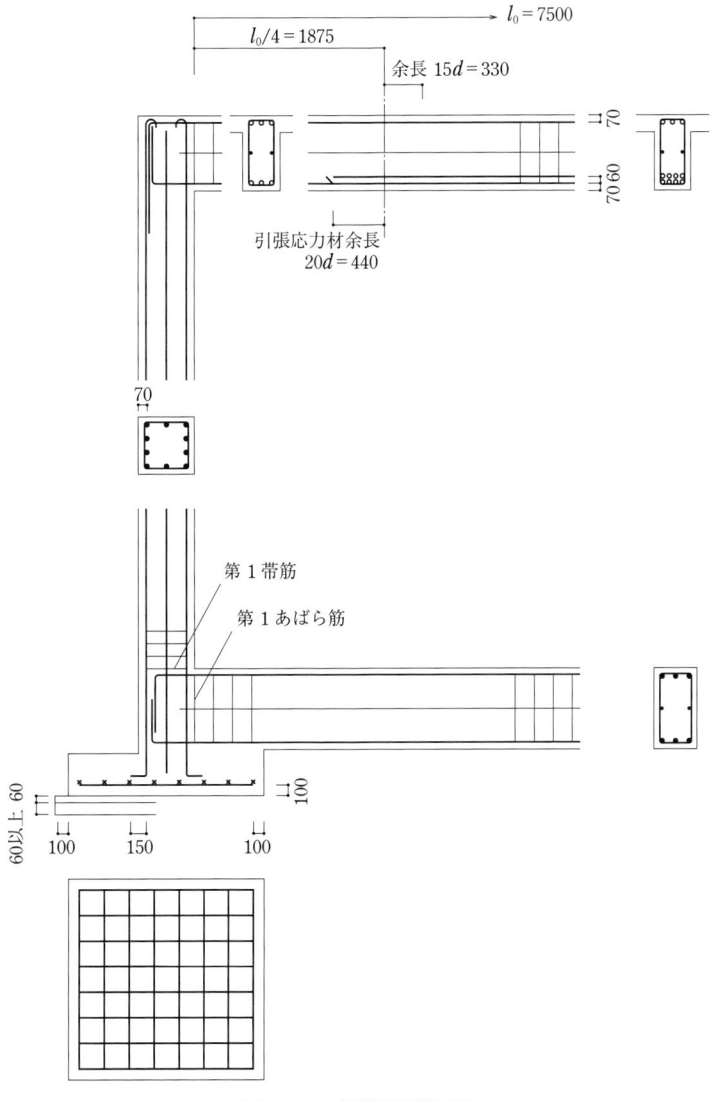

図 11・18　架構配筋詳細図

＊構造図の作成にあたっては各図の配置を考慮して製図する．

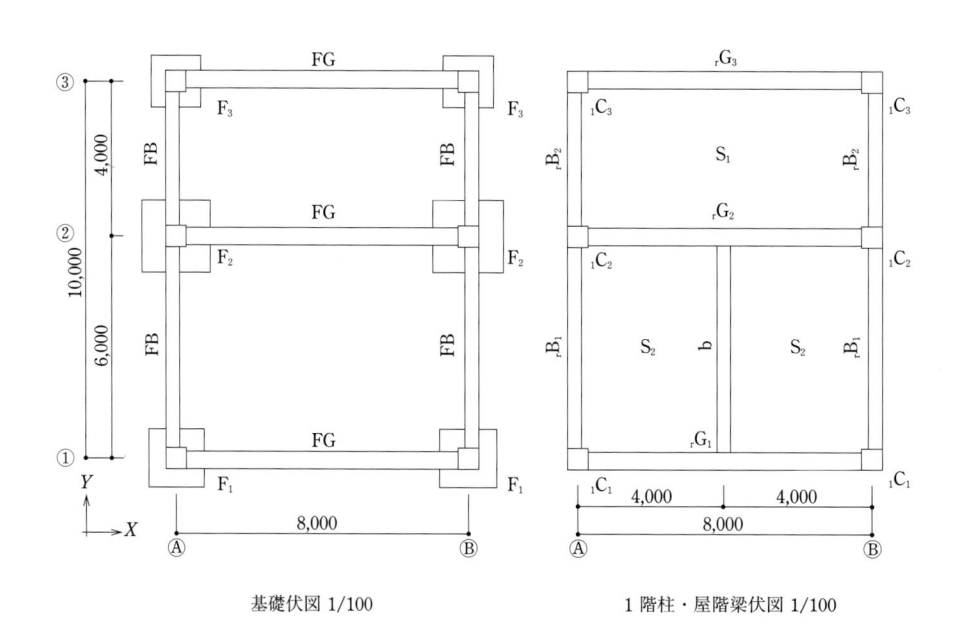

基礎伏図 1/100

1階柱・屋階梁伏図 1/100

| | | 大梁リスト | | | | | | 基礎梁リスト | | 小梁リスト | |
|---|---|---|---|---|---|---|---|---|---|---|---|
| | | $_rG_{1,2,3}$ | | $_rB_1$ | | | $_rB_2$ | FG | FB | b | |
| | | 外端 | 中央 | 内端 | 中央 | 外端 | 内端 | 中央 | 外端 | 端・中央 | 端・中央 | 端部 | 中央 |
| 断面 $b×D$ | | 350×700 | | 300×600 | | | 300×600 | | | 350×750 | 350×700 | 300×600 | |
| 上端筋 | | 3-D22 | 3-D22 | 3-D19 | 2-D19 | 3-D19 | 3-D19 | 2-D19 | 3-D19 | 3-D19 | 3-D19 | 3-D19 | 3-D19 |
| 下端筋 | | 3-D22 | 8-D22 | 2-D19 | 3-D19 | 2-D19 | 3-D19 | 3-D19 | 2-D19 | 3-D19 | 3-D19 | 2-D19 | 5-D19 |
| あばら筋 | | D10□-@150 | | D10□-@200 | | | D10□-@200 | | | D10□-@200 | D10□-@200 | D10□-@200 | |

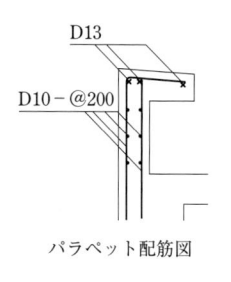

パラペット配筋図

| | 柱リスト |
|---|---|
| | $_1C_{1,2,3}$ |
| 断面 $b×D$ | 500×500 |
| 主筋 | 10-D19 |
| 帯筋 | D10□-@100 |

| 共通事項 | |
|---|---|
| コンクリート | $F_c=21$　普通コンクリート<br>スランプ 180 mm，砂利 25 mm（砕石 20 mm） |
| 鉄筋 | SD295A |
| 継手 | 重ね継手 |
| その他 | 構造基準図による |

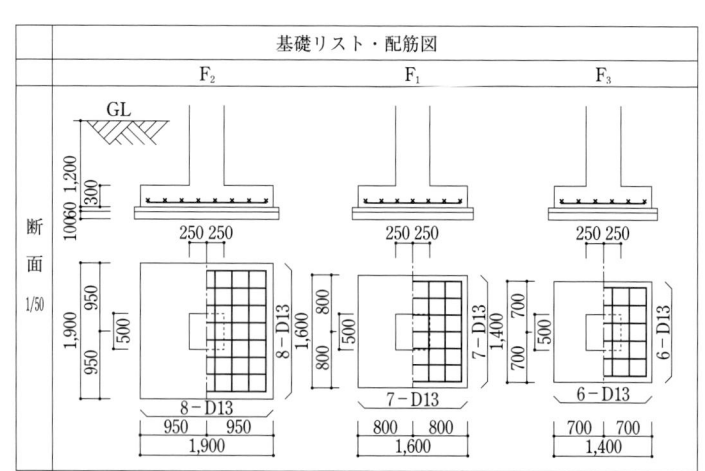

基礎リスト・配筋図

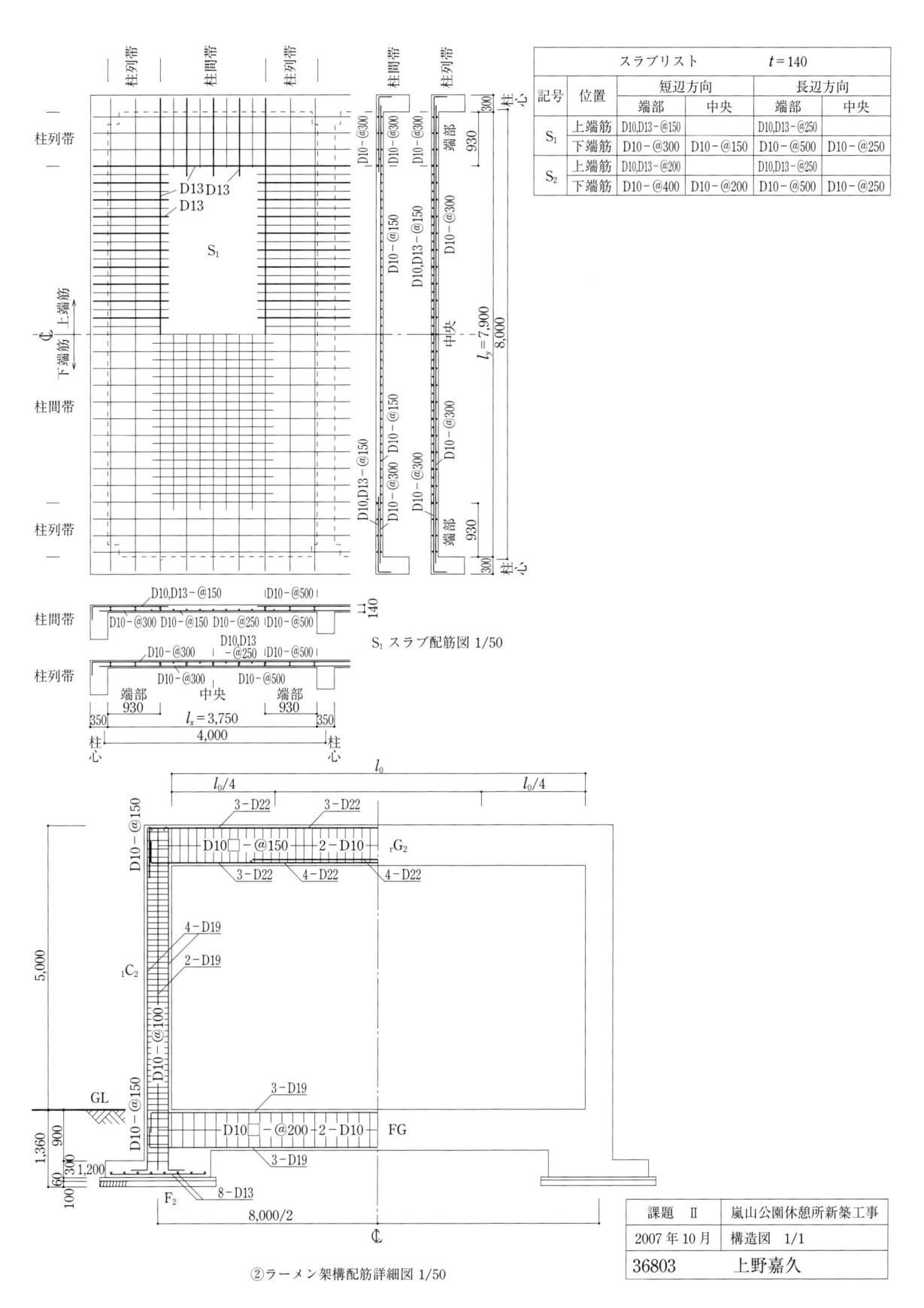

| スラブリスト | | | | $t=140$ | |
|---|---|---|---|---|---|
| 記号 | 位置 | 短辺方向 | | 長辺方向 | |
| | | 端部 | 中央 | 端部 | 中央 |
| $S_1$ | 上端筋 | D10,D13 - @150 | | D10,D13 - @250 | |
| | 下端筋 | D10 - @300 | D10 - @150 | D10 - @500 | D10 - @250 |
| $S_2$ | 上端筋 | D10,D13 - @200 | | D10,D13 - @250 | |
| | 下端筋 | D10 - @400 | D10 - @200 | D10 - @500 | D10 - @250 |

$S_1$ スラブ配筋図 1/50

② ラーメン架構配筋詳細図 1/50

| 課題 Ⅱ | 嵐山公園休憩所新築工事 |
|---|---|
| 2007年10月 | 構造図 1/1 |
| 36803 | 上野嘉久 |

## コラム ❽

# 単位のバリエーションと単位調整

　表1は，構造計算で扱う様々な数量とその記号，単位を一覧表にしたものである．この表からもうかがわれるように，同じ数量でもその単位のとり方には幾通りもある．たとえば，モーメント$M$の場合，4通りもの単位のとり方があって，時と場合によって使い分けられている．そして当然のことながら，どの単位をとるかによって，同じ値でも小数で出てきたり，桁数の多い整数となったりする．

　ところで，あまり桁数が多すぎると，計算も面倒な上にミスもしがちである．うっかりゼロをつけ落としたり，小数点を間違えたりする心配がある．そこで，次の計算に備えて，あらかじめ単位調整を行うのが通例である．

　たとえば，今，荷重が kN/m² 単位，長さが m 単位で与えられているとする．これを掛け合わせて出てくるモーメントの単位は kN·m である．次に断面を算定するとして，一般に断面係数 $Z$ の単位は mm³，材料の許容応力度 $f$ は N/mm² が常用単位であるが，これに kN·m 単位のモーメントを採用したのでは，出てくる値の単位の見当がつかなくなる．そこで，以下に示すように，あらかじめモーメントの単位を kN·m から N·mm に換えることによって，単位を調整した上で演算するのが，通常の手順である．

　たとえば，$M = 360$ kN·m，$Z = 2.31 \times 10^6$ mm³，$f_t = 156$ N/mm² が与えられていて $\sigma_b$ を求める場合，$M = 360$ kN·m $= 360 \times 10^6$ N·mm と置き換えて計算する．

$$\sigma_b = \frac{M}{Z} = \frac{360 \times 10^6 \, \text{N·mm}}{2.31 \times 10^6 \, \text{mm}^3} = 155 \, \text{N/mm}^2$$

$$< 156 \, \text{N/mm}^2 \quad \rightarrow \text{OK}$$

これをうっかり，

$$\sigma_b = \frac{M}{Z} = \frac{360 \, \text{kN·m}}{2.31 \times 10^6 \, \text{mm}^3} = 155 \times 10^{-6}$$

と計算すると，前述したように，はて単位は？ ということになる．

　ここで肝心なのは，単位調整を正しく行うことである．これを誤ってしまうと，とんでもない答えが出てしまう．

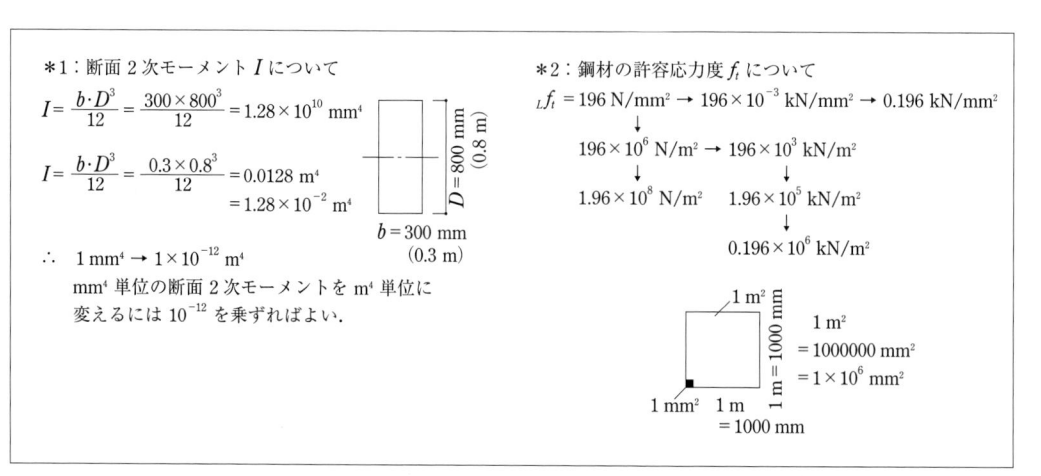

---

＊1：断面2次モーメント $I$ について

$$I = \frac{b \cdot D^3}{12} = \frac{300 \times 800^3}{12} = 1.28 \times 10^{10} \, \text{mm}^4$$

$$I = \frac{b \cdot D^3}{12} = \frac{0.3 \times 0.8^3}{12} = 0.0128 \, \text{m}^4 = 1.28 \times 10^{-2} \, \text{m}^4$$

$b = 300$ mm (0.3 m), $D = 800$ mm (0.8 m)

∴ 1 mm⁴ → $1 \times 10^{-12}$ m⁴
mm⁴ 単位の断面2次モーメントを m⁴ 単位に変えるには $10^{-12}$ を乗ずればよい．

＊2：鋼材の許容応力度 $f_t$ について

$_Lf_t = 196$ N/mm² → $196 \times 10^{-3}$ kN/mm² → 0.196 kN/mm²
↓
$196 \times 10^6$ N/m² → $196 \times 10^3$ kN/m²
↓
$1.96 \times 10^8$ N/m²　$1.96 \times 10^5$ kN/m²
↓
$0.196 \times 10^6$ kN/m²

1 m = 1000 mm
1 m² = 1000000 mm² = $1 \times 10^6$ mm²

表1 単位のバリエーション

| 種類 | 記号 | 単位 | | | |
|---|---|---|---|---|---|
| 長さ | $l$ | 1m | $1\times10^2$cm | $1\times10^3$mm | |
| | | 1cm | 10mm | $1\times10^{-2}$m | |
| | | 1mm | $1\times10^{-1}$cm | $1\times10^{-3}$m | |
| 面積 | $A$ | 1m² | $1\times10^4$cm² | $1\times10^6$mm² | |
| | | 1cm² | $1\times10^2$mm² | $1\times10^{-4}$m² | |
| | | 1mm² | $1\times10^{-2}$cm² | $1\times10^{-6}$m² | |
| 体積 | $V$ | 1m³ | $1\times10^6$cm³ | $1\times10^9$mm³ | |
| | | 1cm³ | $1\times10^3$mm³ | $1\times10^{-6}$m³ | |
| | | 1mm³ | $1\times10^{-3}$cm³ | $1\times10^{-9}$m³ | |
| 重量・荷重力 | $P, W$ | 1kN | $1\times10^3$N | | |
| | | 1N | $1\times10^{-3}$kN | | |
| モーメント | $M$ | 1kN·m | $1\times10^3$N·m | $1\times10^6$N·mm | $1\times10^3$kN·mm |
| | | 1N·m | $1\times10^{-3}$kN·m | 1kN·mm | $1\times10^3$N·mm |
| | | 1N·mm | $1\times10^{-3}$kN·mm | $1\times10^{-6}$kN·m | $1\times10^{-3}$N·m |
| 単位荷重 | $w$ | 1kN/m² | $1\times10^3$N/m² | $1\times10^{-3}$N/mm² | $1\times10^{-6}$kN/mm² |
| 応力度 | $f, \sigma$ | 1N/mm² | $1\times10^{-3}$kN/mm² | $1\times10^3$kN/m² | $1\times10^6$N/m² |
| 単位幅荷重 | $w'$ | 1kN/m | $1\times10^3$N/m | 1N/mm | $1\times10^{-3}$kN/mm |
| 断面2次モーメント*1 | $I$ | 1m⁴ | $1\times10^8$cm⁴ | $1\times10^{12}$mm⁴ | |
| | | 1mm⁴ | $1\times10^{-4}$cm⁴ | $1\times10^{-12}$m⁴ | |
| 鋼材 許容応力度*2 (SD 295) | $_Lf_t$ | 196N/mm² ($1.96\times10^2$N/mm²) | 0.196kN/mm² ($1.96\times10^{-1}$kN/mm²) | $1.96\times10^5$kN/m² | $1.96\times10^8$N/m² |
| 鋼材 ヤング係数 | $_sE$ | $2.05\times10^5$N/mm² | $2.05\times10^2$kN/mm² | $2.05\times10^8$kN/m² | $2.05\times10^{11}$N/m² |
| コンクリート 許容応力度 ($F_c=21$ N/mm²) | $_Lf_c$ | 7N/mm² | $7\times10^{-3}$kN/mm² | $7\times10^3$kN/m² | $7\times10^6$N/m² |
| コンクリート ヤング係数 ($F_c=21$ N/mm²) | $_cE$ | $2.15\times10^4$N/mm² | $2.15\times10$kN/mm² | $2.15\times10^7$kN/m² | $2.15\times10^{10}$N/m² |

*1, *2の脚注については前ページ下欄参照.

# 付　　録

付1　梁の荷重項一覧表

| 荷重状態 | 固定梁 | 単純梁 | | |
|---|---|---|---|---|
| | A　　　　B<br>$-C_{AB}$　　　$C_{BA}$ | A　　　　B<br>$Q_0=R_A$　$M_0$　$R_B=Q_0$ | | |
| $W$：全荷重 [kN]<br>$w$：単位荷重 [kN/m²] | 固定端モーメント<br>$-C_{AB}=C_{BA}$ | 単純端中央曲げモーメント<br>$M_0$ | 反　力<br>$R=Q_0$ | |
| $W$（集中荷重） | $0.125\,W\cdot l$ | $0.25\,W\cdot l$ | $0.5\,W$ | |
| $W$（等分布）<br>$W=h\cdot w\cdot l$ | $0.083\,W\cdot l$ | $0.125\,W\cdot l$ | $0.5\,W$ | |
| $W$（三角形 45°）<br>$W=\dfrac{l^2}{4}w$ | $0.104\,W\cdot l$ | $0.167\,W\cdot l$ | $0.5\,W$ | |
| $W$（二つ山 45°, $l/2$ 分割）<br>$W=\dfrac{l^2}{8}w$ | $0.089\,W\cdot l$ | $0.125\,W\cdot l$ | $0.5\,W$ | |
| $W$（台形 45°, $al$）<br>$W=(l-al)al\cdot w$ | $0.083\times\dfrac{1}{1-a}\times(1-2a^2+a^3)W\cdot l$ | $0.083\times\dfrac{1}{1-a}\times(1.5-2a^2)W\cdot l$ | $0.5\,W$ | |

## 付2 鉄筋コンクリート床梁応力計算図表

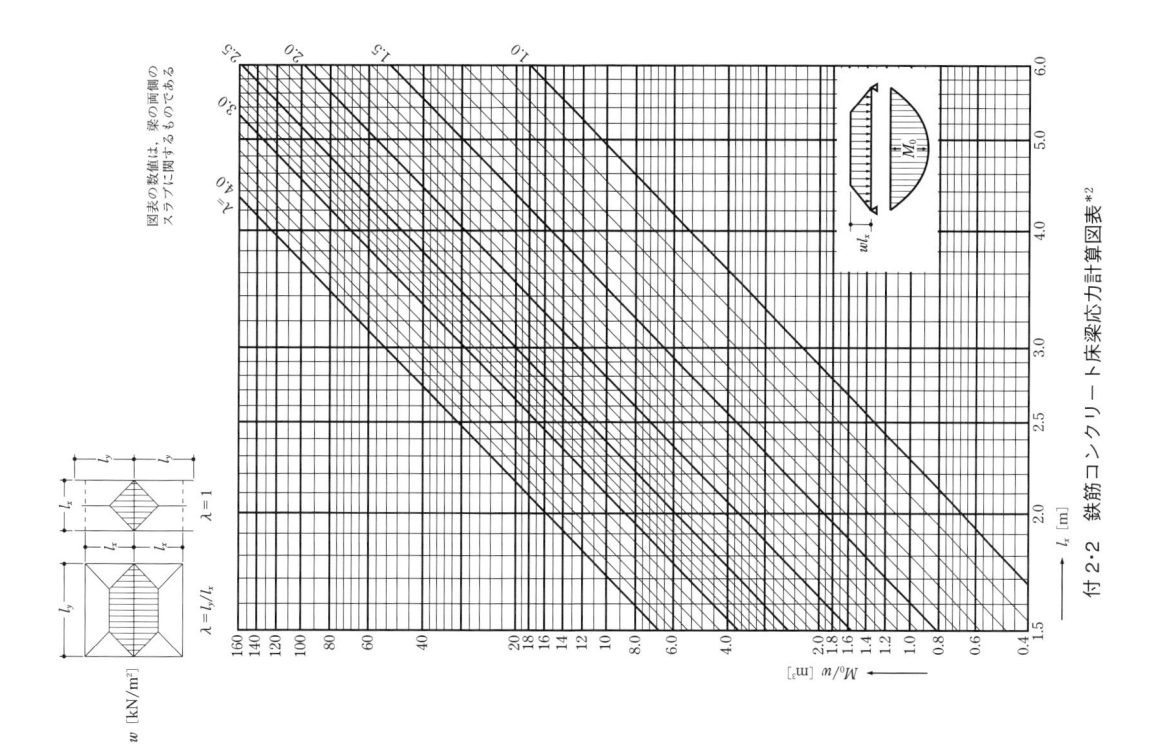

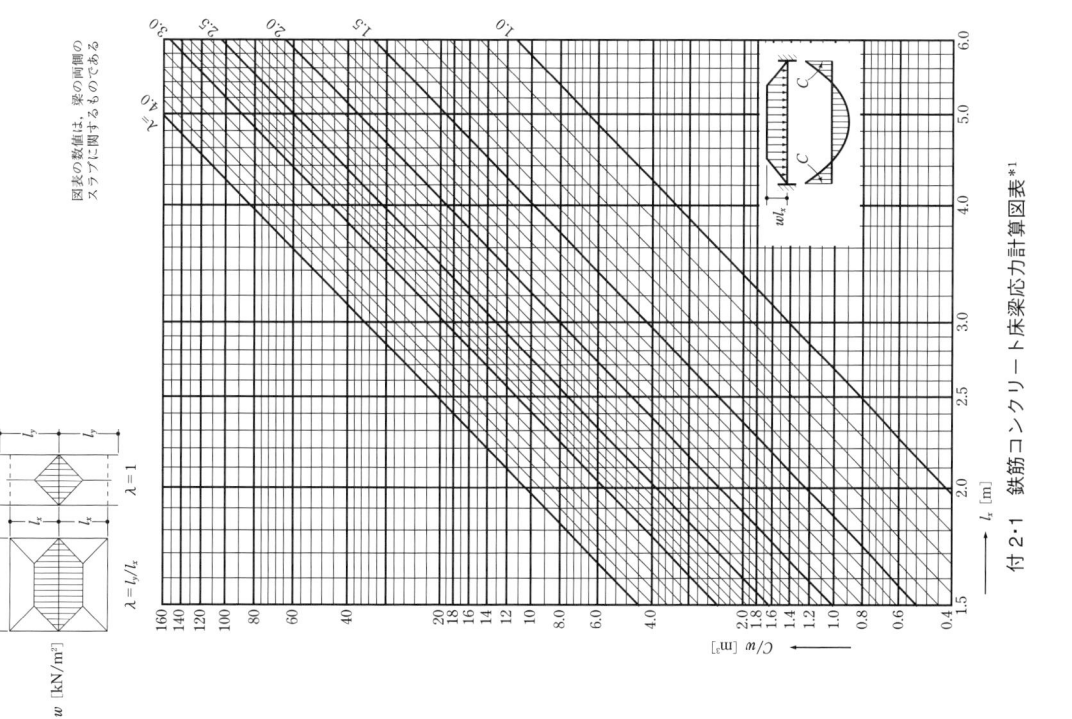

付2・1 鉄筋コンクリート床梁応力計算図表*1

付2・2 鉄筋コンクリート床梁応力計算図表*2

付 2·3 鉄筋コンクリート床梁応力計算図表*3

付 2·4 鉄筋コンクリート床梁応力計算図表*4

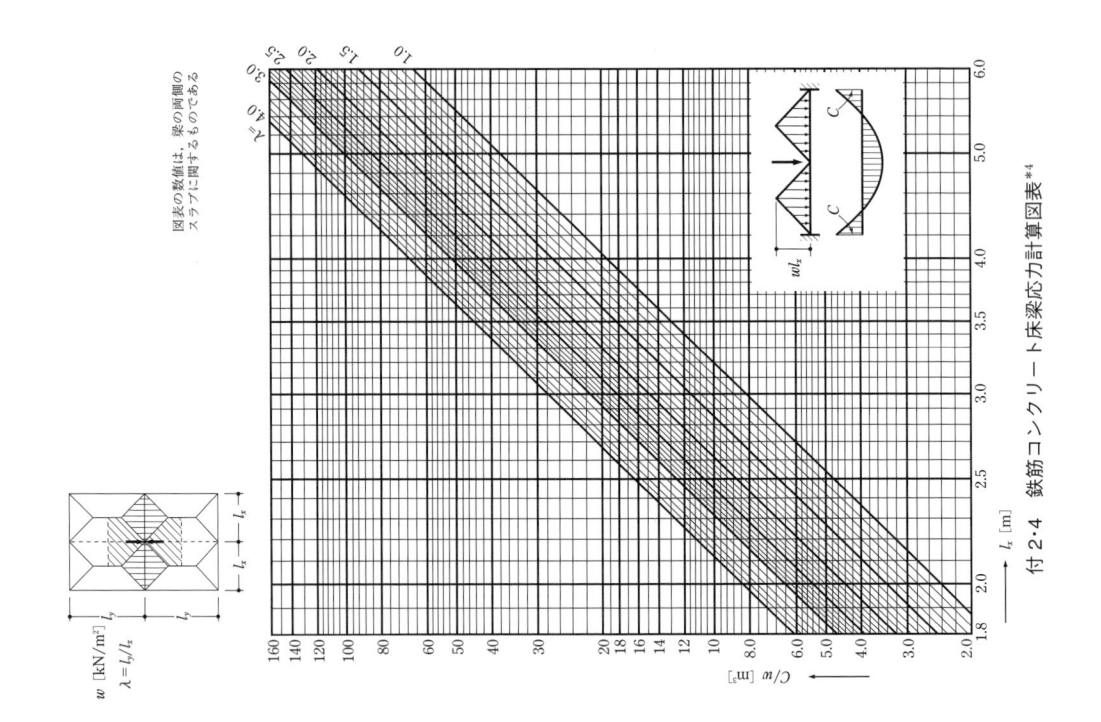

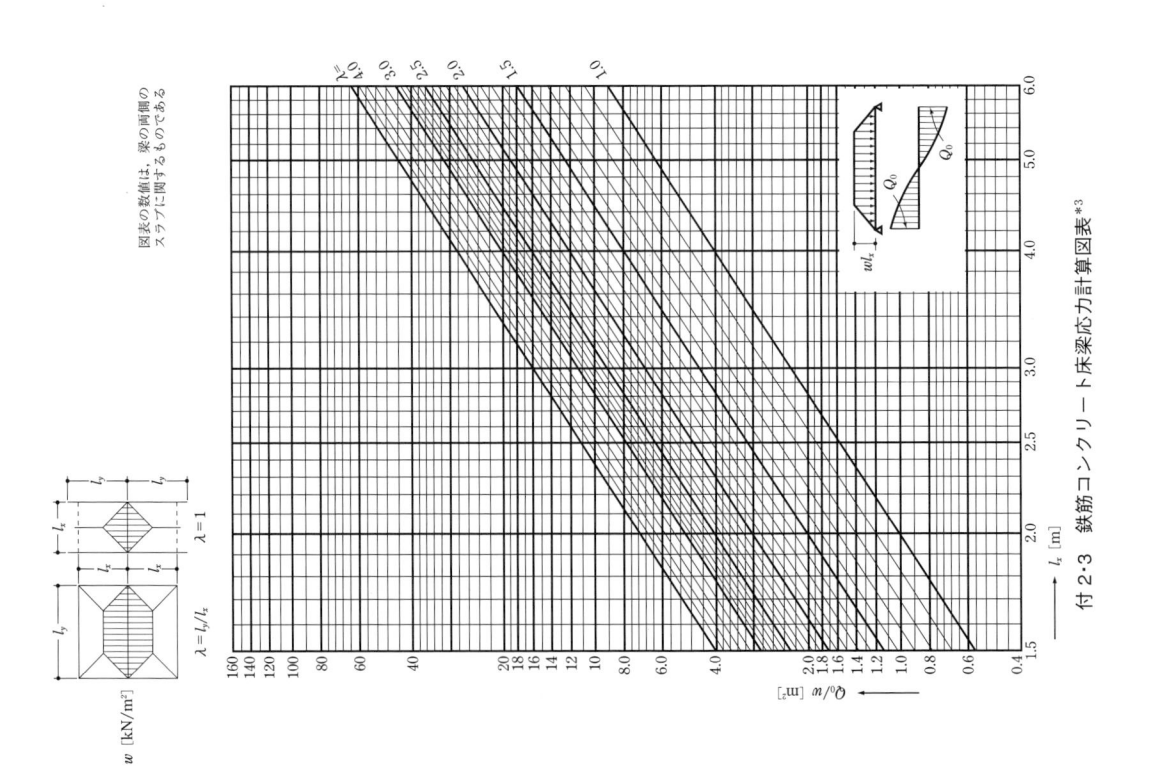

付2 出典一覧
 *1 日本建築学会「鉄筋コンクリート構造計算用資料集」図8・1(a)より
 *2 日本建築学会「鉄筋コンクリート構造計算用資料集」図8・1(b)より
 *3 日本建築学会「鉄筋コンクリート構造計算用資料集」図8・1(c)より
 *4 日本建築学会「鉄筋コンクリート構造計算用資料集」図8・2(a)より
 *5 日本建築学会「鉄筋コンクリート構造計算用資料集」図8・2(b)より
 *6 日本建築学会「鉄筋コンクリート構造計算用資料集」図8・2(c)より

付2・6 鉄筋コンクリート床梁応力計算図表*6

付2・5 鉄筋コンクリート床梁応力計算図表*5

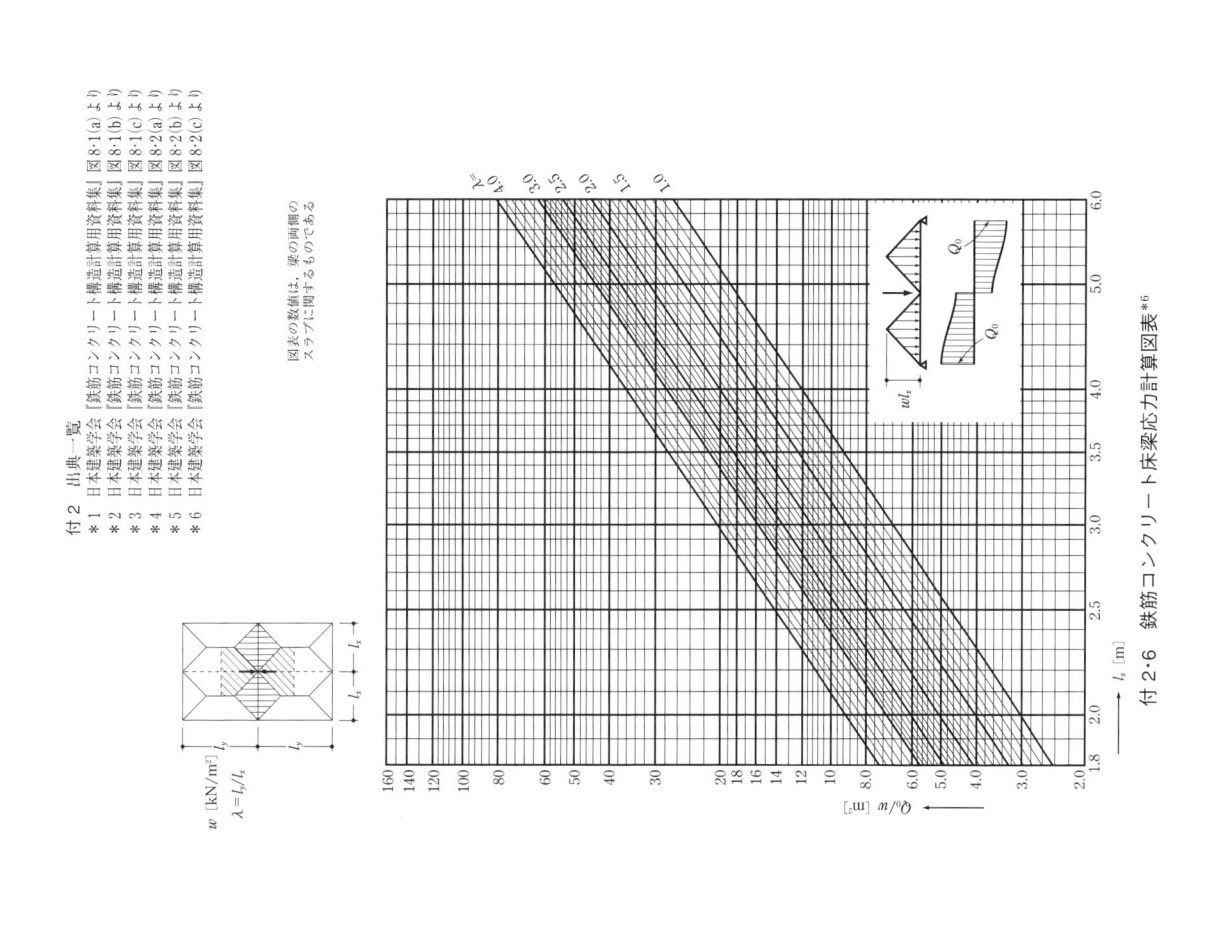

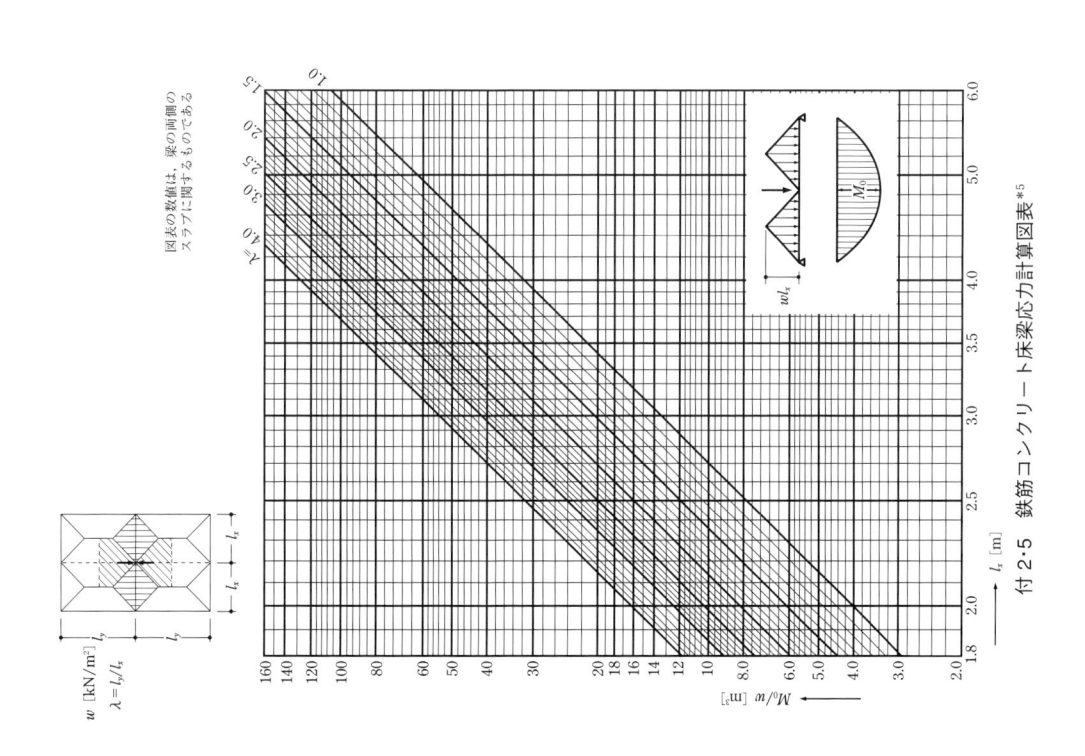

付録 161

付3 断面諸係数

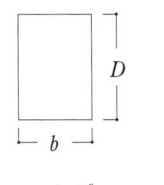

$I_0 = \dfrac{b \cdot D^3}{12}$

剛度 $K = \dfrac{I_0 \times 10^9 \, [\text{mm}^4]}{l \, [\text{m}]}$

付 3・1　断面 2 次モーメント表 ($I_0 \times 10^9$ mm$^4$)

| D \ b | 180 | 210 | 250 | 300 | 350 | 400 | 450 | 500 | 550 | 600 |
|---|---|---|---|---|---|---|---|---|---|---|
| 300 | 0.405 | 0.473 | 0.563 | 0.675 | 0.788 | 0.900 | 1.013 | 1.125 | 1.238 | 1.350 |
| 350 | 0.643 | 0.750 | 0.893 | 1.072 | 1.251 | 1.429 | 1.608 | 1.786 | 1.965 | 2.144 |
| 400 | 0.960 | 1.120 | 1.333 | 1.600 | 1.867 | 2.133 | 2.400 | 2.670 | 2.933 | 3.200 |
| 450 | 1.367 | 1.595 | 1.898 | 2.278 | 2.658 | 3.038 | 3.417 | 3.797 | 4.177 | 4.556 |
| 500 | 1.875 | 2.188 | 2.604 | 3.125 | 3.646 | 4.167 | 4.688 | 5.208 | 5.729 | 6.250 |
| 550 | 2.496 | 2.912 | 3.466 | 4.159 | 4.853 | 5.546 | 6.239 | 6.932 | 7.626 | 8.319 |
| 600 | 3.240 | 3.780 | 4.500 | 5.400 | 6.300 | 7.200 | 8.100 | 9.000 | 9.900 | 10.80 |
| 650 | 4.119 | 4.806 | 5.721 | 6.866 | 8.010 | 9.154 | 10.30 | 11.44 | 12.59 | 13.73 |
| 700 | 5.415 | 6.003 | 7.146 | 8.575 | 10.00 | 11.43 | 12.86 | 14.29 | 15.72 | 17.15 |
| 750 | 6.328 | 7.383 | 8.789 | 10.55 | 12.30 | 14.06 | 15.82 | 17.58 | 19.34 | 21.09 |
| 800 | 7.680 | 8.960 | 10.67 | 12.80 | 14.93 | 17.07 | 19.20 | 21.33 | 23.47 | 25.60 |
| 850 | 9.21 | 10.75 | 12.79 | 15.35 | 17.91 | 20.47 | 23.03 | 25.59 | 28.15 | 30.71 |
| 900 | 10.94 | 12.76 | 15.19 | 18.23 | 21.26 | 24.30 | 27.34 | 30.38 | 33.41 | 36.45 |
| 950 | 12.86 | 15.00 | 17.86 | 21.43 | 25.01 | 28.58 | 32.15 | 35.72 | 39.30 | 42.87 |
| 1000 | 15.00 | 17.50 | 20.83 | 25.00 | 29.17 | 33.33 | 37.50 | 41.67 | 45.83 | 50.00 |

付 3・3　柱断面算定シート用係数表 ($d = D - 60$ mm)

| D \ b | 350 | | 400 | | 450 | | 500 | | 550 | | 600 | |
|---|---|---|---|---|---|---|---|---|---|---|---|---|
| 350 | 290 | 253.8 | 290 | 253.8 | 290 | 253.8 | 290 | 253.8 | 290 | 253.8 | 290 | 253.8 |
|  | 122.5 | 1225 | 140 | 1400 | 157.5 | 1575 | 175 | 1750 | 192.5 | 1925 | 210 | 2100 |
|  | 42.88 | 89 | 49 | 102 | 55.13 | 114 | 61.25 | 127 | 67.38 | 140 | 73.5 | 152 |
|  |  | 980 |  | 1120 |  | 1260 |  | 1400 |  | 1540 |  | 1680 |
| 400 | 340 | 297.5 | 340 | 297.5 | 340 | 297.5 | 340 | 297.5 | 340 | 297.5 | 340 | 297.5 |
|  | 140 | 1400 | 160 | 1600 | 180 | 1800 | 200 | 2000 | 220 | 2200 | 240 | 2400 |
|  | 56 | 104 | 64 | 119 | 72 | 134 | 80 | 149 | 88 | 164 | 96 | 179 |
|  |  | 1120 |  | 1280 |  | 1440 |  | 1600 |  | 1760 |  | 1920 |
| 450 | 390 | 341.3 | 390 | 341.3 | 390 | 341.3 | 390 | 341.3 | 390 | 341.3 | 390 | 341.3 |
|  | 157.5 | 1575 | 180 | 1800 | 202.5 | 2025 | 225 | 2250 | 247.5 | 2475 | 270 | 2700 |
|  | 70.88 | 119 | 81 | 137 | 91.13 | 154 | 101.3 | 171 | 111.4 | 188 | 121.5 | 205 |
|  |  | 1260 |  | 1440 |  | 1620 |  | 1800 |  | 1980 |  | 2160 |
| 500 | 440 | 385 | 440 | 385 | 440 | 385 | 440 | 385 | 440 | 385 | 440 | 385 |
|  | 175 | 1750 | 200 | 2000 | 225 | 2250 | 250 | 2500 | 275 | 2750 | 300 | 3000 |
|  | 87.5 | 135 | 100 | 154 | 112.5 | 173 | 125 | 193 | 137.5 | 212 | 150 | 231 |
|  |  | 1400 |  | 1600 |  | 1800 |  | 2000 |  | 2200 |  | 2400 |
| 550 | 490 | 428.8 | 490 | 428.8 | 490 | 428.8 | 490 | 428.8 | 490 | 428.8 | 490 | 428.8 |
|  | 192.5 | 1925 | 220 | 2200 | 247.5 | 2475 | 275 | 2750 | 302.5 | 3025 | 330 | 3300 |
|  | 105.9 | 150 | 121 | 172 | 136.1 | 193 | 151.3 | 214 | 166.4 | 236 | 181.5 | 257 |
|  |  | 1540 |  | 1760 |  | 1980 |  | 2200 |  | 2420 |  | 2640 |
| 600 | 540 | 472.5 | 540 | 472.5 | 540 | 472.5 | 540 | 472.5 | 540 | 472.5 | 540 | 472.5 |
|  | 210 | 2100 | 240 | 2400 | 270 | 2700 | 300 | 3000 | 330 | 3300 | 360 | 3600 |
|  | 126 | 165 | 144 | 189 | 162 | 213 | 180 | 236 | 198 | 260 | 216 | 284 |
|  |  | 1680 |  | 1920 |  | 2160 |  | 2400 |  | 2640 |  | 2880 |

| $d$ | $j$ |
|---|---|
| $b \cdot D \, (\times 10^3)$ | $b \cdot D \, (\times 10^2)$ |
| $b \cdot D^2 \, (\times 10^6)$ | $b \cdot j \, (\times 10^3)$ |
| 0.8% $b \cdot D$ | |

付 3・2　梁断面算定シート用係数表（$d = D - 60$ mm）

| | $d$ | $j$ |
|---|---|---|
| | $b \cdot d^2 \, (\times 10^6)$ | $b \cdot d \, (\times 10^2)$ |
| | $0.4\% b \cdot d$ | $b \cdot j \, (\times 10^3)$ |

| $D$ \ $b$ | 250 | | 300 | | 350 | | 400 | |
|---|---|---|---|---|---|---|---|---|
| 350 | 290 | 253.8 | 290 | 253.8 | 290 | 253.8 | 290 | 253.8 |
|  | 21.03 | 725 | 25.23 | 870 | 29.44 | 1015 | 33.64 | 1160 |
|  | 290 | 63 | 348 | 76 | 406 | 89 | 464 | 102 |
| 400 | 340 | 297.5 | 340 | 297.5 | 340 | 297.5 | 340 | 297.5 |
|  | 28.9 | 850 | 34.68 | 1020 | 40.46 | 1190 | 46.24 | 1360 |
|  | 340 | 74 | 408 | 89 | 476 | 104 | 544 | 119 |
| 450 | 390 | 341.3 | 390 | 341.3 | 390 | 341.3 | 390 | 341.3 |
|  | 38.03 | 975 | 45.63 | 1170 | 53.24 | 1365 | 60.84 | 1560 |
|  | 390 | 85 | 468 | 102 | 546 | 119 | 624 | 137 |
| 500 | 440 | 385 | 440 | 385 | 440 | 385 | 440 | 385 |
|  | 48.4 | 1100 | 58.08 | 1320 | 67.76 | 1540 | 77.44 | 1760 |
|  | 440 | 96 | 528 | 116 | 616 | 135 | 704 | 154 |
| 550 | 490 | 428.8 | 490 | 428.8 | 490 | 428.8 | 490 | 428.8 |
|  | 60.03 | 1255 | 72.03 | 1470 | 84.04 | 1715 | 96.04 | 1960 |
|  | 490 | 107 | 588 | 129 | 686 | 150 | 784 | 172 |
| 600 | 540 | 472.5 | 540 | 472.5 | 540 | 472.5 | 540 | 472.5 |
|  | 72.9 | 1350 | 87.48 | 1620 | 102.1 | 1890 | 116.6 | 2160 |
|  | 540 | 118 | 648 | 142 | 756 | 165 | 864 | 189 |
| 650 | 590 | 516.3 | 590 | 516.3 | 590 | 516.3 | 590 | 516.3 |
|  | 87.03 | 1475 | 104.4 | 1770 | 121.8 | 2065 | 139.2 | 2360 |
|  | 590 | 129 | 708 | 155 | 826 | 181 | 944 | 207 |
| 700 | 640 | 560 | 640 | 560 | 640 | 560 | 640 | 560 |
|  | 102.4 | 1600 | 122.9 | 1920 | 143.4 | 2240 | 163.8 | 2560 |
|  | 640 | 140 | 768 | 168 | 896 | 196 | 1024 | 224 |
| 750 | 690 | 603.8 | 690 | 603.8 | 690 | 603.8 | 690 | 603.8 |
|  | 119.0 | 1725 | 142.8 | 2070 | 166.6 | 2415 | 190.4 | 2760 |
|  | 690 | 151 | 828 | 181 | 966 | 211 | 1104 | 242 |
| 800 | 740 | 647.5 | 740 | 647.5 | 740 | 647.5 | 740 | 647.5 |
|  | 136.9 | 1850 | 164.3 | 2220 | 191.7 | 2590 | 219.0 | 2960 |
|  | 740 | 162 | 888 | 194 | 1036 | 227 | 1184 | 259 |

## 付4　梁の断面算定図表

$F_c = 21$　　　長　期

$f_c = 7$　　$f_t = 200,\ 220$　　$n = 15$

(———)(- - -)

$M = C \cdot b \cdot d^2$ または $C \cdot B \cdot d^2$

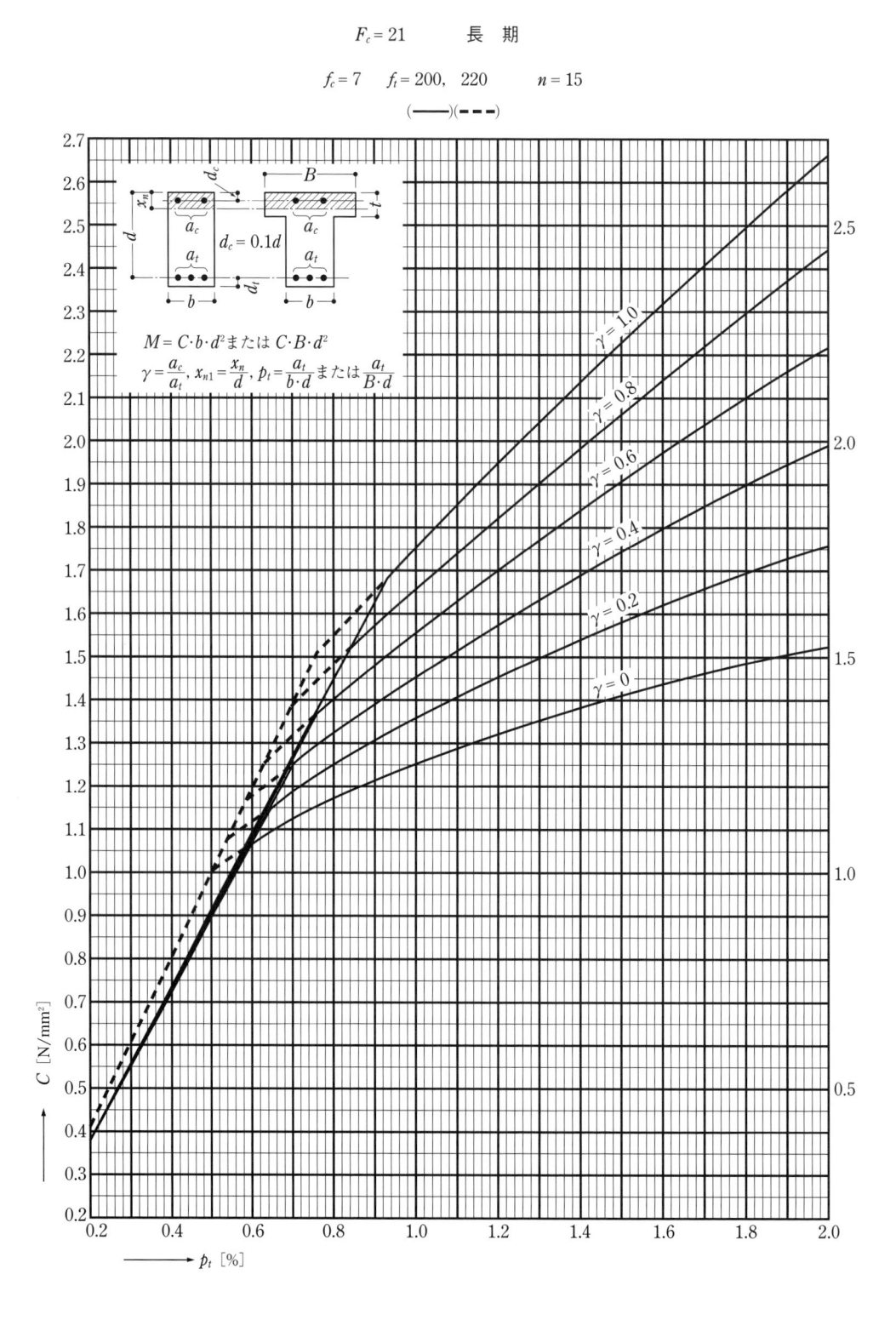

$\gamma = \dfrac{a_c}{a_t},\ x_{n1} = \dfrac{x_n}{d},\ p_t = \dfrac{a_t}{b \cdot d}$ または $\dfrac{a_t}{B \cdot d}$

$d_c = 0.1d$

付4・1　梁の断面算定図表（$F_c = 21$，長期）（『鉄筋コンクリート構造計算規準・同解説（1988年版）』付図15・5より．単位および数値はSI単位に筆者改定）

$F_c = 21$ 　　短　期

$f_c = 14$ 　$f_t = 295,\ 345,\ 390$ 　　$n = 15$

(———)(━ ━ ━)(———)

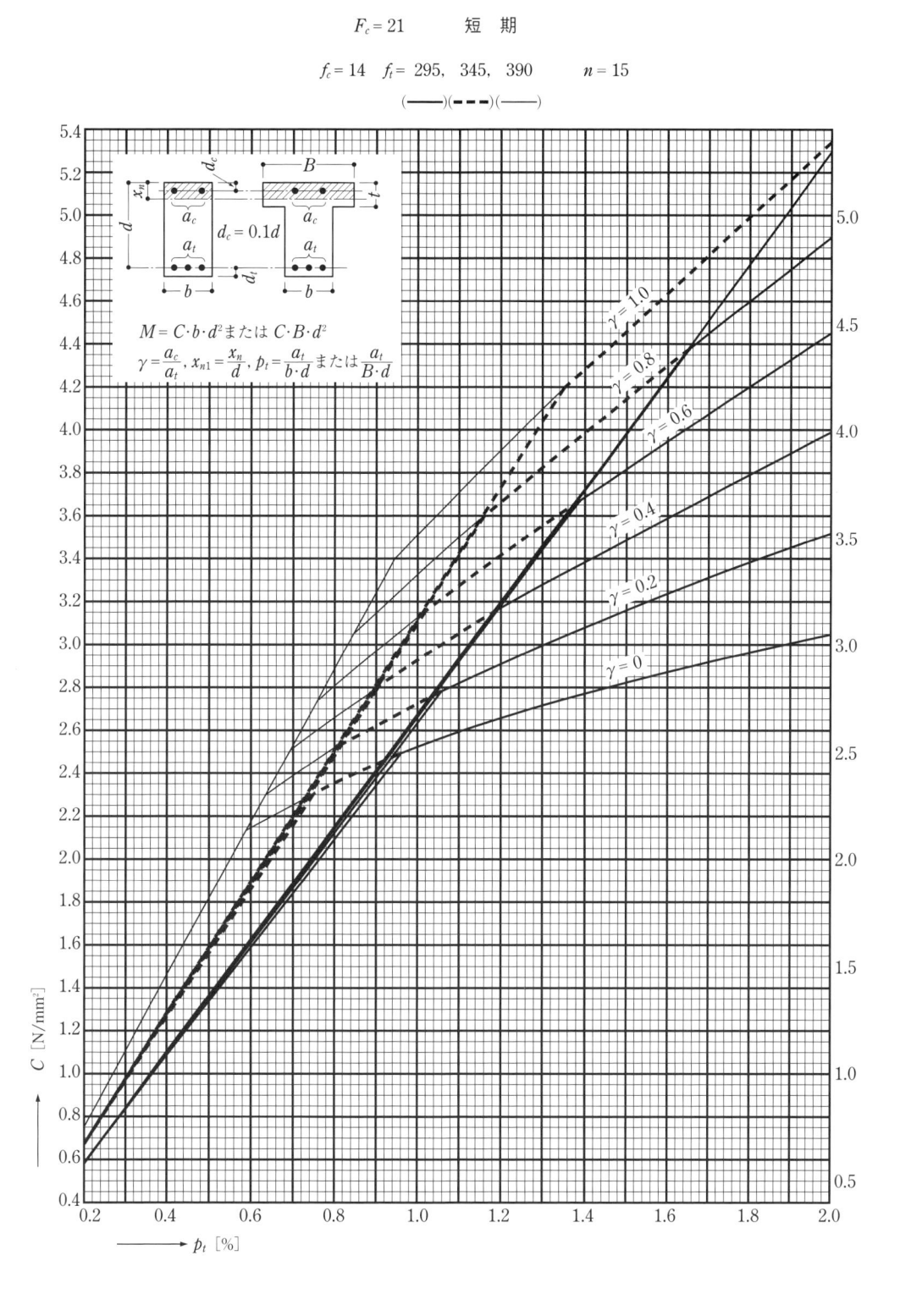

$M = C \cdot b \cdot d^2$ または $C \cdot B \cdot d^2$

$\gamma = \dfrac{a_c}{a_t},\ x_{n1} = \dfrac{x_n}{d},\ p_t = \dfrac{a_t}{b \cdot d}$ または $\dfrac{a_t}{B \cdot d}$

$d_c = 0.1d$

付 4・2　梁の断面算定図表（$F_c = 21$、短期）（『鉄筋コンクリート構造計算規準・同解説（1988年版）』付図15·6より．単位および数値はSI単位に筆者改定）

$F_c = 18$    長　期

$f_c = 6$    $f_t = 160, \ 200, \ 220$    $n = 15$

(-- --)(———)(━ ━ ━)

$M = C \cdot b \cdot d^2$ または $C \cdot B \cdot d^2$

$\gamma = \dfrac{a_c}{a_t}, \ x_{n1} = \dfrac{x_n}{d}, \ p_t = \dfrac{a_t}{b \cdot d}$ または $\dfrac{a_t}{B \cdot d}$

$d_c = 0.1d$

付 4·3　梁の断面算定図表（$F_c = 18$，長期）（『鉄筋コンクリート構造計算規準・同解説（1988年版）』付図 15·3 より．単位および数値は SI 単位に筆者改定）

$F_c = 18$　　短　期

$f_c = 12$　$f_t = 235,\ 295,\ 345,\ 390$　　$n = 15$
(- - -)(———)(- - -)(———)

$M = C \cdot b \cdot d^2$ または $C \cdot B \cdot d^2$

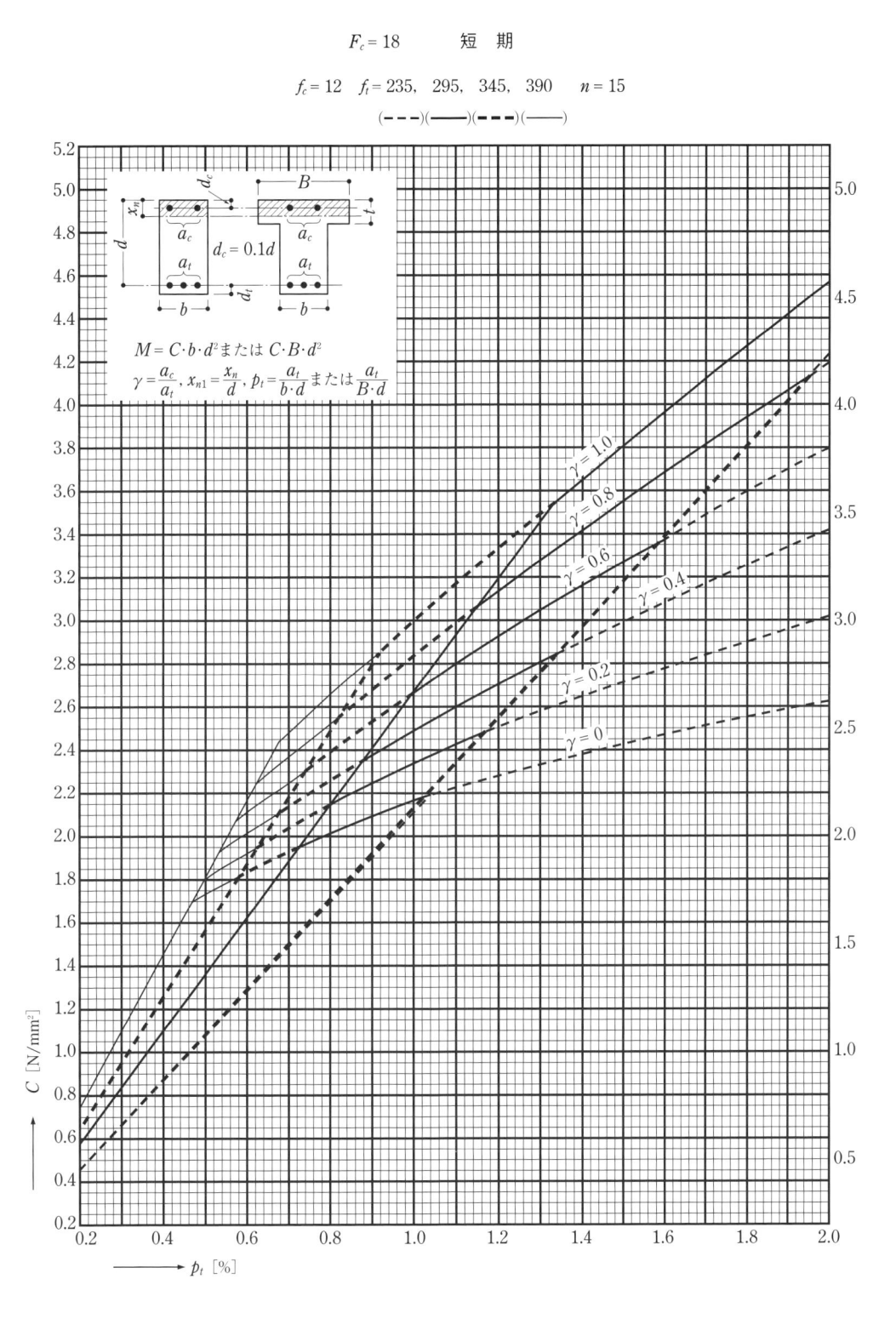

$\gamma = \dfrac{a_c}{a_t},\ x_{n1} = \dfrac{x_n}{d},\ p_t = \dfrac{a_t}{b \cdot d}$ または $\dfrac{a_t}{B \cdot d}$

$d_c = 0.1d$

付 4・4　梁の断面算定図表（$F_c = 18$，短期）（『鉄筋コンクリート構造計算規準・同解説（1988 年版）』付図 15・4 より．単位および数値は SI 単位に筆者改定）

付 5　柱の断面算定図表

$F_c = 21$　　長　期
$f_c = 7$　　$f_t = 200$　　$n = 15$

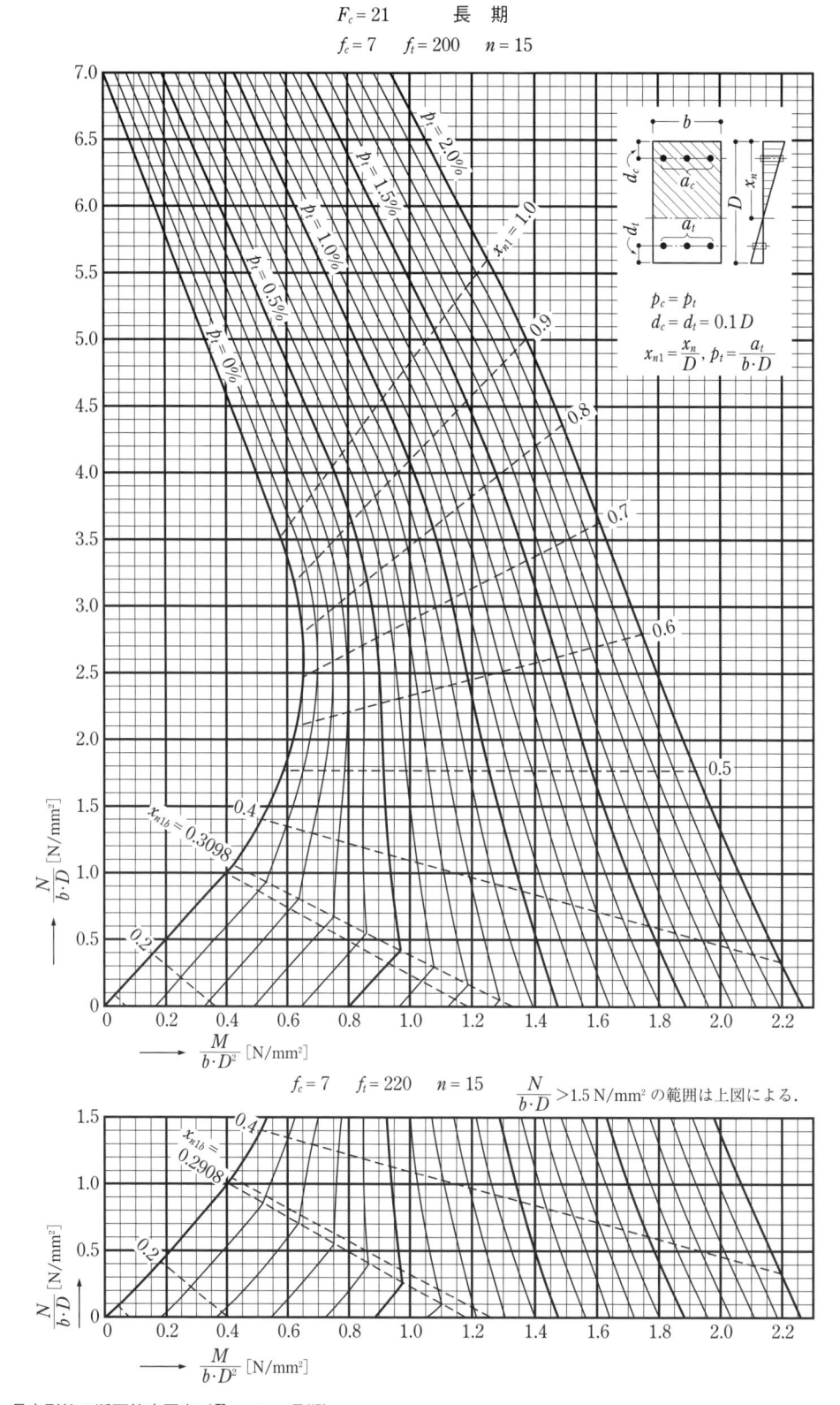

$p_c = p_t$
$d_c = d_t = 0.1D$
$x_{n1} = \dfrac{x_n}{D}$, $p_t = \dfrac{a_t}{b \cdot D}$

$f_c = 7$　　$f_t = 220$　　$n = 15$　　$\dfrac{N}{b \cdot D} > 1.5\,\text{N/mm}^2$ の範囲は上図による．

付 5・1　長方形柱の断面算定図表（$F_c = 21$，長期）　（『鉄筋コンクリート構造計算規準・同解説（1988 年版）』付図 16・11 より．単位および数値は SI 単位に筆者改定）

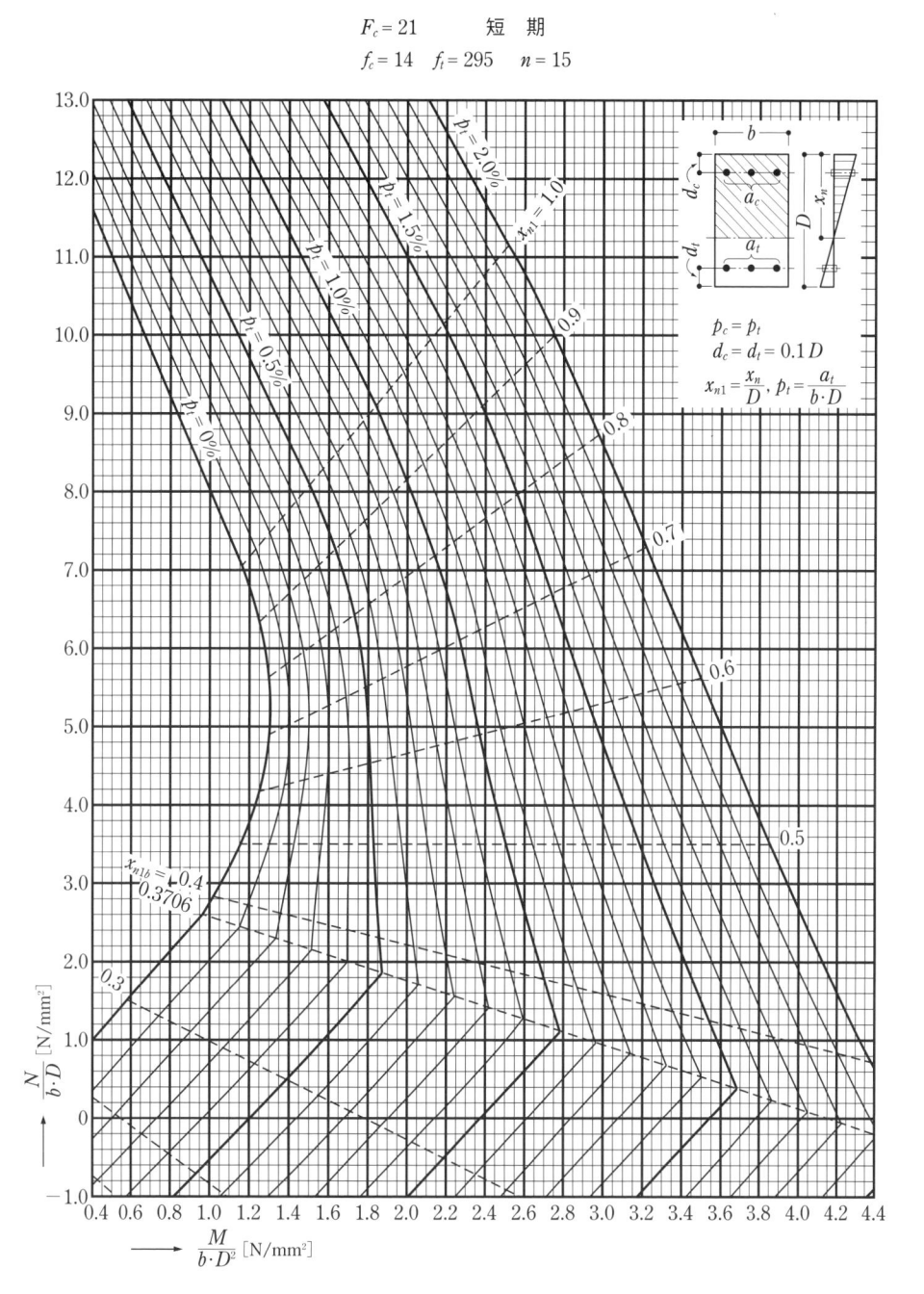

付 5·2 長方形柱の断面算定図表（$F_c = 21$, 短期）（『鉄筋コンクリート構造計算規準・同解説（1988年版）』付図16·12より，単位および数値はSI単位に筆者改定）

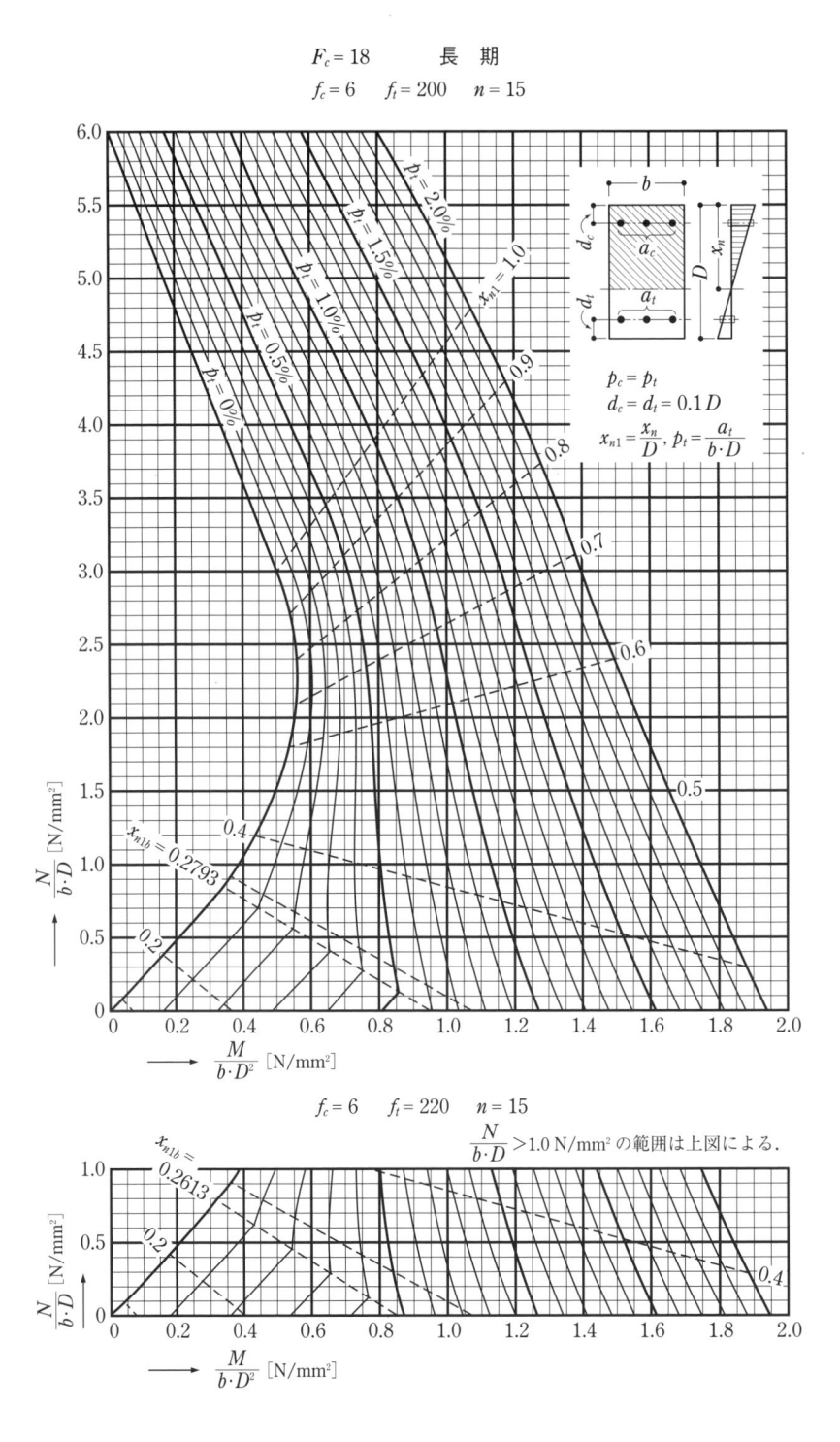

$F_c = 18$　　長　期
$f_c = 6$　　$f_t = 200$　　$n = 15$

$p_c = p_t$
$d_c = d_t = 0.1D$
$x_{n1} = \dfrac{x_n}{D}$, $p_t = \dfrac{a_t}{b \cdot D}$

$f_c = 6$　　$f_t = 220$　　$n = 15$

$\dfrac{N}{b \cdot D} > 1.0\,\text{N/mm}^2$ の範囲は上図による．

付 5・3　長方形柱の断面算定図表（$F_c = 18$，長期）（『鉄筋コンクリート構造計算規準・同解説（1988 年版）』付図 16・7 より．単位および数値は SI 単位に筆者改定）

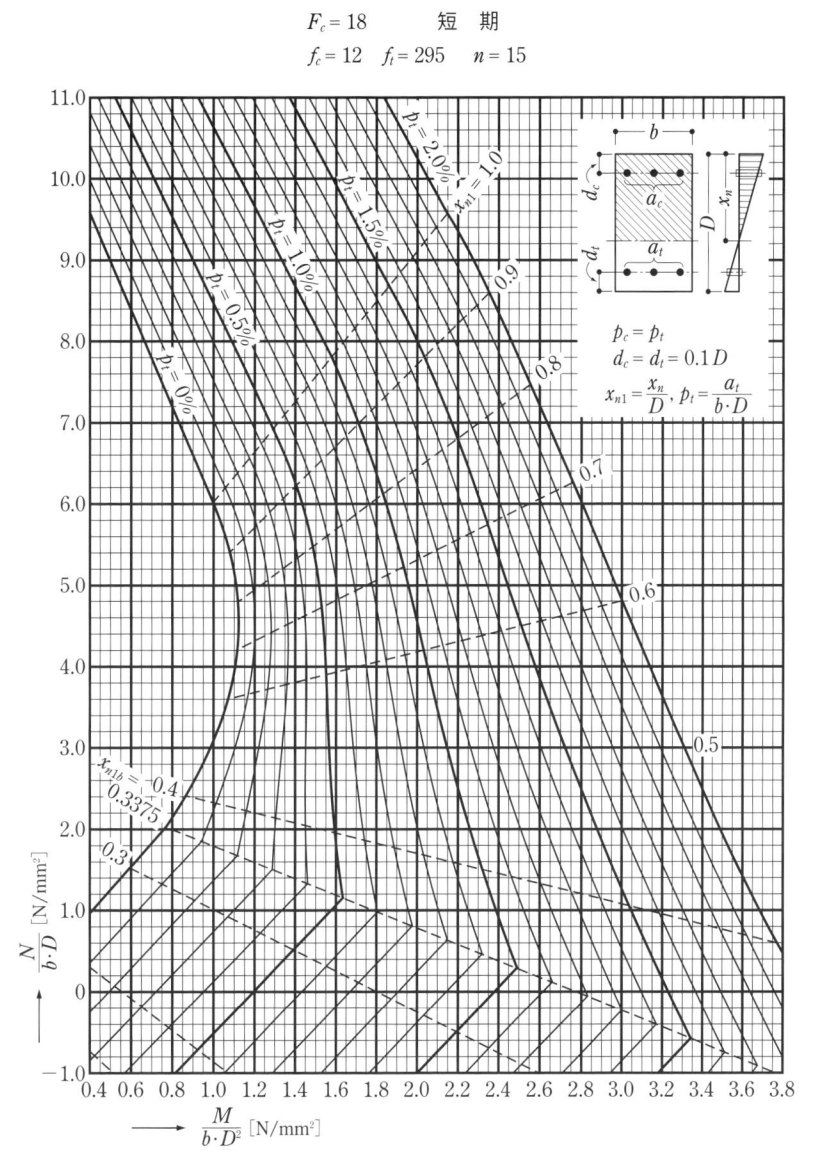

$F_c = 18$　　短　期
$f_c = 12$　$f_t = 295$　$n = 15$

$p_c = p_t$
$d_c = d_t = 0.1D$
$x_{n1} = \dfrac{x_n}{D}$, $p_t = \dfrac{a_t}{b \cdot D}$

縦軸: $\dfrac{N}{b \cdot D}$ [N/mm²]
横軸: $\dfrac{M}{b \cdot D^2}$ [N/mm²]

付 5・4　長方形柱の断面算定図表（$F_c = 18$，短期）（『鉄筋コンクリート構造計算規準・同解説（1988年版）』付図 16・8 より．単位および数値は SI 単位に筆者改定）

付6 $\alpha$ の計算図表

$$\alpha = \frac{4}{\frac{M}{Q \cdot d}+1}$$

横軸: $\frac{M}{Q \cdot d}$　縦軸: $\alpha \ (1 \leqq \alpha \leqq 2)$

（日本建築学会『鉄筋コンクリート構造計算規準・同解説（1999年版）』図15・5より）

付7 あばら筋・帯筋の計算図表

縦軸: $\frac{\Delta Q}{b \cdot j}$ [N/mm²]　横軸: $p_w = \frac{a_w}{b \cdot x}$ [%]

${}_wf_t = 295 \text{ N/mm}^2$（短期）
235（短期）
200（長期）
160（長期）

（『鉄筋コンクリート構造計算規準・同解説（1988年版）』図16・10より．単位および数値はSI単位に筆者改定）

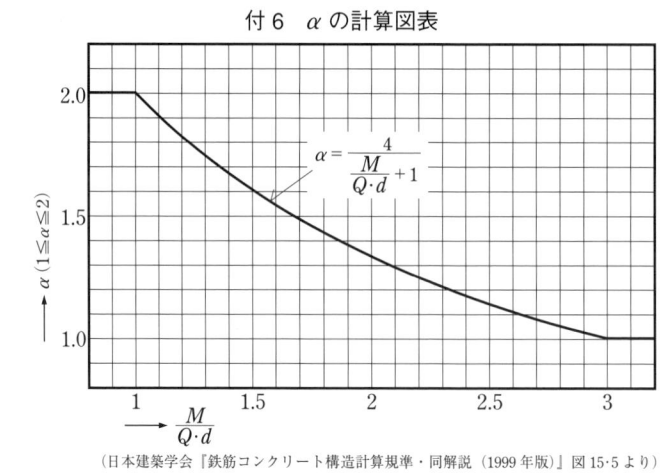

## 付8 あばら筋，帯筋間隔早見表

### (a) あばら筋比 $p_w$ からあばら筋間隔 $x$ を求める早見表

・異形棒鋼  $p_w = \dfrac{a_w}{b \cdot x}$ [%]  空欄：0.2% > $p_w$ または 1.2% < $p_w$

| 配筋型式 / 間隔 $x$[mm] / 梁幅 $b$[mm] | | D10 □ $a_w$=143 | | | | D10 □ $a_w$=214 | | | | D10 □ $a_w$=285 | | | |
|---|---|---|---|---|---|---|---|---|---|---|---|---|---|
| | | 100 | 150 | 200 | 250 | 100 | 150 | 200 | 250 | 100 | 150 | 200 | 250 |
| 250 | $p_w$ | 0.57 | 0.38 | 0.29 | 0.23 | 0.86 | 0.57 | 0.43 | 0.34 | 1.14 | 0.76 | 0.57 | 0.46 |
| 300 | | 0.48 | 0.32 | 0.24 | | 0.71 | 0.48 | 0.36 | 0.29 | 0.95 | 0.63 | 0.48 | 0.38 |
| 350 | | 0.41 | 0.27 | 0.20 | | 0.61 | 0.41 | 0.31 | 0.24 | 0.81 | 0.54 | 0.41 | 0.33 |
| 400 | | 0.36 | 0.24 | | | 0.54 | 0.36 | 0.27 | 0.21 | 0.71 | 0.48 | 0.36 | 0.29 |
| 450 | | 0.32 | 0.21 | | | 0.48 | 0.32 | 0.24 | | 0.63 | 0.42 | 0.32 | 0.25 |
| 500 | | 0.29 | | | | 0.43 | 0.29 | 0.21 | | 0.57 | 0.38 | 0.29 | 0.23 |
| 550 | | 0.26 | | | | 0.39 | 0.26 | | | 0.52 | 0.35 | 0.26 | 0.21 |
| 600 | | 0.24 | | | | 0.36 | 0.24 | | | 0.48 | 0.32 | 0.24 | |
| 650 | | 0.22 | | | | 0.33 | 0.22 | | | 0.44 | 0.29 | 0.22 | |
| 700 | | 0.20 | | | | 0.31 | 0.20 | | | 0.41 | 0.27 | 0.20 | |

計算上の $p_w$ が表の $p_w$ 値を超えない間隔 $x$ を梁幅，配筋型式に応じて選ぶ．

### (b) 帯筋比 $p_w$ から帯筋間隔 $x$ を求める早見表

・異形棒鋼  $p_w = \dfrac{a_w}{b \cdot x}$ [%]  空欄：0.2% > $p_w$ または 1.2% < $p_w$

| 配筋型式 / 間隔 $x$[mm] / 柱幅 $b$[mm] | | D10 □ $a_w$=143 | | | | D10 □ $a_w$=214 | | | | D10 □ $a_w$=285 | | | |
|---|---|---|---|---|---|---|---|---|---|---|---|---|---|
| | | 50 | 75 | 100 | 150 | 50 | 75 | 100 | 150 | 50 | 75 | 100 | 150 |
| 300 | $p_w$ | 0.95 | 0.64 | 0.48 | 0.32 | | 0.95 | 0.71 | 0.48 | | | 0.95 | 0.63 |
| 350 | | 0.82 | 0.54 | 0.41 | 0.27 | | 0.82 | 0.61 | 0.41 | | 1.09 | 0.81 | 0.54 |
| 400 | | 0.72 | 0.48 | 0.36 | 0.24 | 1.07 | 0.71 | 0.54 | 0.36 | | 0.95 | 0.71 | 0.48 |
| 450 | | 0.64 | 0.42 | 0.32 | 0.21 | 0.95 | 0.63 | 0.48 | 0.32 | | 0.84 | 0.63 | 0.42 |
| 500 | | 0.57 | 0.38 | 0.29 | | 0.86 | 0.57 | 0.43 | 0.29 | 1.14 | 0.76 | 0.57 | 0.38 |
| 550 | | 0.52 | 0.35 | 0.26 | | 0.78 | 0.52 | 0.39 | 0.26 | 1.04 | 0.69 | 0.52 | 0.35 |
| 600 | | 0.48 | 0.32 | 0.24 | | 0.71 | 0.48 | 0.36 | 0.24 | 0.95 | 0.63 | 0.48 | 0.32 |
| 650 | | 0.44 | 0.29 | 0.22 | | 0.66 | 0.44 | 0.33 | 0.22 | 0.88 | 0.58 | 0.44 | 0.29 |
| 700 | | 0.41 | 0.27 | 0.20 | | 0.61 | 0.41 | 0.31 | 0.20 | 0.81 | 0.54 | 0.41 | 0.27 |
| 750 | | 0.38 | 0.25 | | | 0.57 | 0.38 | 0.29 | | 0.76 | 0.51 | 0.38 | 0.25 |
| 800 | | 0.36 | 0.24 | | | 0.54 | 0.36 | 0.27 | | 0.71 | 0.48 | 0.36 | 0.24 |
| 850 | | 0.34 | 0.22 | | | 0.50 | 0.34 | 0.25 | | 0.67 | 0.45 | 0.34 | 0.22 |
| 900 | | 0.32 | 0.21 | | | 0.48 | 0.32 | 0.24 | | 0.63 | 0.42 | 0.32 | 0.21 |

計算上の $p_w$ が表の $p_w$ 値を超えない間隔 $x$ を梁幅，配筋型式に応じて選ぶ．

## 付9 鉄筋本数と梁および柱幅の最小寸法

(a) 梁幅の最小寸法（上欄：フック後曲げ　下欄：フック先曲げ）[mm]

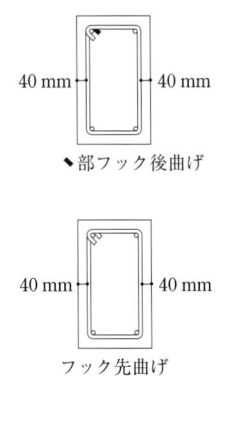

| 主筋 | あばら筋 | 主筋本数 [本] 2 | 3 | 4 | 5 | 6 |
|---|---|---|---|---|---|---|
| D16 | D10 | 235<br>195 | 285<br>235 | 335<br>285 | 385<br>335 | 435<br>385 |
| D16 | D13 | 275<br>210 | 325<br>250 | 375<br>300 | 425<br>350 | 475<br>400 |
| D19 | D10 | 235<br>195 | 290<br>240 | 340<br>295 | 395<br>345 | 445<br>400 |
| D19 | D13 | 275<br>215 | 330<br>255 | 380<br>310 | 435<br>360 | 485<br>415 |
| D22 | D10 | 235<br>200 | 295<br>250 | 355<br>310 | 410<br>365 | 470<br>425 |
| D22 | D13 | 275<br>220 | 335<br>265 | 395<br>325 | 450<br>380 | 510<br>440 |
| D25 | D10 | 240<br>210 | 305<br>265 | 370<br>330 | 435<br>400 | 505<br>465 |
| D25 | D13 | 280<br>225 | 345<br>280 | 410<br>350 | 475<br>415 | 540<br>480 |

(b) 柱幅の最小寸法（上欄：フック後曲げ　下欄：フック先曲げ）[mm]

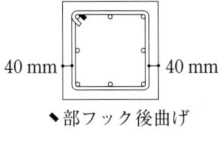

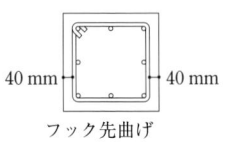

| 主筋 | あばら筋 | 主筋本数 [本] 3 | 4 | 5 | 6 | 7 |
|---|---|---|---|---|---|---|
| D19 | D10 | 285<br>235 | 340<br>285 | 390<br>340 | 445<br>395 | 495<br>445 |
| D19 | D13 | 320<br>250 | 375<br>300 | 425<br>355 | 480<br>410 | 535<br>460 |
| D22 | D10 | 295<br>245 | 350<br>305 | 410<br>360 | 465<br>420 | 525<br>480 |
| D22 | D13 | 330<br>260 | 390<br>320 | 445<br>375 | 505<br>435 | 560<br>495 |
| D25 | D10 | 305<br>265 | 370<br>330 | 435<br>395 | 500<br>460 | 570<br>530 |
| D25 | D13 | 340<br>275 | 405<br>340 | 470<br>405 | 540<br>470 | 605<br>540 |

## 付 10　鉄筋の断面積・周長

(a) 丸鋼の断面積および周長表　[上欄は断面積 $mm^2$，下欄は周長 mm]

| $\phi$ [mm] | 重量 [N/m] | 1 | 2 | 3 | 4 | 5 | 6 | 7 | 8 | 9 | 10 |
|---|---|---|---|---|---|---|---|---|---|---|---|
| 9 | 4.893 | 64 | 127 | 191 | 254 | 318 | 382 | 445 | 509 | 573 | 636 |
| | | 28.3 | 56.5 | 84.8 | 113.1 | 141.4 | 169.6 | 197.9 | 226.2 | 254.5 | 282.7 |
| 13 | 10.198 | 133 | 265 | 398 | 531 | 664 | 796 | 929 | 1062 | 1195 | 1327 |
| | | 40.8 | 81.7 | 122.5 | 163.4 | 204.2 | 245.0 | 286.0 | 326.7 | 367.5 | 408.4 |
| 16 | 15.494 | 201 | 402 | 603 | 804 | 1005 | 1206 | 1407 | 1608 | 1809 | 2011 |
| | | 50.3 | 100.5 | 150.8 | 201.1 | 251.3 | 301.6 | 351.9 | 402.1 | 452.4 | 502.7 |
| 19 | 21.868 | 284 | 567 | 851 | 1134 | 1418 | 1702 | 1985 | 2268 | 2552 | 2835 |
| | | 59.7 | 119.4 | 179.1 | 238.8 | 298.5 | 358.1 | 417.8 | 477.5 | 537.2 | 596.9 |
| 22 | 29.223 | 380 | 760 | 1140 | 1521 | 1901 | 2281 | 2661 | 3041 | 3421 | 3801 |
| | | 69.1 | 138.2 | 207.3 | 276.5 | 345.6 | 414.7 | 483.8 | 552.9 | 622.0 | 691.2 |
| 25 | 37.755 | 491 | 982 | 1473 | 1963 | 2454 | 2945 | 3436 | 3927 | 4418 | 4909 |
| | | 78.5 | 157.1 | 235.6 | 314.2 | 392.7 | 471.2 | 549.8 | 628.3 | 706.9 | 785.4 |

(b) 異形棒鋼の断面積および周長表　[上欄は断面積 $mm^2$，下欄は周長 mm]

| 呼び名 | 重量 [N/m] | 1 | 2 | 3 | 4 | 5 | 6 | 7 | 8 | 9 | 10 |
|---|---|---|---|---|---|---|---|---|---|---|---|
| D10 | 5.491 | 71 | 143 | 214 | 285 | 357 | 428 | 499 | 570 | 642 | 713 |
| | | 30 | 60 | 90 | 120 | 150 | 180 | 210 | 240 | 270 | 300 |
| D13 | 9.757 | 127 | 254 | 381 | 508 | 635 | 762 | 889 | 1016 | 1143 | 1270 |
| | | 40 | 80 | 120 | 160 | 200 | 240 | 280 | 320 | 360 | 400 |
| D16 | 15.298 | 199 | 398 | 597 | 796 | 995 | 1194 | 1393 | 1592 | 1791 | 1990 |
| | | 50 | 100 | 150 | 200 | 250 | 300 | 350 | 400 | 450 | 500 |
| D19 | 22.064 | 287 | 574 | 861 | 1148 | 1435 | 1722 | 2009 | 2296 | 2583 | 2870 |
| | | 60 | 120 | 180 | 240 | 300 | 360 | 420 | 480 | 540 | 600 |
| D22 | 29.812 | 387 | 774 | 1161 | 1548 | 1935 | 2322 | 2709 | 3096 | 3483 | 3870 |
| | | 70 | 140 | 210 | 280 | 350 | 420 | 490 | 560 | 630 | 700 |
| D25 | 39.03 | 507 | 1014 | 1521 | 2028 | 2535 | 3042 | 3549 | 4056 | 4563 | 5070 |
| | | 80 | 160 | 240 | 320 | 400 | 480 | 560 | 640 | 720 | 800 |

p.177～p.203 までの白紙シート・配筋基準図については本書の購入者（読者）自身が使用する場合に限り，自由にコピーして使用することが出来ます．
いかなる場合でも，購入者（読者）以外の方がコピーすることは著作権法違反となりますのでご注意ください．

# 構 造 計 算 書

(鉄筋コンクリート造用)

年　月

工　事　名　称

設計者

# 100　一般事項

## 110　建築物の概要

### 111　建築場所：……………………………………………………………………

### 112　建築概要

| 建　物　規　模 | | | | | 仕　上　概　要 | |
|---|---|---|---|---|---|---|
| 階 | 床面積 | 用途 | 構造種別 | その他 | 屋根 | |
| | | | | 最高の高さ　　　m<br>軒高　　　　　　m | 床 | |
| | | | | | 天井 | |
| | | | | | 壁 | |
| 計 | m² | | | | | |

## 120　設計方針

### 121　準拠法令・規準等
1 建築基準法，日本建築学会の計算規準・指針
2 参考図書……　………………………………………………………………
　　　　　　　　………………………………………………………………

### 122　電算機・プログラム
1 使用箇所：………………………………………………………
2 機種名：……………………………………………………………
3 プログラム名：…………………………………………………

### 123　応力解析
1 鉛直荷重時……固定モーメント法
2 水平荷重時……$D$ 値法

# 130 使用材料と許容応力度・材料強度

## 131 鉄筋の種類と許容応力度・材料強度

[N/mm²]

| 採用 | 応力種別 / 種類 | 基準強度 $F$ | 許容応力度 長期 | | | 許容応力度 短期 | | | 材料強度 基準強度 $F$ JIS同等品 JIS適合品 | 材料強度 圧縮 | 材料強度 引張り | |
|---|---|---|---|---|---|---|---|---|---|---|---|---|
| | | | 圧縮 $_Lf_c$ | 引張り $_Lf_t$ せん断補強以外 | 引張り $_Lf_t$ せん断補強 $_Lf_s$ | 圧縮 $_sf_c$ | 引張り $_sf_t$ せん断補強以外 | 引張り $_sf_t$ せん断補強 $_sf_s$ | | | せん断補強以外 | せん断補強 |
| | 丸鋼 SR235 | 235 | 155 | 155 | 156 | 235 | 235 | 235 | 235 / 258 | 235 / 258 | 235 / 258 | 235 / 258 |
| | 異形棒鋼 SD295 A/B | 295 | 196 (195) | 196 (195) | 195 | 295 | 295 | 295 | 295 / 324 | 295 / 324 | 295 / 324 | 295 / 324 |
| | 異形棒鋼 SD345 | 345 | 215 (195) | 215 (195) | 195 | 345 | 345 | 345 | 345 / 379 | 345 / 379 | 345 / 379 | 345 / 379 |
| | | | | | | | | | | | | |

( ) D29以上

## 132 コンクリートの種別と許容応力度・材料強度

[N/mm²]

| 採用 | 設計基準強度 $F_c$ | コンクリートの種類 | 長期許容応力度 圧縮 $_Lf_c$ | せん断 $_Lf_s$ | 付着(丸鋼) | 付着(異形) $_Lf_a$ 上端 | 付着(異形) $_Lf_a$ その他 | 付着(異形) $_Lf_b$ 上端 | 付着(異形) $_Lf_b$ その他 | 短期許容応力度 圧縮 $_sf_c$ | せん断 $_sf_s$ | 付着(丸鋼) | 付着(異形) $_sf_a$ 上端 | 付着(異形) $_sf_a$ その他 | 付着(異形) $_sf_b$ 上端 | 付着(異形) $_sf_b$ その他 | 材料強度 圧縮 | せん断 | 付着(異形) 上端 | 付着(異形) その他 |
|---|---|---|---|---|---|---|---|---|---|---|---|---|---|---|---|---|---|---|---|---|
| | 18 | 普通コンクリート | 6 | 0.6 | 0.7 | 1.2 | 1.8 | 0.72 | 0.9 | 12 | 0.9 | 1.4 | 1.8 | 2.7 | 1.08 | 1.35 | 18 | 1.8 | 3.6 | 5.4 |
| | 21 | 普通コンクリート | 7 | 0.7 | 0.7 | 1.4 | 2.1 | 0.76 | 0.95 | 14 | 1.05 | 1.4 | 2.1 | 3.15 | 1.14 | 1.425 | 21 | 2.1 | 4.2 | 6.3 |
| | | | | | | | | | | | | | | | | | | | | |
| | | | | | | | | | | | | | | | | | | | | |

1) 付着(異形) $f_b$ は,付着長さ $l_d$,定着長さ $l_a$ 算定用(学会規準)
2) 短期/長期=2. ただし,せん断 $f_s$,付着 $f_a$, $f_b$ は短期/長期=1.5

## 133 許容地耐力,杭の許容支持力

| 採用 | 種類 | 長期 | 短期 | 備考 |
|---|---|---|---|---|
| | 直接基礎 許容地耐力 | kN/m² | kN/m² | 地質 |
| | 杭基礎 杭の許容支持力 | kN/本 | kN/本 | ( )杭 $\phi=$ m $l=$ m 工法 |

地質調査資料　有　無

# 200　構造計画・設計ルート

## 210　構造計画

211　架構形式　　$X$方向：＿＿＿＿＿＿＿＿＿＿　$Y$方向：＿＿＿＿＿＿＿＿＿＿

212　剛床仮定　　成立　　　　　　　不成立（　　　　　）

213　基礎梁　　　有　　　無

## 220　設計ルート

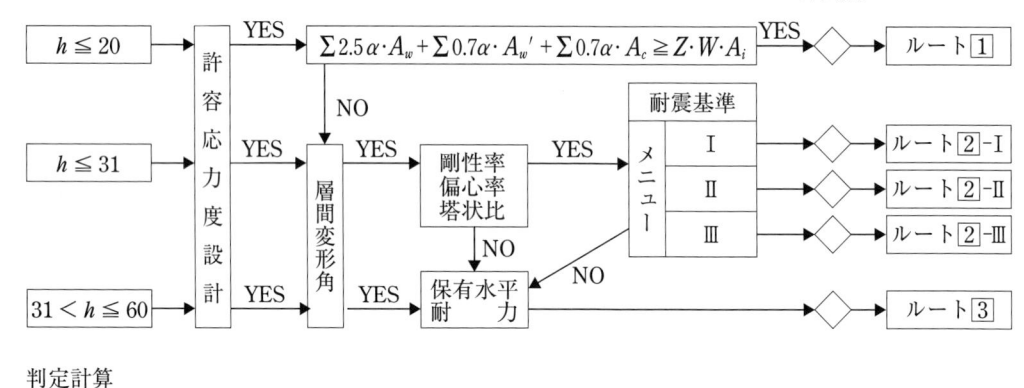

方向別

| $h \leq 20$ | → | 許容応力度設計 | YES → | $\sum 2.5\alpha \cdot A_w + \sum 0.7\alpha \cdot A_w' + \sum 0.7\alpha \cdot A_c \geq Z \cdot W \cdot A_i$ | YES → ◇ → | ルート①|

（フロー図：$h \leq 31$ → YES → 層間変形角 → YES → 剛性率・偏心率・塔状比 → YES → 耐震基準メニュー I, II, III → ルート②-I, ②-II, ②-III）

（$31 < h \leq 60$ → YES → 層間変形角 → YES → 保有水平耐力 → ルート③）

判定計算　＿＿＿＿＿＿＿＿＿＿＿＿＿＿＿＿＿＿＿＿＿＿＿＿＿＿＿＿
　　　　　＿＿＿＿＿＿＿＿＿＿＿＿＿＿＿＿＿＿＿＿＿＿＿＿＿＿＿＿
　　　　　＿＿＿＿＿＿＿＿＿＿＿＿＿＿＿＿＿＿＿＿＿＿＿＿＿＿＿＿

## 230　剛性評価

231　スラブの剛性　　　　剛比増大　　略算（両側スラブ$\phi = 2.0$，片側スラブ$\phi = 1.5$）

232　壁の剛性

① 耐震壁　　　　　　　　$n$倍法
② そで壁，垂れ壁，腰壁　　剛比増大
③ 雑壁　　　　　　　　　2次設計にて剛性評価

## 240　保有水平耐力の解析　＿＿＿＿＿＿

## 250　その他特記事項　＿＿＿＿＿＿

## 220 設計ルートの判定計算

| 柱・壁伏図 | $Z \cdot W \cdot A_i$ | 方向 | $\alpha \cdot A_w$ | $\alpha \cdot A_w'$ | $\alpha \cdot A_c$ | ルート① $2.5\alpha \cdot A_w + 0.7\alpha \cdot A_w' + 0.7\alpha \cdot A_c$ | 判定 | ルート②-I $\dfrac{ルート①}{0.75}$ | 判定 | ルート②-II $1.8(\alpha \cdot A_w + \alpha \cdot A_c)$ | 判定 | ルート②-III |
|---|---|---|---|---|---|---|---|---|---|---|---|---|
| $Y \uparrow \longrightarrow X$ | | | | | | | | | | | | |
| | | | | | | | | | | | | |
| | | | | | | | | | | | | |
| | | | | | | | | | | | | |
| | | | | | | | | | | | | |

## 260 伏図・軸組図

### 261 伏図

### 262 軸組図

# 300　荷重・外力

## 310　固定荷重

[N/m²]

| 建築物の部分 | 固定荷重 | | |
|---|---|---|---|
| | 名　称 | | $w$ |
| | | | |

| 建築物の部分 | 固定荷重 | | |
|---|---|---|---|
| | 名　称 | | $w$ |
| | | | |

## 320　積載荷重と床荷重一覧表

[N/m²]

| 荷重区分<br>室の種類 | 床用 | | | 梁・柱・基礎用 | | | 地震力用 | | |
|---|---|---|---|---|---|---|---|---|---|
| | 固定 | 積載 | 合計 | 固定 | 積載 | 合計 | 固定 | 積載 | 合計 |
| | | | | | | | | | |
| | | | | | | | | | |
| | | | | | | | | | |

## 330　特殊荷重

## 340　積雪荷重

単位重量　　　　垂直積雪量　　積雪荷重
　　　　　N/m²/cm ×　　　　cm =　　　　N/m²

## 350　地震力

・地域係数　$Z =$ ＿＿＿
・地盤種別　第＿＿＿種地盤
・標準せん断力係数　$C_o = 0.2$

## 360　風圧力

・速度圧　$q = 0.6\,E \cdot V_0^2$

## 370　その他・土圧・水圧

# 400　準備計算

## 410　柱軸方向力算定

| | 名称 | 荷重 | $C_1$ | $C_2$ | $C_3$ |
|---|---|---|---|---|---|
| | | | | | |
| | | | | | |
| | | | | | |
| | | | | | |
| | | | | | |

## 420　地震力算定

### 421　建物重量

### 422　地震力

建築物の高さ $h =$ _____ m

1次固有周期 $T = 0.02h =$ _____ 秒　　卓越周期 $T_c =$ _____ 秒

$T$ _____ $T_c$ → 振動特性係数 $R_t =$ _____

$$\alpha_i = \frac{W_i}{W_1} \qquad A_i = 1 + \left(\frac{1}{\sqrt{\alpha_i}} - \alpha_i\right)\frac{2T}{1+3T}$$

| 階 | $W_i$[kN] | $\alpha_i$ | $T$[秒] | $A_i$ | $Z$ | $R_t$ | $C_o$ | $C_i$ | $Q_i$[kN] | 設計$Q_i$[kN] |
|---|---|---|---|---|---|---|---|---|---|---|
| | | | | | | | | | | |
| | | | | | | | | | | |

## 4.10 柱軸方向力算定

| | 名称 | 荷重[kN/m²] | $C_1$ | | | $C_2$ | | | $C_3$ | | |
|---|---|---|---|---|---|---|---|---|---|---|---|
| 屋上 | パラペット | | | | | | | | | | |
| | 屋上床 | | | | | | | | | | |
| 2階 | ②×1/2 | | | | | | | | | | |
| | $_2C$ $n$ | | | | | | | | | | |
| | $N$ | | | | | | | | | | |
| | 柱 | | | | | | | | | | |
| | ② 窓 | | | | | | | | | | |
| | 壁 | | | | | | | | | | |
| | 小計 | | | | | | | | | | |
| m | | | | | | | | | | | |
| 1階 | ②×1/2 | | | | | | | | | | |
| | 床 | | | | | | | | | | |
| | ①×1/2 | | | | | | | | | | |
| | $_1C$ $n$ | | | | | | | | | | |
| | $N$ | | | | | | | | | | |
| | 柱 | | | | | | | | | | |
| | ① 窓 | | | | | | | | | | |
| | 壁 | | | | | | | | | | |
| | 小計 | | | | | | | | | | |
| m | | | | | | | | | | | |
| 柱脚 | 柱 | | | | | | | | | | |
| | $N$ | | | | | | | | | | |

## 440 梁の $C, M_0, Q_0$ の算定

| | | 荷重状態 | $l_x$ | $l_y$ | $\lambda$ | $\dfrac{C}{w}$ | $\dfrac{M_0}{w}$ | $\dfrac{Q_0}{w}$ | $w$ [kN/m²] | $C$ [kN·m] | $M_0$ [kN·m] | $Q_0$ [kN] |
|---|---|---|---|---|---|---|---|---|---|---|---|---|
| | | | | | | | | | | | | |

## 450　断面仮定と剛比算定

1 梁剛比算定

$K_0 =$ 　　　mm³

| | | $b$ | $D$ | $I_0(\times 10^9)$ [mm⁴] | $l$ [m] | $I_0 / l$ | $A_0$ [mm²] | $A_g$ [mm²] | $\phi_1$ | $\phi_2$ | $K(\times 10^6)$ [mm³] | $k$ |
|---|---|---|---|---|---|---|---|---|---|---|---|---|
| | | | | | | | | | | | | |

2 柱剛比算定

$K_0 =$ _____ mm³

| | | 断面 | $b$ | $D$ | $I_0(\times 10^9)$ [mm⁴] | $h$ [m] | $I_0/h$ | $A_0$ [mm²] | $A_g$ [mm²] | $\phi_4$ | $K(\times 10^6)$ [mm³] | $k$ |
|---|---|---|---|---|---|---|---|---|---|---|---|---|
| | | | | | | | | | | | | |

3 剛比一覧表

## 510 鉛直荷重時応力算定

## 510　鉛直荷重時応力算定

### Ⓐ, Ⓑラーメン

| | 柱頭 | 左端 | | | 柱頭 | 右端 | 左端 | | | 柱頭 | 右端 | 左端 | | | 柱頭 | 右端 |
|---|---|---|---|---|---|---|---|---|---|---|---|---|---|---|---|---|
| $DF$ | | | | | | | | | | | | | | | | |
| $C$ | | | | | | | | | | | | | | | | |
| $D_1$ | | — | | | | | | | | | | | | | | |
| $C_1$ | | | | | | | | | | | | | | | | |
| $D_2$ | | | | | | | | | | | | | | | | |
| $M$ | | | | | | | | | | | | | | | | |

$_rG_2$　$M_0$　　　　$_rB_1$　$M_0$　　　　$_rB_2$　$M_0$

　　$_2C_2$　$Q_0$　　$_2C_1$　$\Sigma C_1$　$Q_0$　　$_2C_2$　$\Sigma C$　$\Sigma C_1$　$Q_0$　　$_2C_3$　$\Sigma C_1$

### ②ラーメン

| | 柱脚 | 左端 | | | 柱頭 | 右端 | 左端 | | | 柱頭 | 右端 | 左端 | | | 柱頭 | 右端 |
|---|---|---|---|---|---|---|---|---|---|---|---|---|---|---|---|---|
| $DF$ | | | | | | | | | | | | | | | | |
| $C$ | | | | | | | | | | | | | | | | |
| $D_1$ | | — | | | | — | | | | | — | | | | | — |
| $C_1$ | | | | | | | | | | | | | | | | |
| $D_2$ | | | | | | | | | | | | | | | | |
| $M$ | | | | | | | | | | | | | | | | |

$_2G_2$　$M_0$　　　　$_2B_1$　$M_0$　　　　$_2B_2$　$M_0$

　$_1C_2$　$Q_0$　　$_1C_1$　$\Sigma C_1$　$Q_0$　　$_1C_2$　$\Sigma C$　$\Sigma C_1$　$Q_0$　　$_1C_3$　$\Sigma C_1$

$M$

## 520 水平荷重時応力算定

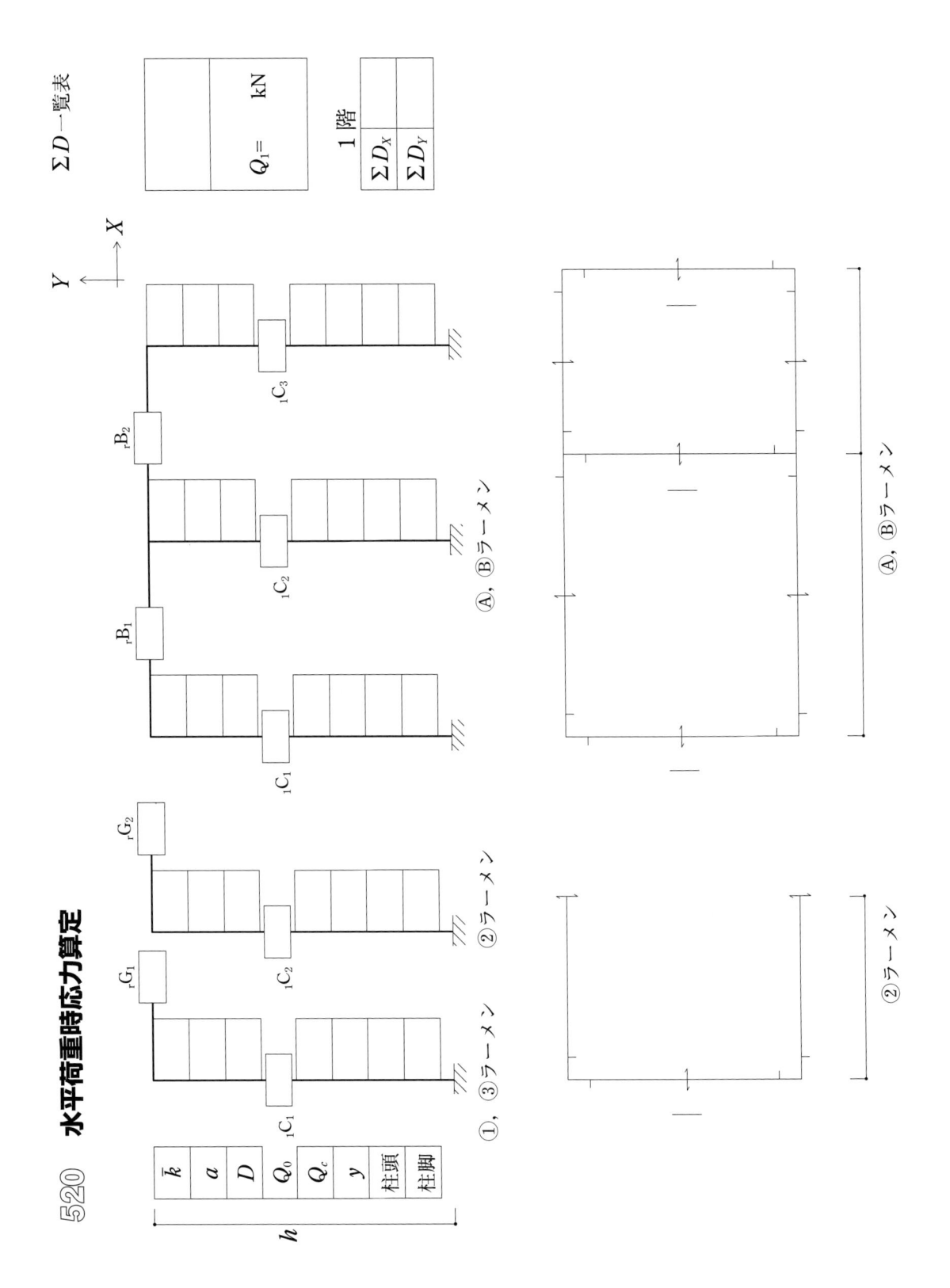

| $\bar{k}$ |
|---|
| $a$ |
| $D$ |
| $Q_0$ |
| $Q_c$ |
| $y$ |
| 柱頭 |
| 柱脚 |

$h$

①, ③ラーメン　②ラーメン

$\Sigma D$ 一覧表

| | $Q_1 =$ kN |
|---|---|

1階
| $\Sigma D_X$ | |
|---|---|
| $\Sigma D_Y$ | |

Ⓐ, Ⓑラーメン

②ラーメン

## 520 水平荷重時応力算定

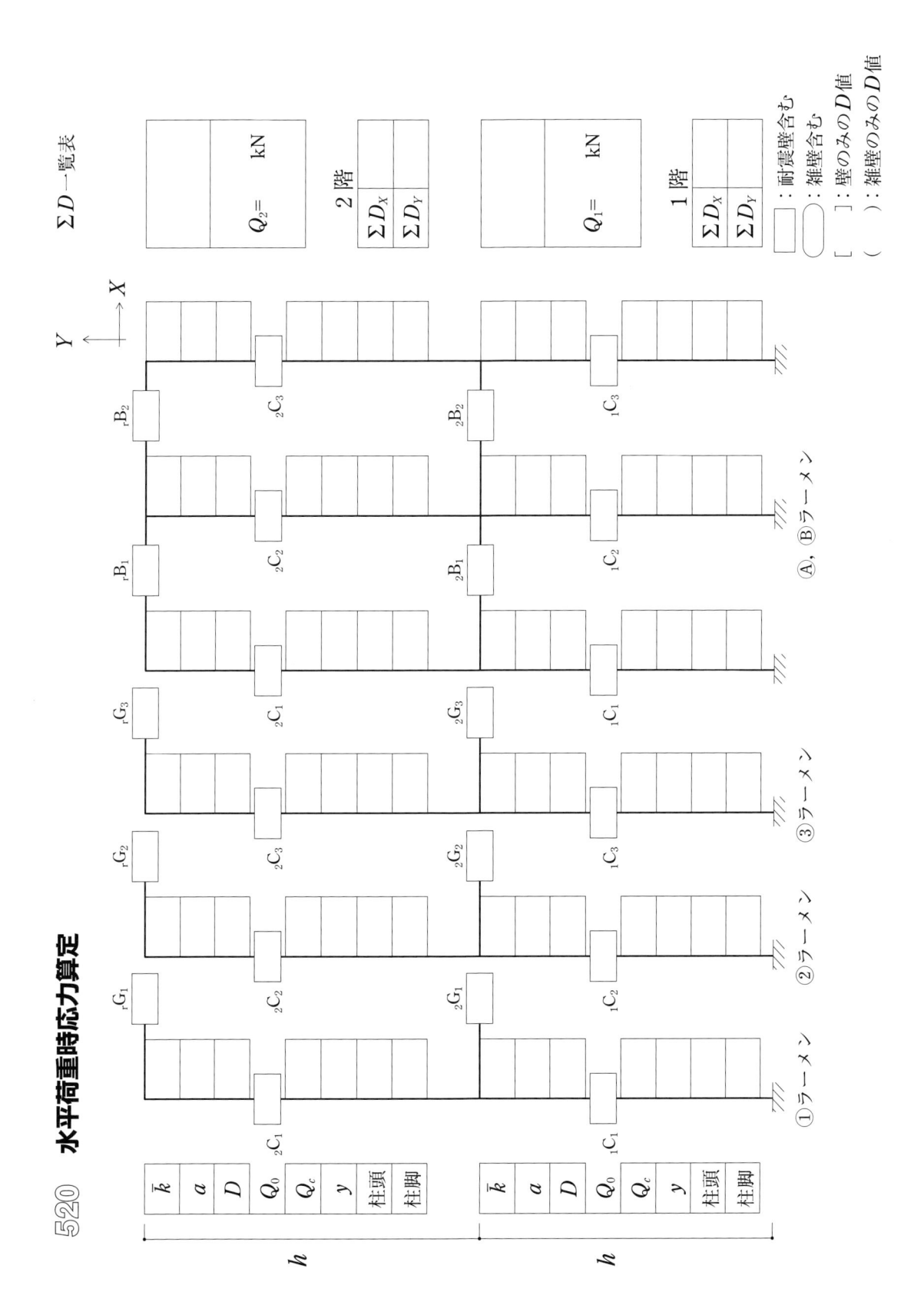

ΣD一覧表

| | |
|---|---|
| $Q_2=$ | kN |

**2階**

| | |
|---|---|
| $\Sigma D_X$ | |
| $\Sigma D_Y$ | |

| | |
|---|---|
| $Q_1=$ | kN |

**1階**

| | |
|---|---|
| $\Sigma D_X$ | |
| $\Sigma D_Y$ | |

□ : 耐震壁含む
◯ : 雑壁含む
[ ] : 壁のみの$D$値
( ) : 雑壁のみの$D$値

①ラーメン　②ラーメン　③ラーメン　　Ⓐ, Ⓑラーメン

柱記号: $_2C_1$, $_2C_2$, $_2C_3$ (2階) / $_1C_1$, $_1C_2$, $_1C_3$ (1階)
梁記号: $_rG_1$, $_rG_2$, $_rG_3$, $_rB_1$, $_rB_2$ / $_2G_1$, $_2G_2$, $_2G_3$, $_2B_1$, $_2B_2$

各柱の記入欄:

| $\bar{k}$ |
| $a$ |
| $D$ |
| $Q_0$ |
| $Q_c$ |
| $y$ |
| 柱頭 |
| 柱脚 |

高さ $h$（2階、1階）

## 530 応力一覧

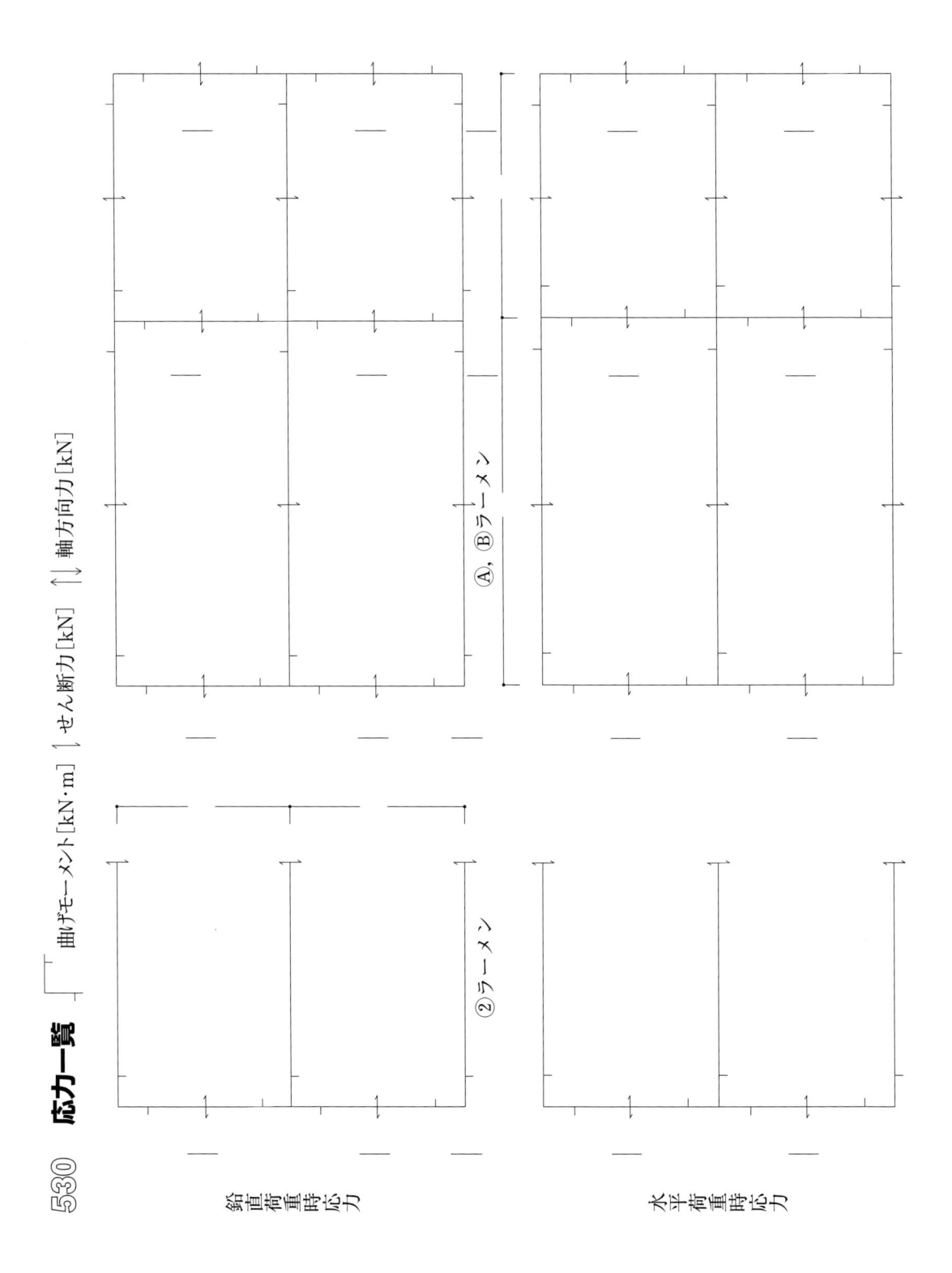

曲げモーメント [kN·m]　せん断力 [kN]　軸方向力 [kN]

Ⓐ, Ⓑラーメン

②ラーメン

鉛直荷重時応力

水平荷重時応力

# 600　耐震壁

**1** 耐力壁の $D$ 値計算

・耐震壁の $D_w$ 算定

| 階 | 方向 | 通り | $t \cdot l'$ | $A_w$ | $A_c$ | $A_w/A_c$ | $r_1$ | $n$ | $D_c$ | $D_w$ | $Q_i$ |
|---|---|---|---|---|---|---|---|---|---|---|---|
| | | | | | | | | | | | |
| | | | | | | | | | | | |
| | | | | | | | | | | | |
| | | | | | | | | | | | |

・雑壁の $D_w{'}$ 算定

| 階 | 方向 | 通り | $t \cdot l'$ | $A_w$ | $A_c$ | $A_w/A_c$ | $n'$ | $D_c$ | $D_w{'}$ |
|---|---|---|---|---|---|---|---|---|---|
| | | | | | | | | | |
| | | | | | | | | | |
| | | | | | | | | | |

**2** 耐震壁の壁筋設計

・耐震壁の検討

・壁筋設計　　$p_s = 0.25$ ％

$a_t = p_s \cdot t \cdot l = 0.0025 \times$ _____ mm $\times$ _____ mm $=$ _____ mm$^2$

$x = \dfrac{1000}{\dfrac{a_t}{a_1}} = \dfrac{1000 \text{ mm}}{\dfrac{\text{_____ mm}^2}{\text{_____ mm}^2}} =$ _____ mm → 設計 _____ －@ _____

開口補強筋　　_____ －D _____

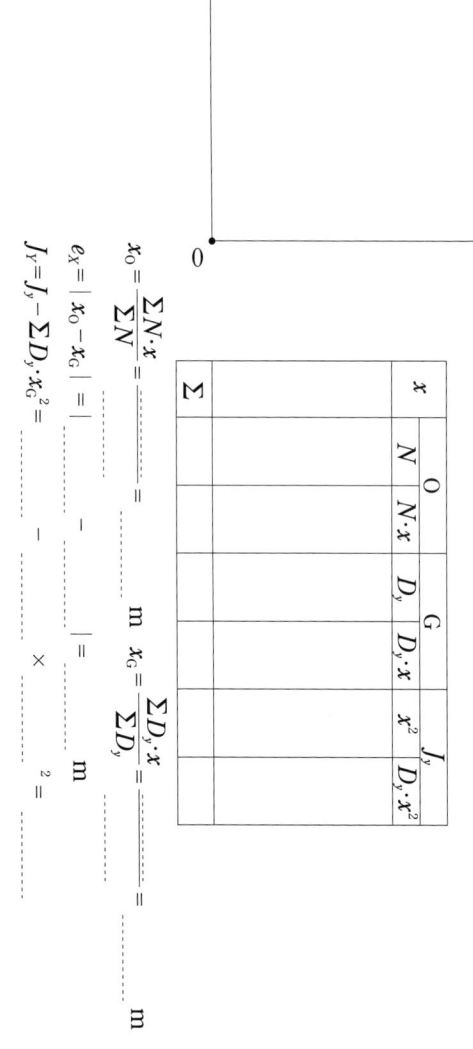

# 700 2次設計

## 710 層間変形角 $\quad r_s = \dfrac{12E\cdot K_0 \cdot \Sigma D}{h\cdot Q}$  ## 720 剛性率 $\quad R_s = \dfrac{r_s}{\bar{r}_s}$

$E = 21 \text{ kN/mm}^2 \quad K_0 = \quad \text{mm}^3$

| 方向 | 階 | $\Sigma D$ | $12E\cdot K_0$ | $h$[mm] | $Q$[kN] | $r_s$ | 判定 | $\bar{r}_s$ | $R_s$ | 判定 |
|---|---|---|---|---|---|---|---|---|---|---|
|  |  |  |  |  |  |  |  |  |  |  |
|  |  |  |  |  |  |  |  |  |  |  |
|  |  |  |  |  |  |  |  |  |  |  |

## 730 偏心率

| $y$ | O | | G | | $J_x$ | |
|---|---|---|---|---|---|---|
|  | $N$ | $N\cdot y$ | $D_x$ | $D_x\cdot y$ | $y^2$ | $D_x\cdot y^2$ |
|  |  |  |  |  |  |  |
|  |  |  |  |  |  |  |
|  |  |  |  |  |  |  |
|  |  |  |  |  |  |  |
|  |  |  |  |  |  |  |
| $\Sigma$ |  |  |  |  |  |  |

$y_O = \dfrac{\Sigma N\cdot y}{\Sigma N} = \dfrac{\rule{1cm}{0.4pt}}{\rule{1cm}{0.4pt}} = \rule{1cm}{0.4pt}$ m

$y_G = \dfrac{\Sigma D_x \cdot y}{\Sigma D_x} = \dfrac{\rule{1cm}{0.4pt}}{\rule{1cm}{0.4pt}} = \rule{1cm}{0.4pt}$ m

$e_Y = |y_O - y_G| = |\rule{1cm}{0.4pt} - \rule{1cm}{0.4pt}| = \rule{1cm}{0.4pt}$ m

$J_X = J_x - \Sigma D_x\cdot y_G^2 = \rule{1cm}{0.4pt} - \rule{1cm}{0.4pt} \times \rule{1cm}{0.4pt}^2 = \rule{1cm}{0.4pt}$

・偏心率の算定

$K_T = J_x + J_y = \rule{1cm}{0.4pt} + \rule{1cm}{0.4pt} = \rule{1cm}{0.4pt}$

$r_{ex} = \sqrt{\dfrac{K_T}{\Sigma D_x}} = \sqrt{\dfrac{\rule{1cm}{0.4pt}}{\rule{1cm}{0.4pt}}} = \rule{1cm}{0.4pt}$

$R_{ex} = \dfrac{e_Y}{r_{ex}} = \dfrac{\rule{1cm}{0.4pt}}{\rule{1cm}{0.4pt}} = \rule{1cm}{0.4pt}$

$r_{ey} = \sqrt{\dfrac{K_T}{\Sigma D_y}} = \sqrt{\dfrac{\rule{1cm}{0.4pt}}{\rule{1cm}{0.4pt}}} = \rule{1cm}{0.4pt}$

$R_{ey} = \dfrac{e_X}{r_{ey}} = \dfrac{\rule{1cm}{0.4pt}}{\rule{1cm}{0.4pt}} = \rule{1cm}{0.4pt}$

| | $x$ | O | | G | | $J_y$ |
|---|---|---|---|---|---|---|
| | | $N$ | $N\cdot x$ | $D_y$ | $D_y\cdot x$ | $x^2$ | $D_y\cdot x^2$ |
|  |  |  |  |  |  |  |  |
|  |  |  |  |  |  |  |  |
|  |  |  |  |  |  |  |  |
|  |  |  |  |  |  |  |  |
|  |  |  |  |  |  |  |  |
| $\Sigma$ |  |  |  |  |  |  |  |

$x_O = \dfrac{\Sigma N\cdot x}{\Sigma N} = \rule{1cm}{0.4pt} - \rule{1cm}{0.4pt} = \rule{1cm}{0.4pt}$ m

$x_G = \dfrac{\Sigma D_y\cdot x}{\Sigma D_y} = \rule{1cm}{0.4pt}$ m

$e_X = |x_O - x_G| = |\rule{1cm}{0.4pt}| = \rule{1cm}{0.4pt}$ m

$J_Y = J_y - \Sigma D_y\cdot x_G^2 = \rule{1cm}{0.4pt} \times \rule{1cm}{0.4pt}^2 = \rule{1cm}{0.4pt}$

## 810 梁断面算定

$F_c =$    N/mm²    $f_t =$    N/mm²    $f_s =$    N/mm²    $f_a =$    N/mm²
                                       N/mm²            N/mm²            N/mm²

| | | | | | | | |
|---|---|---|---|---|---|---|---|
| 梁符号 | | | | | | | |
| 位 置 | | 端 | 中央 | | | | |
| $d$[mm]   $j$[mm] | | | | | | | |
| $b \cdot d^2 (\times 10^6)$   $b \cdot d (\times 10^2)$ | | | | | | | |
| $0.4\% b \cdot d$   $b \cdot j (\times 10^3)$ | | | | | | | |
| 断面・配筋 | 上端筋 | — | — | — | — | — | — |
| | $D$   $b$ | | | | | | |
| | 下端筋 | — | — | — | — | — | — |
| | あばら筋 | | | | | | |
| 設計応力 | 構 造 | | | | | | |
| | $M_L$ [kN·m] $Q_L$ [kN] | | | | | | |
| | $M_E$ [kN·m] $Q_E$ [kN] | | | | | | |
| | $M_S$ [kN·m] $Q_S$ [kN] | | | | | | |
| | $Q_D = Q_L + 2Q_E$ | | | | | | |
| | $L, S$ | | $L$ | | | | |
| 主筋 | $C$ | | — | | | | |
| | $\gamma$ | | — | | | | |
| | $p_t$ [%] | | — | | | | |
| | 上$a_t$ | | | | | | |
| | 下$a_t$ | | | | | | |
| | $\psi = Q[\text{N}]/f_a \cdot j$ | | | | | | |
| あばら筋 | $f_s \cdot b \cdot j$ | | | | | | |
| | $M/Q \cdot d \rightarrow \alpha$ | | | | | | |
| | $\Delta Q/b \cdot j$ | | | | | | |
| | $p_w$ [%] | | | | | | |

## 820　柱断面算定

$F_c =$ 　N/mm² 　$f_t =$ 　N/mm² 　N/mm² 　$f_s =$ 　N/mm² 　$f_a =$ 　N/mm²
　　　　　　　　　　　　　　　　　　N/mm² 　　　　　N/mm² 　　　　　　　　N/mm²

| 柱符号 | | C | | | | C | | | |
|---|---|---|---|---|---|---|---|---|---|
| 方向 | | X | | Y | | X | | Y | |
| $d$[mm] / $j$[mm] | | | | | | | | | |
| $b \cdot D(\times 10^3)$ / $b \cdot D(\times 10^2)$ | | | | | | | | | |
| $b \cdot D^2(\times 10^6)$ / $b \cdot j(\times 10^3)$ | | | | | | | | | |
| 断面・配筋 | 主筋 | — | | — | | — | | — | |
| | 帯筋 | — | | — | | — | | — | |
| 設計応力 | $L, E, S$ | $L$ | $E$ | $S$ | $L$ | $E$ | $S$ | $L$ | $E$ | $S$ | $L$ | $E$ | $S$ |
| | 頭$M$[kN·m] | | | | | | | | | | | | |
| | $Q$[kN] | | | | | | | | | | | | |
| | $N$[kN] | | | | | | | | | | | | |
| | 脚$M$[kN·m] | | | | | | | | | | | | |
| | $Q_D = Q_L + 2Q_E$ | | | | | | | | | | | | |
| 頭, 脚・$L, S$ | | · | · | · | · | · | · | · | · |
| 主筋 | $N/b \cdot D$ | | | | | | | | |
| | $M/b \cdot D^2$ | | | | | | | | |
| | $p_t$ [%] | | | | | | | | |
| | $a_t$ | | | | | | | | |
| | $\psi = Q[\text{N}]/f_a \cdot j$ | | | | | | | | |
| | $n$ | — | | — | | — | | — | |
| あばら筋 | $f_s \cdot b \cdot j$ | | | | | | | | |
| | $M/Q \cdot d \rightarrow \alpha$ | | | | | | | | |
| | $\Delta Q/b \cdot j$ | | | | | | | | |
| | $p_w$ [%] | | | | | | | | |

# 900 スラブ・階段設計

## 910 スラブ設計

**1 設計条件**

床設計用荷重 $w=$ _____ N/m² = _____ kN/m²

スラブ厚 $t=$ _____ mm

スラブ厚検討用荷重 $w_p = w - 24 \times t =$ _____ $- 24 \times$ _____
$=$ _____ N/m² = _____ kN/m²

短辺有効スパン $l_x =$ _____ = _____ mm

短辺有効スパン $l_y =$ _____ = _____ mm   $\lambda = \dfrac{l_y}{l_x} =$ _____ = _____

**2 スラブ厚の検討**

$$t = 0.02 \left( \dfrac{\lambda - 0.7}{\lambda - 0.6} \right) \left( 1 + \dfrac{w_p}{10} + \dfrac{l_x}{10000} \right) l_x$$

$$= 0.02 \times \left( \dfrac{\_\_\_\_ - 0.7}{\_\_\_\_ - 0.6} \right) \times \left( 1 + \dfrac{\_\_\_\_}{10} + \dfrac{\_\_\_\_}{10000} \right) \times \_\_\_\_ = \_\_\_\_ \text{ mm}$$

→ 設計 _____ mm

**3 スラブ応力**

$$w_x = \dfrac{l_y^4}{l_x^4 + l_y^4} w = \dfrac{\_\_\_\_^4}{\_\_\_\_^4 + \_\_\_\_^4} \times \_\_\_\_ \text{ kN/m}^2 = \_\_\_\_ \text{ kN/m}^2$$

短辺方向　両端　$M_{x1} = -\dfrac{1}{12} w_x \cdot l_x^2 = -\dfrac{1}{12} \times$ _____ $\times$ _____ $^2 = -$ _____ kN·m

　　　　　中央　$M_{x2} = \dfrac{1}{18} w_x \cdot l_x^2 = \dfrac{1}{18} \times$ _____ $\times$ _____ $^2 =$ _____ kN·m

長辺方向　両端　$M_{y1} = -\dfrac{1}{24} w \cdot l_x^2 = -\dfrac{1}{24} \times$ _____ $\times$ _____ $^2 = -$ _____ kN·m

　　　　　中央　$M_{y2} = \dfrac{1}{36} w \cdot l_x^2 = \dfrac{1}{36} \times$ _____ $\times$ _____ $^2 =$ _____ kN·m

**4 スラブ筋の算定**

$d = t - 40 \text{ mm} =$ _____ $- 40 =$ _____ mm

短辺方向　両端　_____　$b = \dfrac{d}{M_{x1}} = \dfrac{\_\_\_\_ \times \_\_\_\_}{\_\_\_\_} =$ _____ mm
→設計 _____ mm

　　　　　中央　_____　$b = \dfrac{d}{M_{x2}} = \dfrac{\_\_\_\_ \times \_\_\_\_}{\_\_\_\_} =$ _____ mm
→設計 _____ mm

長辺方向　両端　_____　$b = \dfrac{d}{M_{y1}} = \dfrac{\_\_\_\_ \times \_\_\_\_}{\_\_\_\_} =$ _____ mm
→設計 _____ mm

　　　　　中央　_____　$b = \dfrac{d}{M_{y2}} = \dfrac{\_\_\_\_ \times \_\_\_\_}{\_\_\_\_} =$ _____ mm
→設計 _____ mm

## 920 階段設計

# 1000 基礎設計

**1** 設計条件

鉄筋　　　　　$_Lf_t=$ _____ N/mm²

コンクリート　　$F_c=$ _____ N/mm²　$_Lf_s=$ _____ N/mm²　$_Lf_a=$ _____ N/mm²

基礎　　　　　$N'=$ _____ kN　$D_f=$ _____ m　$a=$ _____ m

地耐力　　　　$_Lf_e=$ _____ kN/m²

**2** 基礎スラブ底面積算定

$_Lf_e' = {_Lf_e} - 20\,\text{kN/m}^3 \times D_f =$ _____ $- 20 \times$ _____ $=$ _____ kN/m²

$A' = \dfrac{N'}{_Lf_e'} = \dfrac{\text{_____ kN}}{\text{_____ kN/m}^2} =$ _____ m²

$l \times l' =$ _____ m × _____ m　($A=$ _____ m²)

$\sigma' = \dfrac{N'}{A} = \dfrac{\text{_____ kN}}{\text{_____ m}^2} =$ _____ kN/m²

**3** 基礎スラブ筋設計

①応力算定

$Q_F = \sigma' \cdot l \cdot h =$ _____ kN/m² × _____ m × _____ m $=$ _____ kN

$M_F = Q_F \cdot \dfrac{h}{2} =$ _____ kN × $\dfrac{\text{_____ m}}{2} =$ _____ kN·m

②断面算定

基礎スラブ厚さ $D=$ _____ mm　$d = D - 90\,\text{mm} =$ _____ mm　$j = \dfrac{7}{8}d =$ _____ mm

$\psi = \dfrac{Q_F}{_Lf_a \cdot j} = \dfrac{\text{_____ N}}{\text{_____ N/mm}^2 \times \text{_____ mm}} =$ _____ mm　　_____ mm $-$ D

$a_t = \dfrac{M_F}{_Lf_t \cdot j} = \dfrac{\text{_____ N·mm}}{\text{_____ N/mm}^2 \times \text{_____ mm}} =$ _____ mm²　_____ mm _____ mm²

**4** せん断力，パンチングシヤーの検討

$\dfrac{Q_F}{l \cdot j} = \dfrac{\text{_____ N}}{\text{_____ mm} \times \text{_____ mm}} =$ _____ N/mm²

$\dfrac{Q_{PD}}{1.5 b_0 \cdot j} = \dfrac{\text{_____ N}}{1.5 \times \text{_____ mm} \times \text{_____ mm}} =$ _____ N/mm²

$\begin{cases} Q_{PD} = \sigma'(A - A_0) = \text{_____ kN/m}^2 \times (\text{_____ m}^2 - \text{_____ m}^2) = \text{_____ kN} \\ A_0 = \dfrac{\pi}{4}d^2 + (a+a')d + a \cdot a' = \dfrac{3.14}{4} \times \text{_____}^2\,\text{m}^2 + (\text{_____ m} + \text{_____ m}) \times \text{_____ m} \\ \qquad\qquad\qquad\qquad\qquad\qquad\qquad\quad + \text{_____ m} \times \text{_____ m} = \text{_____ m}^2 \\ b_0 = 2(a+a') + \pi d = 2 \times (\text{_____ m} + \text{_____ m}) + 3.14 \times \text{_____ m} = \text{_____ m} \end{cases}$

**5** その他の基礎の設計

_____ $A' = \dfrac{N'}{_Lf_e'} = \dfrac{\text{_____ kN}}{\text{_____ kN/m}^2} =$ _____ m²　$l \times l' =$ _____ m × _____ m

　　　　　　　　　　　　　　　　　　　　　　　　$D=$ _____ mm　_____ $-$ D

_____ $A' = \dfrac{N'}{_Lf_e'} = \dfrac{\text{_____ kN}}{\text{_____ kN/m}^2} =$ _____ m²　$l \times l' =$ _____ m × _____ m

　　　　　　　　　　　　　　　　　　　　　　　　$D=$ _____ mm　_____ $-$ D

# 鉄筋コンクリート構造配筋基準図

## 01 一般共通事項

・鉄筋の表示記号

| 記号 | ● | × | ⊘ | ○ | ⊙ | ⊗ | ◎ |
|---|---|---|---|---|---|---|---|
| 異形鉄筋 | D10 | D13 | D16 | D19 | D22 | D25 | D29 | D32 |
| 丸鋼 | 9φ | | 16φ | 19φ | 22φ | 25φ | | |

・末端部の表示

フックつき ⌒  フックなし ―  圧接 —／—

## 02 鉄筋の折曲げ形状・寸法

| 折曲げ角度 | 図・余長 | 鉄筋の種類 | 径 | 内径の直径 D |
|---|---|---|---|---|
| 180° | (余長4d以上) | SD295, SD345 | D16以下 | 最小 3d 以上 (標準 5d 以上) |
| 135° | (余長6d以上) | | D19〜D38 | 最小 4d 以上 (標準 6d 以上) |
| 90° | | | D41 | 最小 5d 以上 (標準 7d 以上) |
| 180° | (余長4d以上) | SD390 | D41以下 | 3d 以上 |
| 135° | (余長6d以上) | SR235, SR295, SD295, SD345 | 16φ以下, D16以下 | 3d 以上 |
| | | | 19φ, D19〜D38 | 4d 以上 |
| | | | D41 | 5d 以上 |
| 90° | | SD390 | D41以下 | 5d 以上 |

使用箇所：
- 柱・梁・基礎の主筋
- 帯筋, あばら筋, スパイラル筋, スタラップ筋, 壁筋

\* 片持スラブの上端筋の先端、壁筋の自由端側の先端、先端においては、4d 以上でよい

## 03 鉄筋の継手・定着長さ

| 鉄筋の種類 | コンクリートの設計基準強度 $F_c$ [N/mm²] | 重ね継手長さ ($L_1$) | 定着長さ 一般 ($L_2$) | 定着長さ 下端筋 小梁 | 定着長さ 下端筋 床・屋根スラブ |
|---|---|---|---|---|---|
| SD295, SD345 | 18 | 45d直線または35dフックつき | 40d直線または30dフックつき | 25d直線または15dフックつき | 10dかつ150mm以上 |
| | 21〜27 | 40d直線または30dフックつき | 35d直線または25dフックつき | | |
| SD390 | 21〜27 | 45d直線または35dフックつき | 40d直線または30dフックつき | | |

## 04 フックの必要な箇所

下記 (1)〜(5) に示す鉄筋の末端部にはフックをつける。
(1) 丸鋼
(2) あばら筋および帯筋
(3) 柱および梁(基礎梁を除く〇印)の出隅部分の鉄筋
(4) 最上階の四隅部分の柱鉄筋
(5) 煙突部の鉄筋

## 05 かぶり厚さ [mm]

| 部位 | | 設計かぶり厚さ 仕上げあり[1] | 仕上げなし | 令79条 最小かぶり厚さ |
|---|---|---|---|---|
| 土に接しない部分 | 屋根スラブ・床スラブ・非耐力壁 屋内 | 30 | 30 | 20 |
| | 屋外 | 30 | 40 | |
| | 柱・梁・耐力壁 屋内 | 40 | 40 | 30 |
| | 屋外 | 40 | 50 | |
| 土に接する部分 | 柱・梁・床スラブ・耐力壁 | 50 | 50 | 40 |
| | 基礎・擁壁 | 50[2] 70[3] | | 60[3] |

1) 耐久性上有効な仕上げのある場合
2) 軽量コンクリート仕上げの場合は、10 mm 増しの値とする
3) 布基礎の立上がり部分は 40

## 06 鉄筋のあき [mm]

丸鋼 1.5d 以上
異形鉄筋 呼び名の数値 × 1.5 以上 かつ 25 以上
粗骨材の最大寸法の 1.25 倍以上

| 鉄筋径 | 間隔 |
|---|---|
| 丸鋼 16φ | 47 |
| 19φ | 50 |
| 22φ | 55 |
| 25φ | 63 |

| 鉄筋径 | 間隔 |
|---|---|
| 異形鉄筋 D16 | 50 |
| D19 | 53 |
| D22 | 58 |
| D25 | 66 |
| D29 | 77 |
| D32 | 84 |

## 07 継手・溶接

(1) ガス圧接継手
400 mm 以上

(2) 重ね継手
・D35 以上は重ね継手としない
・径の異なる鉄筋の重ね継手長さは、細い方の鉄筋の継手長さとする
・フックは、定着および重ね継手長さに含まない
$L$, $0.5L$, $1.5L$

(3) 帯筋・あばら筋の溶接
5d以上, 2d以上(外面), 10d以上, 2d以上
溶接長さ

配筋基準図 I

配筋基準図Ⅱ

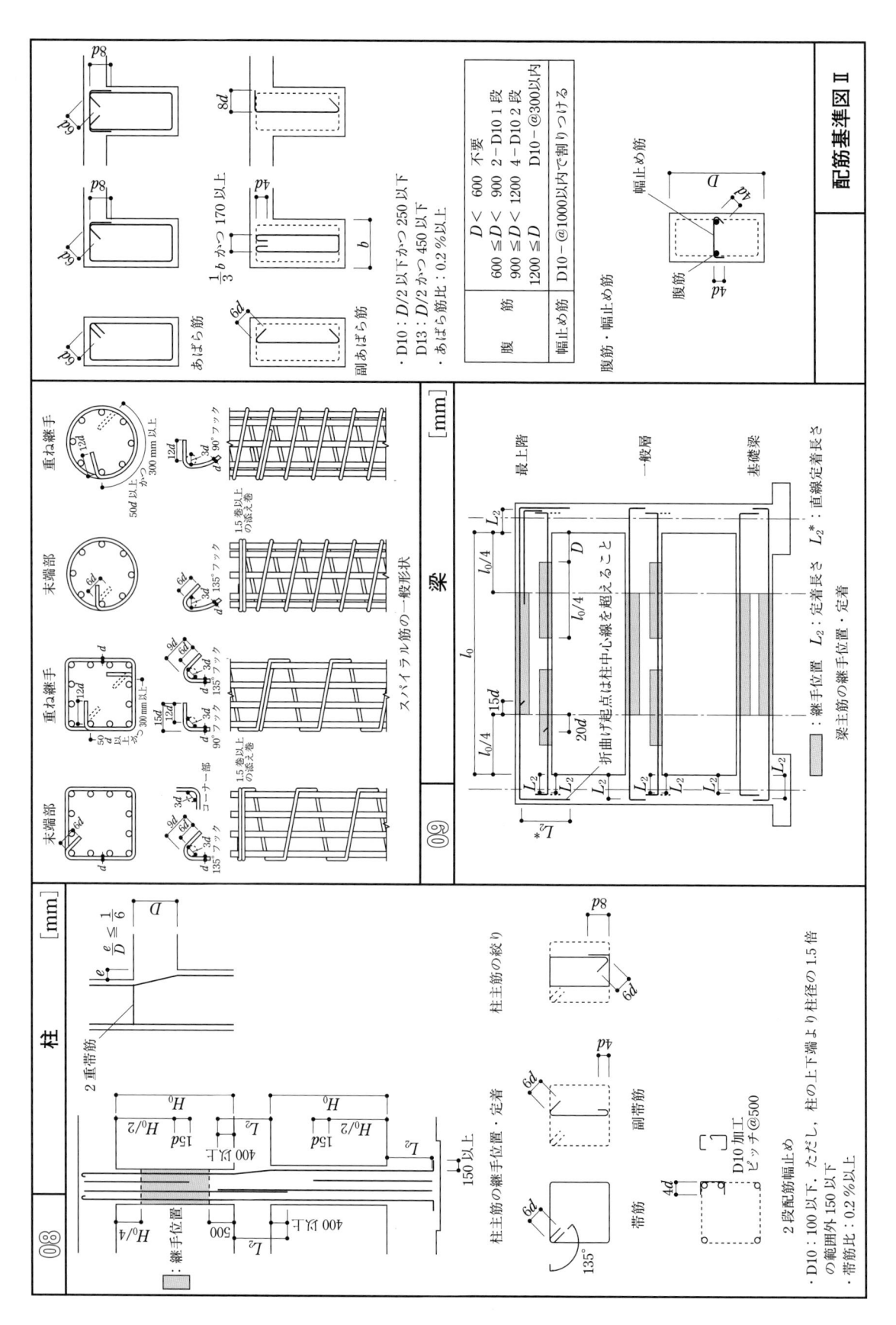

配筋基準図Ⅲ

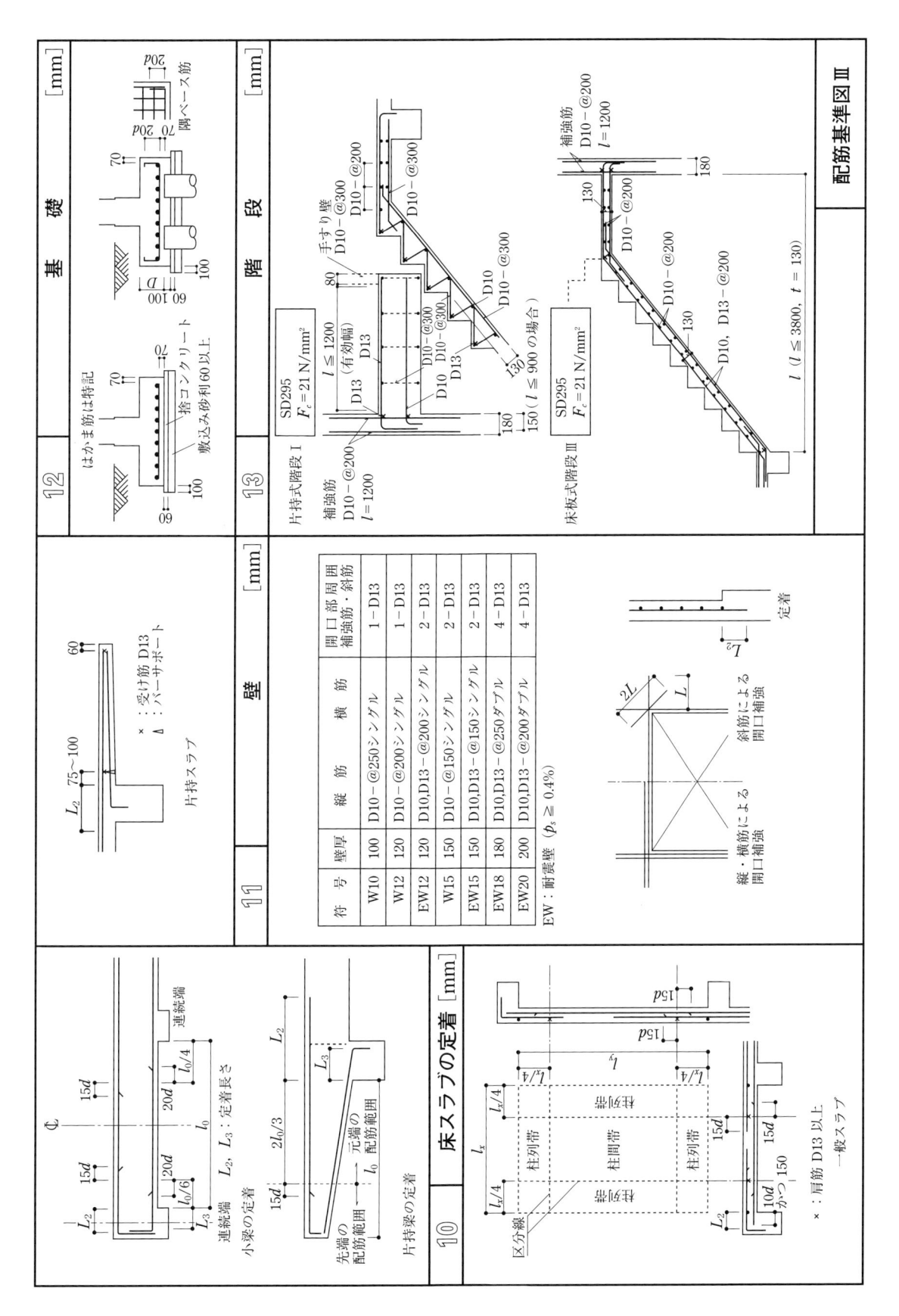

# 構 造 計 算 書

（鉄筋コンクリート造用）

2007 年　10 月

| 工　事　名　称 |
|---|
| 上野建築事務所新築工事　タイプ 7・H・XIII |

　　　　　　　　　　36803
設計者　　　　上 野 嘉 久

# 100　一般事項

## 110　建築物の概要

### 111　建築場所： 京都市伏見区竹田西桶ノ井町39

### 112　建築概要

| 建　物　規　模 | | | | | 仕　上　概　要 | |
|---|---|---|---|---|---|---|
| 階 | 床面積 | 用途 | 構造種別 | その他 | 屋根 | 露出アスファルト防水 |
| 2 | 80 | 事務所 | RC | 最高の高さ　7.55 m | 床 | プラスチックタイル |
| 1 | 80 | 〃 | RC | 軒高　　　　7.10 m | 天井 | 吸音板 |
|  |  |  |  |  | 壁 | コンクリート打放し |
| 計 | 160 m² |  |  |  |  |  |

## 120　設計方針

### 121　準拠法令・規準等
1. 建築基準法，日本建築学会の計算規準・指針
2. 参考図書……　『実務から見たRC構造設計』（株）学芸出版社

### 122　電算機・プログラム
1. 使用箇所： なし
2. 機種名： ──
3. プログラム名： ──

### 123　応力解析
1. 鉛直荷重時……固定モーメント法
2. 水平荷重時……$D$ 値法

— 1 —

# 130　使用材料と許容応力度・材料強度

### 131　鉄筋の種類と許容応力度・材料強度

[N/mm²]

| 採用 | 種類 | 応力種別 | 基準強度 $F$ | 許容応力度 長期 圧縮 $_Lf_c$ | 許容応力度 長期 引張り $_Lf_t$ せん断補強以外 | 許容応力度 長期 引張り $_Lf_t$ せん断補強 $_Lf_s$ | 許容応力度 短期 圧縮 $_sf_c$ | 許容応力度 短期 引張り $_sf_t$ せん断補強以外 | 許容応力度 短期 引張り $_sf_t$ せん断補強 $_sf_s$ | 材料強度 基準強度 $F$ JIS同等品 JIS適合品 | 材料強度 圧縮 | 材料強度 引張り せん断補強以外 | 材料強度 引張り せん断補強 |
|---|---|---|---|---|---|---|---|---|---|---|---|---|---|
|  | 丸鋼 | SR235 | 235 | 155 | 155 | 156 | 235 | 235 | 235 | 235 / 258 | 235 / 258 | 235 / 258 | 235 / 258 |
| ○ | 異形棒鋼 | SD295 A B | 295 | 196 (195) | 196 (195) | 195 | 295 | 295 | 295 | 295 / 324 | 295 / 324 | 295 / 324 | 295 / 324 |
|  | 異形棒鋼 | SD345 | 345 | 215 (195) | 215 (195) | 195 | 345 | 345 | 345 | 345 / 379 | 345 / 379 | 345 / 379 | 345 / 379 |

（　）D29以上

### 132　コンクリートの種別と許容応力度・材料強度

[N/mm²]

| 採用 | 設計基準強度 $F_c$ | コンクリートの種類 | 長期許容応力度 圧縮 $_Lf_c$ | 長期 せん断 $_Lf_s$ | 長期 付着(丸鋼) | 長期 付着(異形) 上端 | 長期 付着(異形) $_Lf_b$ その他 | 長期 付着(異形) 上端 | 長期 付着(異形) $_Lf_b$ その他 | 短期 圧縮 $_sf_c$ | 短期 せん断 $_sf_s$ | 短期 付着(丸鋼) | 短期 付着(異形) 上端 | 短期 付着(異形) $_sf_a$ その他 | 短期 付着(異形) 上端 | 短期 付着(異形) $_sf_b$ その他 | 材料強度 圧縮 | 材料強度 せん断 | 材料強度 付着(異形) 上端 | 材料強度 付着(異形) その他 |
|---|---|---|---|---|---|---|---|---|---|---|---|---|---|---|---|---|---|---|---|---|
| ○ | 18 | 普通コンクリート | 6 | 0.6 | 0.7 | 1.2 | 1.8 | 0.72 | 0.9 | 12 | 0.9 | 1.4 | 1.8 | 2.7 | 1.08 | 1.35 | 18 | 1.8 | 3.6 | 5.4 |
|  | 21 | 普通コンクリート | 7 | 0.7 | 0.7 | 1.4 | 2.1 | 0.76 | 0.95 | 14 | 1.05 | 1.4 | 2.1 | 3.15 | 1.14 | 1.425 | 21 | 2.1 | 4.2 | 6.3 |

1) 付着（異形）$f_b$ は，付着長さ $l_d$，定着長さ $l_a$ 算定用（学会規準）
2) 短期/長期＝2．ただし，せん断 $f_s$，付着 $f_a$，$f_b$ は短期/長期＝1.5

### 133　許容地耐力，杭の許容支持力

| 採用 | 種　類 | 長　期 | 短　期 | 備　考 |
|---|---|---|---|---|
| ○ | 直接基礎　許容地耐力 | 100 kN/m² | 200 kN/m² | 地質　堅いローム層 GL-1.5m |
|  | 杭基礎　杭の許容支持力 | kN/本 | kN/本 | （　　　）杭 $\phi=$　m　$l=$　m 工法 |

地質調査資料　　有　　㊅

# 200　構造計画・設計ルート

## 210　構造計画

211　架構形式　　$X$方向：__ラーメン構造__　　$Y$方向：__耐震壁付ラーメン構造__

212　剛床仮定　　(成立)　　　不成立（　　　　　）

213　基礎梁　　　(有)　　　無

## 220　設計ルート

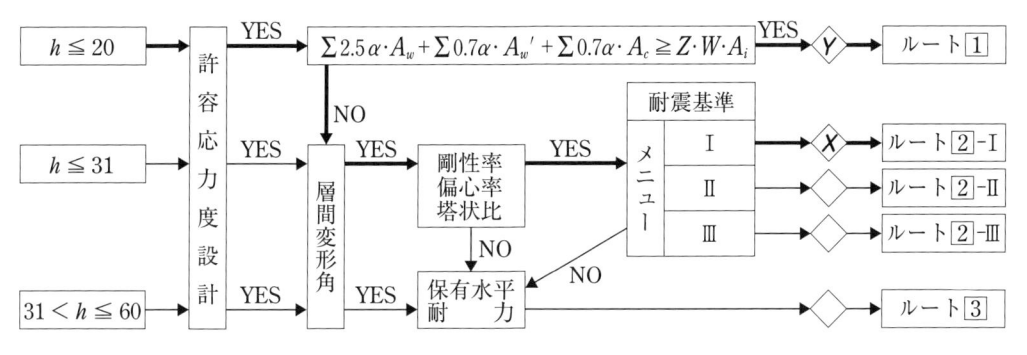

$$\sum 2.5\alpha \cdot A_w + \sum 0.7\alpha \cdot A_w' + \sum 0.7\alpha \cdot A_c \geq Z \cdot W \cdot A_i$$

- $h \leq 20$
- $h \leq 31$
- $31 < h \leq 60$

許容応力度設計 → 層間変形角 → 剛性率・偏心率・塔状比 → 保有水平耐力

耐震基準メニュー：Ⅰ, Ⅱ, Ⅲ

方向別：ルート①, ルート②-Ⅰ, ルート②-Ⅱ, ルート②-Ⅲ, ルート③

判定計算　　p.4　220　設計ルートの判定計算

## 230　剛性評価

231　スラブの剛性　　　剛比増大　　略算（両側スラブ $\phi = 2.0$，片側スラブ $\phi = 1.5$）

232　壁の剛性

① 耐震壁　　　　　　　　$n$ 倍法
② そで壁，垂れ壁，腰壁　剛比増大
③ 雑壁　　　　　　　　　2次設計にて剛性評価

## 240　保有水平耐力の解析　　__なし__

## 250　その他特記事項　　__なし__

− 3 −

## 220 設計ルートの判定計算

| | 柱・壁伏図 | $Z \cdot W \cdot A_i$ | 方向 | $\alpha \cdot A_w$ | $\alpha \cdot A_w'$ | $\alpha \cdot A_c$ | ルート①<br>$2.5\alpha \cdot A_w + 0.7\alpha \cdot A_w' + 0.7\alpha \cdot A_c$ | 判定 | ルート②-Ⅰ<br>$\dfrac{\text{ルート}①}{0.75}$ | 判定 | ルート②-Ⅱ<br>$1.8(\alpha \cdot A_w + \alpha \cdot A_c)$ | 判定 | ルート②-Ⅲ |
|---|---|---|---|---|---|---|---|---|---|---|---|---|---|
| 2階 | 500×150=75000　500×150=75000<br>2300×150=345000<br>2100×150=315000　500×500=250000<br>3500×150=525000<br>(1000, 1200, 3400) | 1×792000<br>×1.21<br>=958320 | X | 1.0×75000<br>1.0×75000 | 1.0×315000 | 1.0×250000<br>×6 | 1645500 | ○ | | | | | |
| | | | | 150000 | 315000 | 1500000 | | | | | | | |
| | | | Y | 1.0×525000<br>1.0×345000 | | 1.0×250000<br>×6 | 3225000 | ○ | | | | | |
| | | | | 870000 | | 1500000 | | | | | | | |
| 1階 | 500×150=75000　500×150=75000<br>2300×150=345000<br>2100×150=315000<br>3500×150=525000<br>1000×150=150000 | 1×1796500<br>×1<br>=1796500 | X | 1.0×75000<br>1.0×75000 | 1.0×315000<br>1.0×150000 | 1.0×250000<br>×6 | 1750500 | × | 2334000 | ○ | | | |
| | | | | 150000 | 465000 | 1500000 | | | | | | | |
| | | | Y | 1.0×525000<br>1.0×345000 | | 1.0×250000<br>×6 | 3225000 | ○ | | | | | |
| | | | | 870000 | | 1500000 | | | | | | | |

## 260 各階伏図・軸組図

### 261 各階伏図

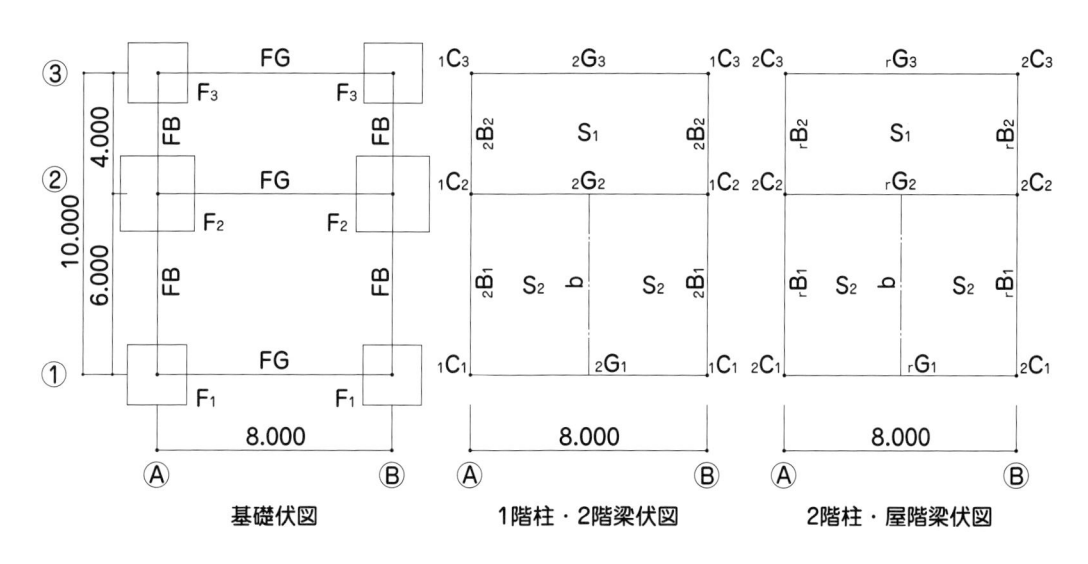

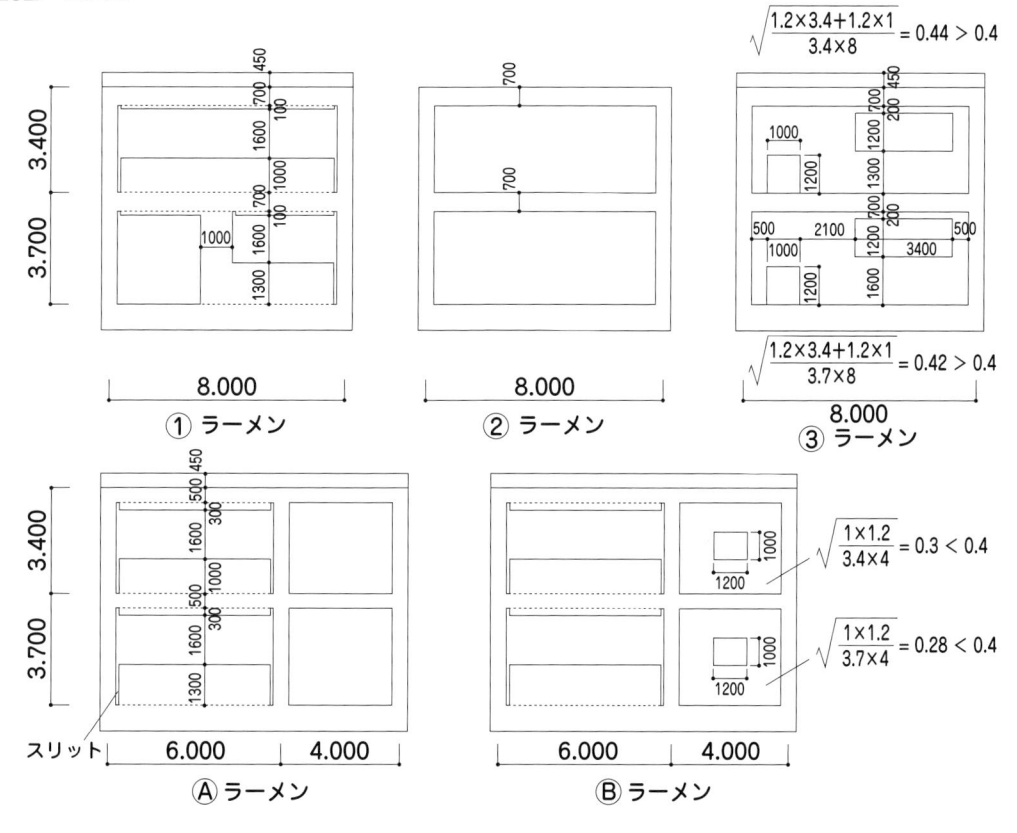

基礎伏図

1階柱・2階梁伏図

2階柱・屋階梁伏図

### 262 軸組図

① ラーメン

② ラーメン

③ ラーメン
$$\sqrt{\frac{1.2 \times 3.4 + 1.2 \times 1}{3.4 \times 8}} = 0.44 > 0.4$$
$$\sqrt{\frac{1.2 \times 3.4 + 1.2 \times 1}{3.7 \times 8}} = 0.42 > 0.4$$

Ⓐ ラーメン

Ⓑ ラーメン
$$\sqrt{\frac{1 \times 1.2}{3.4 \times 4}} = 0.3 < 0.4$$
$$\sqrt{\frac{1 \times 1.2}{3.7 \times 4}} = 0.28 < 0.4$$

# 300　荷重・外力

## 310　固定荷重

[N/m²]

| 建築物の部分 | 固定荷重 名称 | | w |
|---|---|---|---|
| 屋上 | アスファルト防水　10mm | 15 | 150 |
| | 均しモルタル　20mm | 20 | 400 |
| | RCスラブ　130mm | 24 | 3120 |
| | 天井吸音板 | | 150 |
| | | | 3820 |
| | | | ↓ |
| | | | 3850 N/m² |
| 2階床 | プラスチックタイル | | 590 |
| | RCスラブ　130mm | 24 | 3120 |
| | 天井吸音板 | | 150 |
| | | | 3860 |
| | | | ↓ |
| | | | 3900 N/m² |
| 間仕切壁 | | | 200 N/m² |

| 建築物の部分 | 固定荷重 名称 | | w |
|---|---|---|---|
| 壁 150mm | (20mm + 190mm + 20mm) | 24 | 4560 N/m² |
| パラペット | アスファルト防水 10mm | 24 | 4560 |
| | (190mm) | 15 | 150 |
| | | | 4710 N/m² |
| 柱 500mm×500mm | 仕上げ 20mm, 0.54m×0.54m | 24000 N/m³ | 7000 N/m |
| 梁 300mm×500mm | 0.3m×(0.5m−0.13m) | 24000 N/m³ | 2660 N/m |
| 梁 350mm×700mm | 0.35m×(0.7m−0.13m) | 24000 N/m³ | 4790 N/m |
| 梁自重 | $\dfrac{2660\times 6\mathrm{m} + 2660\times 10\mathrm{m}\times 2 + 4790\times 8\mathrm{m}\times 3}{80\mathrm{m}^2}$ | | = 2300 N/m² |

- 6 -

## 320 積載荷重と床荷重一覧表

[N/m²]

| 荷重区分<br>室の種類 | 床用 | | | 梁・柱・基礎用 | | | 地震力用 | | |
|---|---|---|---|---|---|---|---|---|---|
| | 固定 | 積載 | 合計 | 固定 | 積載 | 合計 | 固定 | 積載 | 合計 |
| 屋上 | 3850 | 900 | 4750 | 2300<br>3850 | 650 | 6800 | 2300<br>3850 | 300 | 6450 |
| 2階床 | 200<br>3900 | 2900 | 7000 | 200<br>2300<br>3900 | 1800 | 8200 | 200<br>2300<br>3900 | 800 | 7200 |
|  |  |  |  |  |  |  |  |  |  |

## 330 特殊荷重

なし

## 340 積雪荷重

単位重量　　　垂直積雪量　　積雪荷重
 20 N/m²/cm × 30 cm = 600 N/m²

## 350 地震力

・地域係数　$Z =$ 1.0
・地盤種別　第 2 種地盤
・標準せん断力係数　$C_o = 0.2$

## 360 風圧力

・速度圧　$q = 0.6 E \cdot V_0^2$

## 370 その他・土圧・水圧

なし

# 400 準備計算

## 410 柱軸方向力算定

| 名称 | 荷重 | $C_1$ | $C_2$ | $C_3$ |
|---|---|---|---|---|
| | | | p.9 による | |

## 420 地震力算定

### 421 建物重量

| 階 | $\sum n$ [kN] | 積載荷重差×床面積 [N] | $W$ [kN] | $W_i$ [kN] |
|---|---|---|---|---|
| 2 | (127.89+177.83+104.28)×2=820 | (650−300)×80 m² =28000 | 792 | 792 |
| 1 | (166.87+230.59+144.77)×2=1084.5 | (1800−800)×80 m² =80000 | 1004.5 | 1796.5 |

### 422 地震力

建築物の高さ $h=$ __7.1__ m

1次固有周期 $T=0.02h=$ __0.14__ 秒　卓越周期 $T_c=$ __0.6__ 秒

$T < T_c$ → 振動特性係数 $R_t=$ __1.0__

$$\alpha_i = \frac{W_i}{W_1} \qquad A_i = 1 + \left(\frac{1}{\sqrt{\alpha_i}} - \alpha_i\right)\frac{2T}{1+3T}$$

| 階 | $W_i$[kN] | $\alpha_i$ | $T$[秒] | $A_i$ | $Z$ | $R_t$ | $C_o$ | $C_i$ | $Q_i$[kN] | 設計$Q_i$[kN] |
|---|---|---|---|---|---|---|---|---|---|---|
| 2 | 792 | 0.44 | 0.14 | 1.21 | 1.0 | 1.0 | 0.2 | 0.242 | 191.7 | 192 |
| 1 | 1796.5 | 1.0 | 0.14 | 1.0 | 1.0 | 1.0 | 0.2 | 0.2 | 359.3 | 360 |

## 4.10 柱軸方向力算定

| | | 名称 | 荷重 [kN/m²] | $C_1$ | | | $C_2$ | | | $C_3$ | | |
|---|---|---|---|---|---|---|---|---|---|---|---|---|
| 屋上 | | パラペット | 4.71 | $(4+3) \times 0.45$ | | 14.8 | $5 \times 0.45$ | | 10.6 | $(4+2) \times 0.45$ | | 12.7 |
| | | 屋上床 | 6.8 | $4 \times 3$ | | 81.6 | $4 \times 5$ | | 136 | $4 \times 2$ | | 54.4 |
| 2階 3.4m | ②×1/2 | $n$ | | | | 31.49 | | | 31.23 | | | 37.18 |
| | ₂C | $N$ | | | | 127.89 | | | 177.83 | | | 104.28 |
| | ② | 柱 | 7 kN/m | | 3.4 | 23.8 | | 3.4 | 23.8 | | 3.4 | 23.8 |
| | | 窓 | 0.39 | $(3.75+2.75) \times 1.6$ | | 4.06 | $2.75 \times 1.6 + 0.6 \times 1.0$ | | 1.95 | $0.6 \times 1.0 + 3.25 \times 1.2$ | | 1.76 |
| | | 壁 | 4.56 | $3.75 \times 2.7 + 2.75 \times 2.9 - 10.4$ | | 35.11 | $(2.75+1.75) \times 2.9 - 5$ | | 36.71 | $1.75 \times 2.9 + 3.75 \times 2.7 - 4.5$ | | 48.79 |
| | | 小計 | | | | 62.97 | | | 62.46 | | | 74.35 |
| | ②×1/2 | | | | | 31.49 | | | 31.23 | | | 37.18 |
| | | 床 | 8.2 | $4 \times 3$ | | 98.4 | $4 \times 5$ | | 164 | $4 \times 2$ | | 65.6 |
| | ①×1/2 | | | | | 36.98 | | | 35.36 | | | 41.99 |
| 1階 3.7m | ₁C | $n$ | | | | 166.87 | | | 230.59 | | | 144.77 |
| | | $N$ | | | | 294.76 | | | 408.42 | | | 249.05 |
| | ① | 柱 | 7 kN/m | | 3.7 | 25.9 | | 3.7 | 25.9 | | 3.7 | 25.9 |
| | | 窓 | 0.39 | $(3.75+2.75) \times 1.6$ | | 4.06 | $2.75 \times 1.6 + 0.6 \times 1.0$ | | 1.95 | $0.6 \times 1.0 + 3.25 \times 1.2$ | | 1.76 |
| | | 壁 | 4.56 | $3.75 \times 3 + 2.75 \times 3.2 - 10.4$ | | 44 | $(2.75+1.75) \times 3.2 - 5$ | | 42.86 | $1.75 \times 3.2 + 3.75 \times 3 - 4.5$ | | 56.32 |
| | | 小計 | | | | 73.96 | | | 70.71 | | | 83.98 |
| 柱脚 | | 柱 | 7 kN/m | | 1.85 | 12.95 | | 1.85 | 12.95 | | 1.85 | 12.95 |
| | | $N$ | | | | 307.71 | | | 421.37 | | | 262 |

## 440 梁の $C$, $M_0$, $Q_0$ の算定

| | | 荷重状態 | $l_x$ | $l_y$ | $\lambda$ | $\dfrac{C}{w}$ | $\dfrac{M_0}{w}$ | $\dfrac{Q_0}{w}$ | $w$ [kN/m²] | $C$ [kN·m] | $M_0$ [kN·m] | $Q_0$ [kN] |
|---|---|---|---|---|---|---|---|---|---|---|---|---|
| $X$方向 | $_rG_1$ |  | 4 | 6 | 1.5 | 13.5 | 24 | 8 | 6.8 | 91.8 | 163.2 | 54.4 |
| | $_2G_1$ |  | | | | | | | 8.2 | 110.7 | 196.8 | 65.6 |
| | $_rG_3$ |  | 4 | 8 | 2 | 9.5 | 15 | 6 | 6.8 | 64.6 | 102 | 40.8 |
| | $_2G_3$ |  | | | | | | | 8.2 | 77.9 | 123 | 49.2 |
| | $_rG_2$ |  | | | | 13.5+9.5 | 24+15 | 8+6 | 6.8 | 156.4 | 265.2 | 95.2 |
| | $_2G_2$ |  | | | | | | | 8.2 | 188.6 | 319.8 | 114.8 |
| $Y$方向 | $_rB_1$ |  | 4 | 6 | 1.5 | 5 | 7.8 | 4 | 6.8 | 34 | 53.04 | 27.2 |
| | $_2B_1$ |  | | | | | | | 8.2 | 41 | 63.96 | 32.8 |
| | $_rB_2$ |  | 4 | | 1 | 1.65 | 2.7 | 2 | 6.8 | 11.22 | 18.36 | 13.6 |
| | $_2B_2$ |  | | | | | | | 8.2 | 13.53 | 22.14 | 16.4 |
| 小梁 | $_rb$ |  | | | | 5×2 | 7.8×2 | 4×2 | 6.8 | 68 | 106.08 | 54.4 |
| | $_2b$ |  | | | | | | | 8.2 | 82 | 127.92 | 65.6 |

# 450 断面仮定と剛比算定

**1** 梁剛比算定

$K_0 = 1.41 \times 10^6 \text{ mm}^3$

| | | | $b$ | $D$ | $I_0(\times 10^9)$ [mm⁴] | $l$ [m] | $I_0/l$ | $A_0$ [mm²] | $A_g$ [mm²] | $\phi_1$ | $\phi_2$ | $K(\times 10^6)$ [mm³] | $k$ |
|---|---|---|---|---|---|---|---|---|---|---|---|---|---|
| ①ラーメン | $_rG_1$ | | 350 | 700 | 10 | 8 | 1.25 | 245000 | 327500 | 1.5 | 1.34 | 2.51 | 1.78 |
| | $_2G_1$ | | 350 | 700 | 10 | 8 | 1.25 | 245000 | 410000 | 1.5 | 1.67 | 3.13 | 2.22 |
| ②ラーメン | $_rG_2$ | | 350 | 700 | 10 | 8 | 1.25 | | | 2.0 | | 2.5 | 1.77 |
| | $_2G_2$ | | 350 | 700 | 10 | 8 | 1.25 | | | 2.0 | | 2.5 | 1.77 |
| | FG | | 400 | 800 | 17.07 | 8 | 2.13 | | | 1.0 | | 2.13 | 1.51 |
| ③ラーメン | $_rG_3$ | | 350 | 700 | 10 | 8 | 1.25 | 245000 | 342500 | 1.5 | 1.4 | 2.63 | 1.87 |
| | $_2G_3$ | | 350 | 700 | 10 | 8 | 1.25 | 245000 | 470000 | 1.5 | 1.92 | 3.6 | 2.55 |
| Ⓐ Ⓑ ラーメン | $_rB_1$ | | 300 | 500 | 3.125 | 6 | 0.52 | 150000 | 262500 | 1.5 | 1.75 | 1.37 | 0.97 |
| | $_2B_1$ | | 300 | 500 | 3.125 | 6 | 0.52 | 150000 | 345000 | 1.5 | 2.3 | 1.79 | 1.27 |
| | $FB_1$ | | 350 | 600 | 6.3 | 6 | 1.05 | 210000 | 405000 | | 1.93 | 2.03 | 1.44 |
| | $_rB_2$ | | 300 | 500 | 3.125 | 4 | 0.78 | 150000 | 217500 | 1.5 | 1.45 | 1.7 | 1.21 |
| | $_2B_2$ | | 300 | 500 | 3.125 | 4 | 0.78 | | | 1.5 | | 1.17 | 0.83 |
| | $FB_2$ | | 350 | 600 | 6.3 | 4 | 1.58 | | | | | 1.58 | 1.12 |

## 2 柱剛比算定

$K_0 = 1.41 \times 10^6$ mm³

| | | 断面 | $b$ | $D$ | $I_0(\times 10^9)$ [mm⁴] | $h$ [m] | $I_0/h$ | $A_0$ [mm²] | $A_g$ [mm²] | $\phi_4$ | $K(\times 10^6)$ [mm³] | $k$ |
|---|---|---|---|---|---|---|---|---|---|---|---|---|
| $_2C_1$ | X | □ | 500 | 500 | 5.21 | 3.4 | 1.53 | | | | 1.53 | 1.09 |
| | Y | | | | | | | | | | 1.53 | 1.09 |
| $_1C_1$ | X | □ | 500 | 500 | 5.21 | 3.7 | 1.41 | | | | 1.41 | 1.0 |
| | Y | | | | | | | | | | 1.41 | 1.0 |
| $_2C_2$ | X | □ | 500 | 500 | 5.21 | 3.4 | 1.53 | | | | 1.53 | 1.09 |
| | Y | | | | | | | | | | 1.53 | 1.09 |
| $_1C_2$ | X | □ | 500 | 500 | 5.21 | 3.7 | 1.41 | | | | 1.41 | 1.0 |
| | Y | | | | | | | | | | 1.41 | 1.0 |
| $_2C_3$ | X | 500/150 | 500 | 500 | 5.21 | 3.4 | 1.53 | 250000 | 325000 | 1.3 | 1.99 | 1.41 |
| | Y | | | | | | | | | | 1.53 | 1.09 |
| $_1C_3$ | X | 500 | 500 | 500 | 5.21 | 3.7 | 1.41 | 250000 | 325000 | 1.3 | 1.83 | 1.3 |
| | Y | | | | | | | | | | 1.41 | 1.0 |

## 3 剛比一覧表

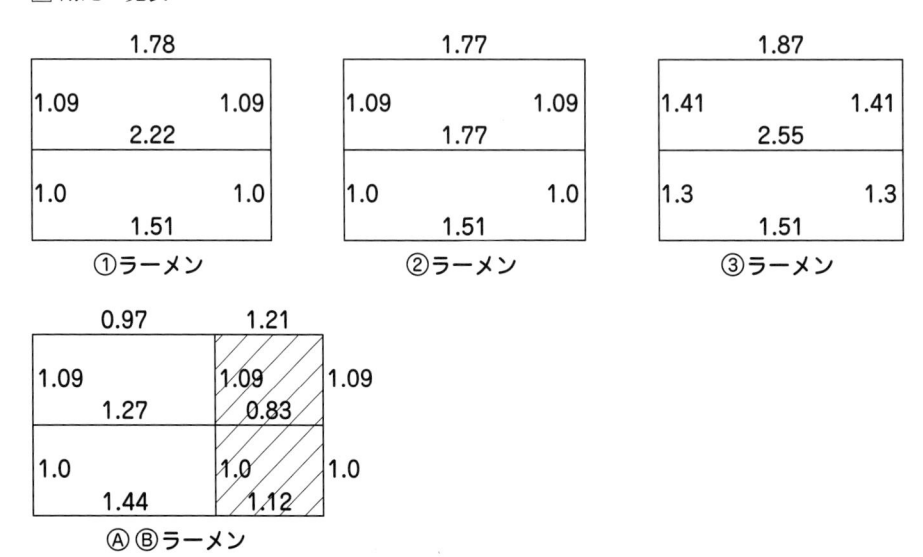

```
       1.78
  1.09       1.09
       2.22
  1.0        1.0
       1.51
```
①ラーメン

```
       1.77
  1.09       1.09
       1.77
  1.0        1.0
       1.51
```
②ラーメン

```
       1.87
  1.41       1.41
       2.55
  1.3        1.3
       1.51
```
③ラーメン

```
     0.97   1.21
  1.09    1.09   1.09
     1.27    0.83
  1.0     1.0    1.0
     1.44    1.12
```
Ⓐ Ⓑ ラーメン

## 510 鉛直荷重時応力算定

Ⓐ, Ⓑラーメン

| DF | | $_rG_2$ 0.89 | | $_rB_1$ 0.97 | | | $_rB_2$ 1.21 | | | 2.3 | |
|---|---|---|---|---|---|---|---|---|---|---|---|
| | | | 柱頭 −0.55 | 左端 −0.45 | 2.06 柱頭 −0.53 | 左端 −0.47 | | 柱頭 −0.33 | 3.27 右端 −0.3 | 左端 −0.37 | 柱頭 −0.47 右端 −0.53 |
| $C$ | | $M_0$ 265.2 | | −156.4 | | 34 | $M_0$ 53.04 | | 34 | −11.22 | $M_0$ 18.36 11.22 |
| $D_1$ | | | 86.02 | 70.38 | 18.02 | 15.98 | | −7.52 | −6.83 | −8.43 | −5.27 ΣC 22.78 −5.95 |
| $C_1$ | | | 33.95 | — | 6.56 | — ΣC₁ 3.14 | | −3.57 | 7.99 | −2.98 ΣC₁ 1.44 | −2.51 −4.22 |
| $D_2$ | | | −18.67 | −15.28 | −1.66 | −3.42 | | −0.48 | −0.43 | −0.53 | 3.16 3.57 |
| $M$ | | | 101.3 | −101.3 | 22.92 | −22.92 | | −11.57 | 34.73 | −23.16 | −4.62 4.62 |
| | $M$ | | $_2C_2$ 1.09 24.75 | $Q_0$ 95.2 | $_2C_1$ 1.09 | $Q_0$ 27.2 | | $_2C_2$ 1.09 | $Q_0$ 13.6 | | $_2C_3$ 1.09 ΣC₁ −6.73 |

| DF | | $_2G_2$ 0.89 | | $_2B_1$ 1.27 | | | $_2B_2$ 0.83 | | | 2.92 | |
|---|---|---|---|---|---|---|---|---|---|---|---|
| | | | 柱頭 −0.34 柱脚 0.36 | 左端 −0.3 | 3.36 柱頭 −0.3 柱脚 0.32 | 左端 −0.38 | | 柱頭 −0.24 柱脚 0.26 | 4.19 右端 −0.3 | 左端 −0.2 | 柱頭 −0.34 柱脚 0.37 右端 −0.29 |
| $C$ | | $M_0$ 319.8 | | −188.6 | | 41 | $M_0$ 63.96 | | 41 | −13.53 | $M_0$ 22.14 13.53 |
| $D_1$ | | | 64.12 67.9 | 56.58 | 12.3 13.12 | 15.58 | | −6.59 −7.14 | −8.24 | −5.5 | −4.6 −5.01 ΣC 27.47 −3.92 |
| $C_1$ | | | 43.01 | — | 9.01 | — ΣC₁ 4.89 | | — | 7.79 | −1.96 ΣC₁ 2.07 | — −2.75 |
| $D_2$ | | | −14.63 −15.48 | −12.9 | −1.47 −1.56 | −4.12 | | −0.5 −0.54 | −0.62 | −0.41 | 1.83 −2.64 1.56 |
| $M$ | | | 49.49 95.43 | −144.92 | 10.83 20.57 | −31.4 | | −7.09 −11.44 | 39.93 | −21.4 | −2.77 −5.65 8.42 |
| | $M$ | | $_1C_2$ 1.0 5.42 | $Q_0$ 114.8 | $_1C_1$ 1.0 −3.55 | $Q_0$ 32.8 | | $_1C_2$ 1.0 −3.55 | $Q_0$ 16.4 | | $_1C_3$ 1.0 −1.39 ΣC₁ −5.39 |

②ラーメン

## 510 鉛直荷重時応力算定

②ラーメン

Ⓐ, Ⓑラーメン
②端完全固定の応力算定

## 520 水平荷重時応力算定

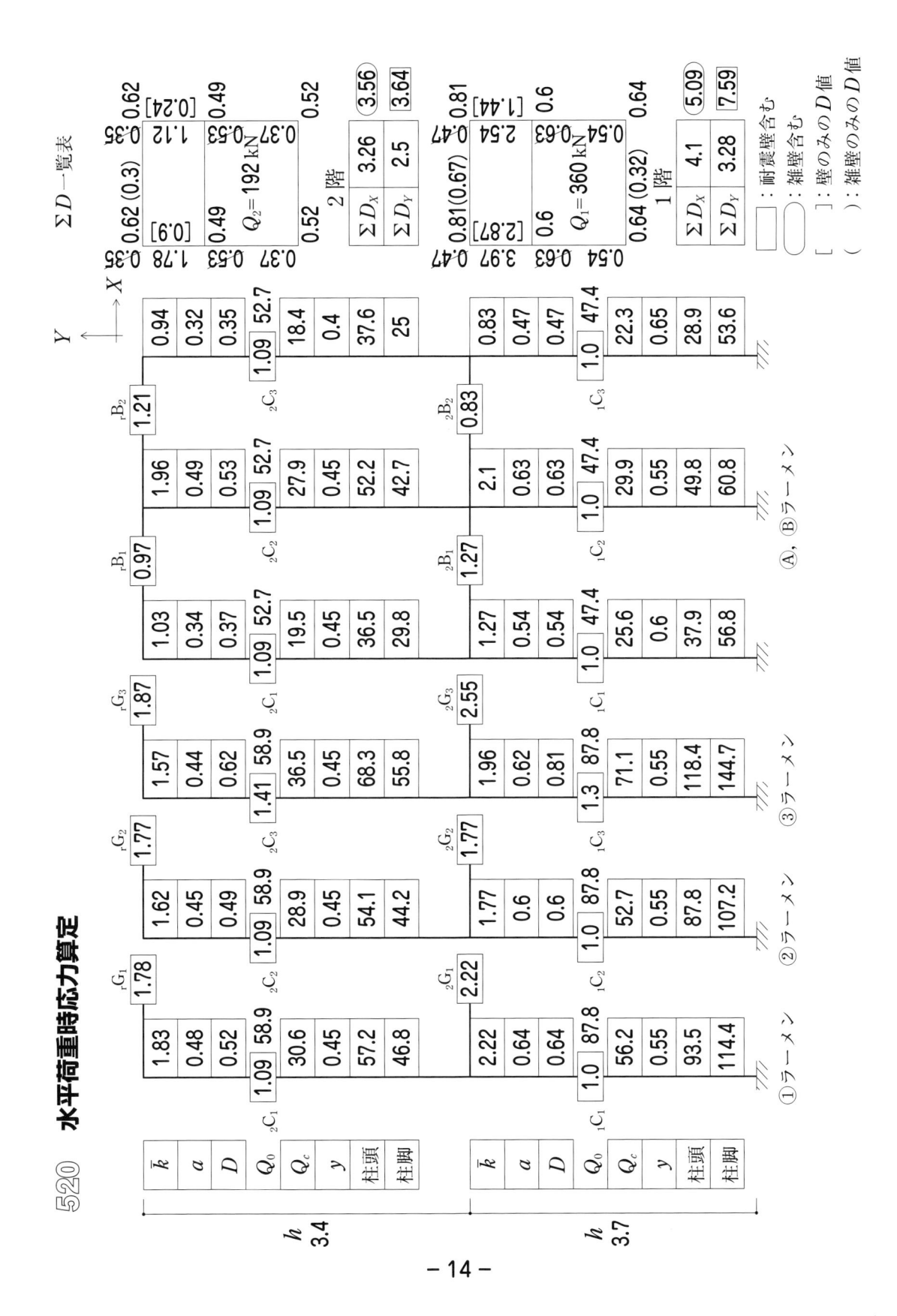

### ΣD一覧表

**2階**

| | | | | | |
|---|---|---|---|---|---|
| 0.62 (0.3) | 0.62 | [0.24] | | | |
| 0.35 1.78 | 0.35 1.12 | | ΣD_X | 3.26 | [3.56] |
| 0.53 0.37 | 0.53 0.37 | 0.49 | ΣD_Y | 2.5 | 3.64 |
| $Q_2 = 192$ kN | | | | | |
| 0.52 | 0.52 | | | | |

**1階**

| | | | | | |
|---|---|---|---|---|---|
| 0.81(0.67) | 0.81 | [1.44] | | | |
| 0.47 2.54 | 0.47 3.97 | | ΣD_X | 3.26 | [5.09] |
| 0.63 0.54 | 0.63 0.54 | 0.6 | ΣD_Y | 3.28 | 7.59 |
| $Q_1 = 360$ kN | | | | | |
| 0.64 | 0.64 | [2.87] | | | |

凡例:
□ : 耐震壁含む
○ : 雑壁含む
[ ] : 壁のみのD値
( ) : 雑壁のみのD値

$Y \leftarrow \quad \rightarrow X$

---

水平荷重時応力算定表（各ラーメン・各部材）

**①ラーメン**

2階 $_rC_1$: $\bar{k}=1.83$, $a=0.48$, $D=0.52$, $Q_0=58.9$, $Q_c=30.6$, $y=0.45$, 柱頭 57.2, 柱脚 46.8 ($1.09$)
1階 $_1C_1$: $\bar{k}=2.22$, $a=0.64$, $D=0.64$, $Q_0=87.8$, $Q_c=56.2$, $y=0.55$, 柱頭 93.5, 柱脚 114.4 ($1.0$)

$_rG_1=1.78$, $_2G_1=2.22$

**②ラーメン**

2階 $_2C_2$: 1.62, 0.45, 0.49, 58.9, 28.9, 0.45, 54.1, 44.2 ($1.09$)
1階 $_1C_2$: 1.77, 0.6, 0.6, 87.8, 52.7, 0.55, 87.8, 107.2 ($1.0$)

$_rG_2=1.77$, $_2G_2=1.77$

**③ラーメン**

2階 $_2C_3$: 1.57, 0.44, 0.62, 58.9, 36.5, 0.45, 68.3, 55.8 ($1.41$)
1階 $_1C_3$: 1.96, 0.62, 0.81, 87.8, 71.1, 0.55, 118.4, 144.7 ($1.3$)

$_rG_3=1.87$, $_2G_3=2.55$

**Ⓐ、Ⓑラーメン**

$_rB_1=0.97$, $_2B_1=1.27$
2階 $_2C_1$: 1.03, 0.34, 0.37, 52.7, 19.5, 0.45, 36.5, 29.8 ($1.09$)
1階 $_1C_1$: 1.27, 0.54, 0.54, 47.4, 25.6, 0.6, 37.9, 56.8 ($1.0$)

$_rB_2=1.21$, $_2B_2=0.83$
2階 $_2C_2$: 1.96, 0.49, 0.53, 52.7, 27.9, 0.45, 52.2, 42.7 ($1.09$)
1階 $_1C_2$: 2.1, 0.63, 0.63, 47.4, 29.9, 0.55, 49.8, 60.8 ($1.0$)

2階 $_2C_3$: 0.94, 0.32, 0.35, 52.7, 18.4, 0.4, 37.6, 25 ($1.09$)
1階 $_1C_3$: 0.83, 0.47, 0.47, 47.4, 22.3, 0.65, 28.9, 53.6 ($1.0$)

$h = 3.4$ (2階), $h = 3.7$ (1階)

凡例記号: $\bar{k}$, $a$, $D$, $Q_0$, $Q_c$, $y$, 柱頭, 柱脚

## 530 応力一覧

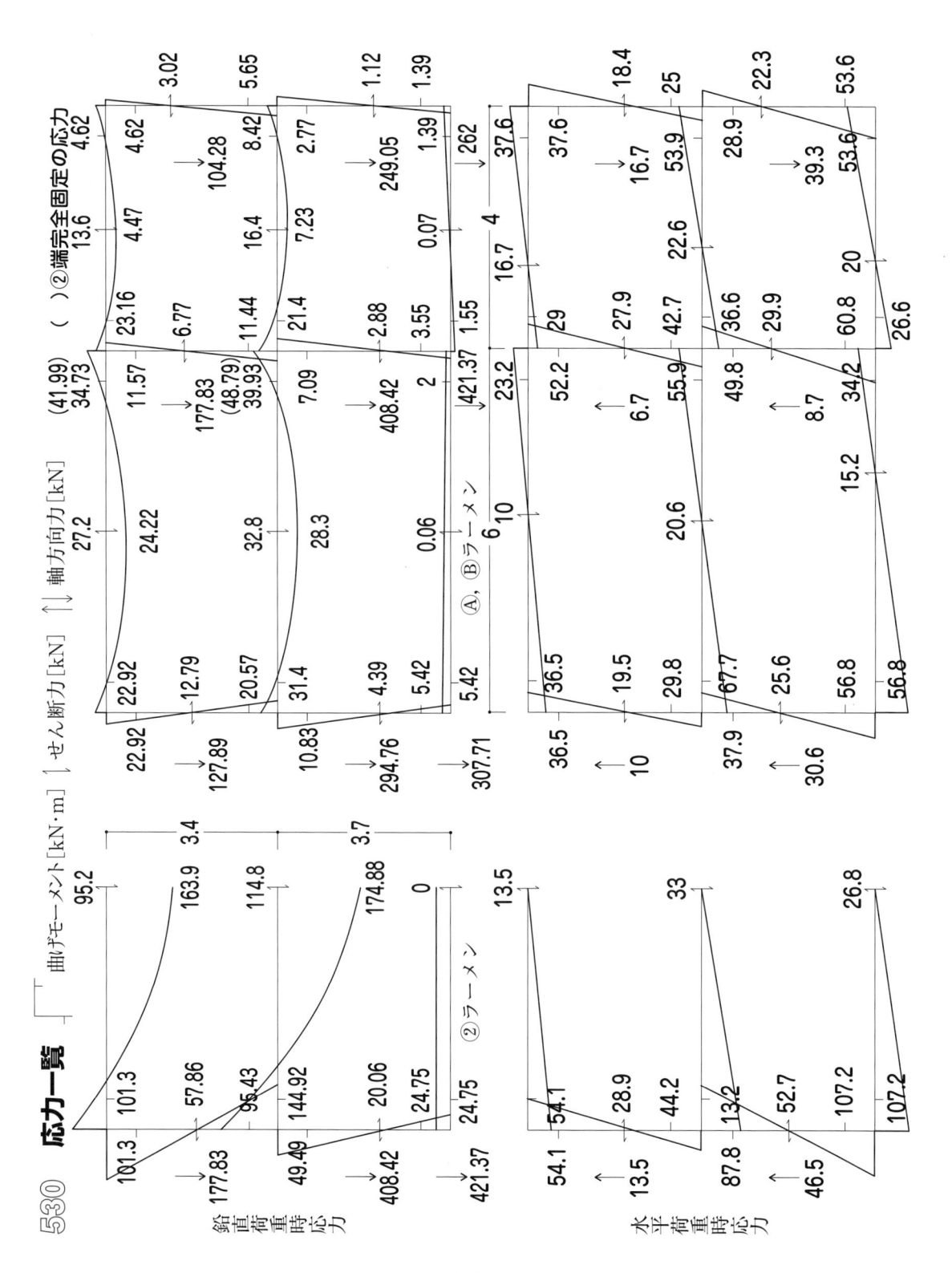

凡例: 曲げモーメント [kN·m] / せん断力 [kN] / 軸方向力 [kN] / ( ) ②端完全固定の応力

# ⓺⓪⓪ 耐震壁

**1** 耐力壁の $D$ 値計算

・耐震壁の $D_w$ 算定

| 階 | 方向 | 通り | $t \cdot l'$ | $A_w$ | $A_c$ | $A_w/A_c$ | $r_1$ | $n$ | $D_c$ [5] | $D_w$ [6] | $Q_i$ |
|---|---|---|---|---|---|---|---|---|---|---|---|
| 2 | Y | Ⓐ | 150×3500 | 525000 | 250000 | 2.1 | 1.0 | 1.6 [3] | 0.53 | 1.78 | 192 kN |
| 2 | Y | Ⓑ | 150×3500 | 525000 | | | | 0.63 [1] | | | 1.12 | |
| 1 | Y | Ⓐ | 150×3500 | 525000 | 250000 | 2.1 | 1.0 | 3.0 [4] | 0.63 | 3.97 | 360 kN |
| 1 | Y | Ⓑ | 150×3500 | 525000 | | | | 0.64 [2] | | | 2.54 | |

1) $_2r_{1B} = 1 - 1.25\sqrt{\dfrac{1\times1.2}{3.4\times4}} = 0.63$

2) $_1r_{1B} = 1 - 1.25\sqrt{\dfrac{1\times1.2}{3.7\times4}} = 0.64$

3) $_2n = {_1n} \times \dfrac{Q_2}{Q_1} = 3 \times \dfrac{192}{360} = 1.6$

4) $_1n = 3$

5) $D_c$ : 中柱の $D$ 値

6) $D_w = \dfrac{A_w}{A_c} r_1 \cdot n \cdot D_c$

・雑壁の $D_w'$ 算定

| 階 | 方向 | 通り | $t \cdot l'$ | $A_w$ | $A_c$ | $A_w/A_c$ | $n'$ | $D_c$ | $D_w'$ [9] |
|---|---|---|---|---|---|---|---|---|---|
| 2 | X | ③ | 150×2100 | 315000 | 250000 | 1.26 | 0.45 [7] | 0.53 | 0.3 |
| 1 | X | ③ | 150×2100 | 315000 | 250000 | 1.26 | 0.84 [8] | 0.63 | 0.67 |
| 1 | X | ① | 150×1000 | 150000 | 250000 | 0.6 | 0.84 [8] | 0.63 | 0.32 |

7) $_2n' = {_2n} \times \dfrac{7}{25} = 1.6 \times \dfrac{7}{25}$

8) $_1n' = {_1n} \times \dfrac{7}{25} = 3 \times \dfrac{7}{25}$

9) $D_w' = \dfrac{A_w}{A_c} n' \cdot D_c$

**2** 耐震壁の壁筋設計

・耐震壁の検討

$Q_{wA} = \dfrac{Q_1}{\sum D_Y} \times {_1D_{wA}}$
$= \dfrac{360}{7.59} \times 3.97 = 188.3$ kN

$\dfrac{Q_{wA}}{t \cdot \ell} = \dfrac{188300 \text{ N}}{150 \text{ mm} \times 4000 \text{ mm}}$
$= 0.314 \text{ N/mm}^2 < {_sf_s} = 0.9 \text{ N/mm}^2$

$r_2 = 1 - \max\left\{\sqrt{\dfrac{h_0 \cdot \ell_0}{h \cdot \ell}},\ \dfrac{\ell_0}{\ell},\ \dfrac{h_0}{h}\right\} = 1 - 0.3 = 0.7$

$Q_{wB} = \dfrac{360}{7.59} \times 2.54 = 120.5$ kN

$\dfrac{Q_{wB}}{r_2 \cdot t \cdot \ell} = \dfrac{120500 \text{ N}}{0.7 \times 150 \text{ mm} \times 4000 \text{ mm}}$
$= 0.287 \text{ N/mm}^2 < {_sf_s}$

・壁筋設計　　$p_s = 0.25$ %

$a_t = p_s \cdot t \cdot l = 0.0025 \times \underline{\ 150\ }$ mm $\times \underline{\ 1000\ }$ mm $= \underline{\ 375\ }$ mm²

$x = \dfrac{1000}{\dfrac{a_t}{a_1}} = \dfrac{1000 \text{ mm}}{\dfrac{375 \text{ mm}^2}{71 \text{ mm}^2}} = \underline{\ 189\ }$ mm → 設計 $\underline{\ D10\ }$ - @ $\underline{\ 150\ }$

→ **実務設計** D10, D13 - @150

開口補強筋　$\underline{\ 2\ }$ - D $\underline{\ 13\ }$

# 700　2次設計

## 710　層間変形角　$r_s = \dfrac{12E \cdot K_0 \cdot \Sigma D}{h \cdot Q}$　　720　剛性率　$R_s = \dfrac{r_s}{\bar{r}_s}$

$E = 21 \text{ kN/mm}^2$　$K_0 = 1.41 \times 10^6 \text{ mm}^3$

| 方向 | 階 | $\Sigma D$ | $12E \cdot K_0$ | $h$[mm] | $Q$[kN] | $r_s$ | 判定 | $\bar{r}_s$ | $R_s$ | 判定 |
|---|---|---|---|---|---|---|---|---|---|---|
| X | 2 | 3.56 | 355320000 | 3400 | 192 | 1938 | >200 OK | 1648 | 1.18 | >0.6 OK |
| X | 1 | 5.09 | | 3700 | 360 | 1358 | | | 0.82 | |
| Y | 2 | 3.64 | | 3400 | 192 | 1981 | | 2003 | 0.99 | |
| Y | 1 | 7.59 | | 3700 | 360 | 2025 | | | 1.01 | |

## 730　偏心率

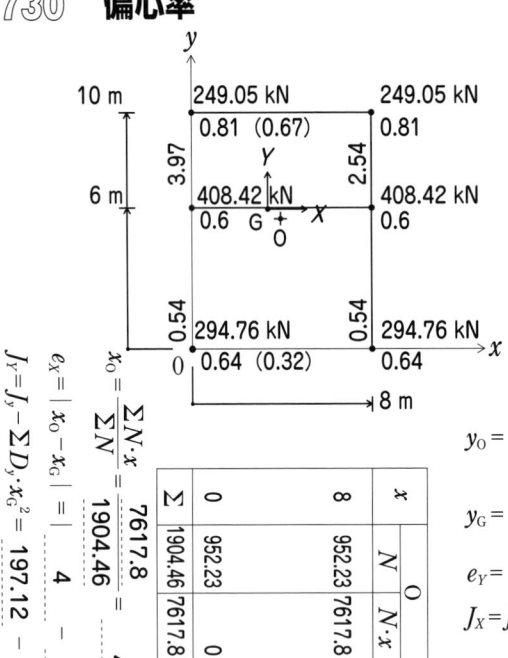

| $y$ | O | | G | | $J_x$ | |
|---|---|---|---|---|---|---|
| | $N$ | $N \cdot y$ | $D_x$ | $D_x \cdot y$ | $y^2$ | $D_x \cdot y^2$ |
| 10 | 498.1 | 4981 | 2.29 | 22.9 | 100 | 229 |
| 6 | 816.84 | 4901 | 1.2 | 7.2 | 36 | 43.2 |
| 0 | 589.52 | 0 | 1.6 | 0 | 0 | 0 |
| Σ | 1904.46 | 9882 | 5.09 | 30.1 | — | 272.2 |

| $x$ | O | | G | | $J_y$ | |
|---|---|---|---|---|---|---|
| | $N$ | $N \cdot x$ | $D_y$ | $D_y \cdot x$ | $x^2$ | $D_y \cdot x^2$ |
| 8 | 952.23 | 7617.8 | 3.08 | 24.64 | 64 | 197.12 |
| 0 | 952.23 | 0 | 4.51 | 0 | 0 | 0 |
| Σ | 1904.46 | 7617.8 | 7.59 | 24.64 | — | 197.12 |

$x_O = \dfrac{\Sigma N \cdot x}{\Sigma N} = \dfrac{7617.8}{1904.46} = 4$　m　$x_G = \dfrac{\Sigma D_y \cdot x}{\Sigma D_y} = \dfrac{24.64}{7.59} = 3.25$ m

$e_X = |x_O - x_G| = |4 - 3.25| = 0.75$ m

$J_Y = J_y - \Sigma D_y \cdot x_G^2 = 197.12 - 7.59 \times 3.25^2 = 116.95$

$y_O = \dfrac{\Sigma N \cdot y}{\Sigma N} = \dfrac{9882}{1904.46} = 5.19$ m

$y_G = \dfrac{\Sigma D_x \cdot y}{\Sigma D_x} = \dfrac{30.1}{5.09} = 5.91$ m

$e_Y = |y_O - y_G| = |5.19 - 5.91| = 0.72$ m

$J_X = J_x - \Sigma D_x \cdot y_G^2 = 272.2 - 5.09 \times 5.91^2 = 94.42$

・偏心率の算定

$K_T = J_X + J_Y = 94.42 + 116.95 = 211.37$

$r_{ex} = \sqrt{\dfrac{K_T}{\Sigma D_x}} = \sqrt{\dfrac{211.37}{5.09}} = 6.44$

$R_{ex} = \dfrac{e_Y}{r_{ex}} = \dfrac{0.72}{6.44} = 0.11 < 0.15$　OK

$r_{ey} = \sqrt{\dfrac{K_T}{\Sigma D_y}} = \sqrt{\dfrac{211.37}{7.59}} = 5.28$

$R_{ey} = \dfrac{e_X}{r_{ey}} = \dfrac{0.75}{5.28} = 0.142 < 0.15$　OK

## 810 梁断面算定

$F_c = 18$ N/mm², $f_t = 196$ N/mm² / $295$ N/mm², $f_s = 0.6$ / $0.9$ N/mm², $f_a = 1.2$ / $1.8$ N/mm²

| 梁符号 | ᵣG₂ | | ₂G₂ | | FG₂ | |
|---|---|---|---|---|---|---|
| 位置 | 端 | 中央 | 端 | 中央 | 端 | 中央 |
| $d$[mm] / $j$[mm] | 640 | 560 | | | 740 | 647.5 |
| $b \cdot d^2 (\times 10^6)$ / $b \cdot d (\times 10^2)$ | 143.4 | 2240 | | | 219 | 2960 |
| $0.4\% b \cdot d$ / $b \cdot j (\times 10^3)$ | 896 | 196 | | | 1184 | 259 |
| 断面・配筋 上端筋 | 3−D22 | 2−D22 | 6−D22 | 2−D22 | 3−D19 | 3−D19 |
| 断面 (D=700, b=350 / D=700, b=350 / D=800, b=400) | | | | | | |
| 下端筋 | 2−D22 | 4−D22 | 2−D22 | 5−D22 | 3−D19 | 3−D19 |
| あばら筋 | D10□−@200 | | D10□−@150 | | D10□−@150 | |
| 設計応力 構造 | ℓ/2 | | ℓ/2 | | ℓ/2 | |
| $M_L$[kN·m] | 101.3 | *95.2 | 144.92 | 114.8 | 24.75 | 0 |
| $Q_L$[kN] | | *163.9 | | *174.88 | | |
| $M_E$[kN·m] | 54.1 | 13.5 | 132 | 33 | 107.2 | 26.8 |
| $Q_E$[kN] | | 0 | | 0 | | |
| $M_S$[kN·m] | *155.4 | | *276.92 | | *131.95 | |
| $Q_S$[kN] | | 163.9 | | 174.88 | | |
| $Q_D = Q_L + 2Q_E$ | 122.2 | | *180.8 | | *53.6 | |
| L, S | S | L | S | L | S | |
| 主筋 C | 1.08 | − | 1.93 | − | 0.6 | |
| γ | 0 | − | 0 | − | 0 | |
| $p_t$ [%] | 0.4 | − | 0.73 | − | 0.21 | |
| 上 $a_t$ | 896 | − | 1635 | − | 622 | |
| 下 $a_t$ | | 1493 | | 1593 | | |
| あばら筋 $\psi = Q[N]/f_a \cdot j$ | | 142 | | 179 | | 46 |
| $f_s \cdot b \cdot j$ | | 117.6 | | 176.4 | | 233.1 |
| $M/Q \cdot d \to \alpha$ | | | 2.92 → 1.02 | | | |
| $\Delta Q/b \cdot j$ | | | 0.005 | | | |
| $p_w$ [%] | | 0.2 | | 0.205 | | 0.2 |
| | D10□ $x = \dfrac{71 \times 2}{350 \times 0.002}$ = @203 mm | | D10□ $x = \dfrac{71 \times 2}{350 \times 0.00205}$ = @198 mm | | D10□ $x = \dfrac{71 \times 2}{400 \times 0.002}$ = @178 mm | |

## 810 梁断面算定

$F_c$ = 18 N/mm², $f_t$ = 196 N/mm² / 295 N/mm², $f_s$ = 0.6 N/mm² / 0.9 N/mm², $f_a$ = 1.2 N/mm² / 1.8 N/mm²

| 梁符号 | | | ${}_rB_1$ | | | ${}_rB_2$ | | |
|---|---|---|---|---|---|---|---|---|
| 位置 | | | ① 端 | 中央 | ② 端 | ② 端 | 中央 | ③ 端 |
| $d$[mm] $j$[mm] | | | 440 | 385 | | | | |
| $b \cdot d^2 (\times 10^6)$ $b \cdot d (\times 10^2)$ | | | 58.08 | 1320 | | | | |
| 0.4%$b \cdot d$ $b \cdot j (\times 10^3)$ | | | 528 | 116 | | | | |
| 断面・配筋 | 上端筋 | | 3－D19 | 2－D19 | 3－D19 | 2－D19 | 2－D19 | 2－D19 |
| | $D$ 500 $b$ 300 | | | | | | | |
| | 下端筋 | | 2－D19 | 3－D19 | 2－D19 | 2－D19 | 2－D19 | 2－D19 |
| | あばら筋 | | D10□－@200 | | | D10□－@200 | | |
| 設計応力 | 構造 | | 6 | | (41.99) | 4 | | |
| | $M_L$ [kN·m] | | 22.92 | 27.2 | 34.73 | 23.16 | 13.6 | 4.62 |
| | $Q_L$ [kN] | | | *24.22 | | | *4.47 | |
| | $M_E$ [kN·m] | | 36.5 | 10 | 23.2 | 29 | 16.7 | 37.6 |
| | $Q_E$ [kN] | | | *(65.19) | | | | |
| | $M_S$ [kN·m] | | *59.42 | | 57.93 | *52.16 | | *42.22 |
| | $Q_S$ [kN] | | | | | | | |
| | $Q_D = Q_L + 2Q_E$ | | *47.2 | | | *47 | | |
| | L, S | | S | L | S | S | L | S |
| 主筋 | $C$ | | 1.02 | — | 1.12 | 0.9 | — | 0.73 |
| | $\gamma$ | | 0 | — | 0 | 0 | — | 0 |
| | $p_t$ [%] | | 0.37 | — | 0.41 | 0.33 | — | 0.26 |
| | ${}_上a_t$ | | 488 | — | 541 | 436 | — | 343 |
| | ${}_下a_t$ | | | 321 | | | 59 | |
| あばら筋 | $\psi = Q[N]/f_a \cdot j$ | | 68 | | | 68 | | |
| | $f_s \cdot b \cdot j$ | | 104.4 | | | 104.4 | | |
| | $M/Q \cdot d \to \alpha$ | | | | | | | |
| | $\Delta Q/b \cdot j$ | | | | | | | |
| | $p_w$ [%] | | 0.2 | | | 0.2 | | |
| | | | D10□ $x = \dfrac{71 \times 2}{300 \times 0.002} =$ @237 mm | | | | | |

－ 19 －

## 810 梁断面算定

$F_c =$ 18 N/mm²　$f_t =$ 196 N/mm²　$f_s =$ 0.6 N/mm²　$f_a =$ 1.2 N/mm²
　　　　　　　　　　　 295 N/mm²　　　　 0.9 N/mm²　　　　 1.8 N/mm²

| 梁符号 | | $_2B_1$ | | | $_2B_2$ | | |
|---|---|---|---|---|---|---|---|
| 位置 | | ①端 | 中央 | ②端 | ②端 | 中央 | ③端 |
| $d$[mm] | $j$[mm] | 440 | 385 | | | | |
| $b \cdot d^2(\times 10^6)$ | $b \cdot d(\times 10^2)$ | 58.08 | 1320 | | | | |
| $0.4\% b \cdot d$ | $b \cdot j(\times 10^3)$ | 528 | 116 | | | | |
| 断面・配筋 | 上端筋 | 3−D19 | 2−D19 | 4−D19 | 2−D19 | 2−D19 | 2−D19 |
| | (500×300) | | | | | | |
| | 下端筋 | 2−D19 | 3−D19 | 2−D19 | 2−D19 | 2−D19 | 2−D19 |
| | あばら筋 | D10□−@200 | | | D10□−@200 | | |
| 設計応力 | 構造 | 6 | | | 4 | | |
| | $M_L$ [kN·m] | 31.4 | 32.8 | (48.79) 39.93 | 21.4 | 16.4 | 8.42 |
| | $Q_L$ [kN] | | *28.3 | | | *7.23 | |
| | $M_E$ [kN·m] | 67.7 | 20.6 | 55.9 | 36.6 | 22.6 | 53.9 |
| | $Q_E$ [kN] | | *(104.69) | | | | |
| | $M_S$ [kN·m] | *99.1 | | 95.83 | *58 | | *62.32 |
| | $Q_S$ [kN] | | | | | | |
| | $Q_D = Q_L + 2Q_E$ | | *74 | | | *61.6 | |
| 主筋 | $L, S$ | S | L | S | S | L | S |
| | $C$ | 1.71 | — | 1.8 | 1.0 | — | 1.07 |
| | $\gamma$ | 0 | — | 0 | 0 | — | 0 |
| | $p_t$ [%] | 0.64 | — | 0.68 | 0.37 | — | 0.4 |
| | $_上 a_t$ | 845 | — | 898 | 488 | — | 528 |
| | $_下 a_t$ | | 375 | | | 96 | |
| あばら筋 | $\psi = Q[N]/f_a \cdot j$ | 107 | | | 89 | | |
| | $f_s \cdot b \cdot j$ | 104.4 | | | 104.4 | | |
| | $M/Q \cdot d \rightarrow \alpha$ | | | | | | |
| | $\Delta Q/b \cdot j$ | | | | | | |
| | $p_w$ [%] | 0.2 | | | 0.2 | | |

## 810 梁断面算定

$F_c = 18$ N/mm²  $f_t = 196$ N/mm² / 295 N/mm²  $f_s = 0.6$ N/mm² / 0.9 N/mm²  $f_a = 1.2$ N/mm² / 1.8 N/mm²

| 梁符号 | | FB | | b | | | |
|---|---|---|---|---|---|---|---|
| 位置 | | 端 | 中央 | 端 | 中央 | | |
| $d$[mm] $j$[mm] | | 540 | 472.5 | 440 | 385 | | |
| $b \cdot d^2(\times 10^6)$ $b \cdot d(\times 10^2)$ | | 102.1 | 1890 | 58.08 | 1320 | | |
| $0.4\% b \cdot d$ $b \cdot j(\times 10^3)$ | | 756 | 165 | 528 | 116 | | |
| 断面・配筋 | 上端筋 | 3−D19 | 3−D19 | 3−D19 | 2−D19 | — | — |
| | $D$ / $b$ | 600 / 350 | 600 / 350 | 500 / 300 | 500 / 300 | | |
| | 下端筋 | 3−D19 | 3−D19 | 2−D19 | 5−D19 | — | — |
| | あばら筋 | D10□−@200 | | D10□−@200 | | | |
| 設計応力 | 構造 | →6→ | | $0.6C = {}^*49.2$  $6/2 \to {}^*65.6$ | | | |
| | $M_L$ [kN·m] | 5.42 | | | | | |
| | $Q_L$ [kN] | | | $M_o - 0.35C = {}^*99.22$ | | | |
| | $M_E$ [kN·m] | 56.8 | 15.2 | | | | |
| | $Q_E$ [kN] | | | $C = 82$ | | | |
| | $M_S$ [kN·m] | *62.22 | | $M_o = 127.92$ | | | |
| | $Q_S$ [kN] | | | $Q = 65.6$ | | | |
| | $Q_D = Q_L + 2Q_E$ | *30.4 | | | | | |
| | $L, S$ | $S$ | $L$ | $L$ | $L$ | | |
| 主筋 | $C$ | 0.61 | — | 0.85 | — | | |
| | $\gamma$ | 0 | — | 0 | — | | |
| | $p_t$ [%] | 0.21 | — | 0.48 | — | | |
| | 上$a_t$ | 397 | — | 634 | — | | |
| | 下$a_t$ | | | | 1315 | | |
| あばら筋 | $\psi = Q[N]/f_a \cdot j$ | 36 | | 142 | | | |
| | $f_s \cdot b \cdot j$ | 148.5 | | 69.6 | | | |
| | $M/Q \cdot d \to \alpha$ | | | | | | |
| | $\Delta Q/b \cdot j$ | | | | | | |
| | $p_w$ [%] | 0.2 | | 0.2 | | | |

− 21 −

## 820 柱断面算定

$F_c =$ 18 N/mm²    $f_t =$ 196 N/mm²   295 N/mm²    $f_s =$ 0.6 N/mm²   0.9 N/mm²    $f_a =$ 1.2 N/mm²   1.8 N/mm²

| | 柱 符 号 | $_2C_2$ | | | | | | $_1C_2$ | | | | | |
|---|---|---|---|---|---|---|---|---|---|---|---|---|---|
| | 方 向 | X | | | Y | | | X | | | Y | | |
| | $d$[mm] / $j$[mm] | 440 | | 385 | | | | 440 | | 385 | | | |
| | $b\cdot D(\times 10^3)$ / $b\cdot D(\times 10^2)$ | 250 | | 2500 | | | | 250 | | 2500 | | | |
| | $b\cdot D^2(\times 10^6)$ / $b\cdot j(\times 10^3)$ | 125 | | 193 | | | | 125 | | 193 | | | |
| 断面・配筋 | $0.8\% b\cdot D$ | 2000 | | | | | | 2000 | | | | | |
| | 断面 | 500×500 | | | | | | 500×500 | | | | | |
| | 主筋 | 12 − D19 | | | − | | | 8 − D19 | | | − | | |
| | 帯筋 | D10□ − @90 | | | − | | | D10□ − @90 | | | − | | |
| | $L, E, S$ | $L$ | $E$ | $S$ | $L$ | $E$ | $S$ | $L$ | $E$ | $S$ | $L$ | $E$ | $S$ |
| 設計応力 | 頭$M$[kN·m] | *101.3 | 54.1 | *155.4 | 11.57 | 52.2 | *63.77 | 49.49 | 87.8 | *137.29 | 7.09 | 49.8 | 56.89 |
| | | *155.4 / *101.3 = 1.53 | | | | | | | | | | | |
| | $Q$[kN] | 57.86 | | 28.9 | 6.77 | | 27.9 | 20.06 | | 52.7 | 2.88 | | 29.9 |
| | $N$[kN] | *177.83 | 13.5 | *164.33 | 177.83 | −6.7 | 171.13 | 408.42 | 46.5 | *361.92 | 408.42 | −8.7 | 399.72 |
| | 脚$M$[kN·m] | 95.43 | 44.2 | 139.63 | 11.44 | 42.7 | 54.14 | 24.75 | 107.2 | 131.95 | 3.55 | 60.8 | 64.35 |
| | $Q_D = Q_L + 2Q_E$ | *115.66 | | | *62.57 | | | *125.46 | | | *62.68 | | |
| | 頭, 脚・$L, S$ | 頭・$L$ | 頭・$S$ | 頭・$S$ | | 頭・$S$ | · | | · | | 脚・$S$ | | |
| 主筋 | $N/b\cdot D$ | 0.71 | 0.66 | 0.68 | | 1.45 | | | | | 1.6 | | |
| | $M/b\cdot D^2$ | 0.81 | 1.24 | 0.51 | | 1.1 | | | | | 0.51 | | |
| | $p_t$ [%] | 0.5 | 0.4 | 0.1 | | 0.21 | | | | | | | |
| | $a_t$ | 1250 | | 250 | | 525 | | | | | | | |
| | $\psi = Q[N]/f_a\cdot j$ | | | | | 181 | | | | | | | |
| | $n$ | 5 − D19 | | 3 − D19 | | 3 − D19 | | | | | 3 − D19 | | |
| あばら筋 | $f_s\cdot b\cdot j$ | 173.7 | | | | 173.7 | | | | | | | |
| | $M/Q\cdot d \to \alpha$ | | | | | | | | | | | | |
| | $\Delta Q/b\cdot j$ | | | | | | | | | | | | |
| | $p_w$ [%] | 0.3 | | | 0.2 | | | 0.3 | | | 0.2 | | |

耐震基準 $p_w = 0.3\%$(ルート 2 −1)    D10□    $x = \dfrac{71 \times 2}{500 \times 0.003} =$ @95 mm

# 900 スラブ・階段設計

## 910 スラブ設計

**1 設計条件** $S_2$

床設計用荷重 $w =$ 7000 N/m² = 7.0 kN/m²   柱 500×500

スラブ厚 $t =$ 130 mm

スラブ厚検討用荷重 $w_p = w - 24 \times t =$ 7000 $- 24 \times$ 130
$=$ 3880 N/m² = 3.88 kN/m²

短辺有効スパン $l_x = \left(4000 + \dfrac{500}{2}\right) - 300 - \dfrac{300}{2} =$ 3800 mm

短辺有効スパン $l_y = \left(6000 + \dfrac{500}{2}\right) - 350 - \dfrac{350}{2} =$ 5725 mm    $\lambda = \dfrac{l_y}{l_x} = \dfrac{5725}{3800} =$ 1.51

**2 スラブ厚の検討**

$t = 0.02 \left(\dfrac{\lambda - 0.7}{\lambda - 0.6}\right)\left(1 + \dfrac{w_p}{10} + \dfrac{l_x}{10000}\right) l_x$

$= 0.02 \times \left(\dfrac{1.51 - 0.7}{1.51 - 0.6}\right) \times \left(1 + \dfrac{3.88}{10} + \dfrac{3800}{10000}\right) \times$ 3800 $=$ 119.6 mm
→ 設計 130 mm

**3 スラブ応力**

$w_x = \dfrac{l_y^4}{l_x^4 + l_y^4} w = \dfrac{5.725^4}{3.8^4 + 5.725^4} \times$ 7.0 kN/m² = 5.9 kN/m²

短辺方向　両端　$M_{x1} = -\dfrac{1}{12} w_x \cdot l_x^2 = -\dfrac{1}{12} \times$ 5.9 $\times$ 3.8² = $-$ 7.1 kN·m

　　　　　中央　$M_{x2} = \dfrac{1}{18} w_x \cdot l_x^2 = \dfrac{1}{18} \times$ 5.9 $\times$ 3.8² = 4.73 kN·m

長辺方向　両端　$M_{y1} = -\dfrac{1}{24} w \cdot l_x^2 = -\dfrac{1}{24} \times$ 7.0 $\times$ 3.8² = $-$ 4.21 kN·m

　　　　　中央　$M_{y2} = \dfrac{1}{36} w \cdot l_x^2 = \dfrac{1}{36} \times$ 7.0 $\times$ 3.8² = 2.81 kN·m

**4 スラブ筋の算定**

$d = t - 40$ mm = 130 $- 40 =$ 90 mm

短辺方向　両端　D10, D13交互　$b = \dfrac{16.9 \, d}{M_{x1}} = \dfrac{16.9 \times 90}{7.1} =$ 214 mm →設計 200 mm

　　　　　中央　D10　$b = \dfrac{12.1 \, d}{M_{x2}} = \dfrac{12.1 \times 90}{4.73} =$ 230 mm →設計 200 mm

長辺方向　両端　D10, D13交互　$b = \dfrac{16.9 \, d}{M_{y1}} = \dfrac{16.9 \times 90}{4.21} =$ 361 mm →設計 300 mm

　　　　　中央　D10　$b = \dfrac{12.1 \, d}{M_{y2}} = \dfrac{12.1 \times 90}{2.81} =$ 388 mm →設計 300 mm

## 920 階段設計

標準設計による

# 1000 基礎設計

**1** 設計条件

鉄筋 SD295　　$_Lf_t=$ 196 N/mm²

コンクリート 普通　$F_c=$ 18 N/mm²　$_Lf_s=$ 0.6 N/mm²　$_Lf_a=$ 1.8 N/mm²

基礎　F₂　$N'=$ 421.37 kN　$D_f=$ 1.5 m　$a=$ 0.5 m

地耐力　$_Lf_e=$ 100 kN/m²　堅いローム層

**2** 基礎スラブ底面積算定

$_Lf_e' = {_Lf_e} - 20 \text{ kN/m}^3 \times D_f =$ 100 $- 20 \times$ 1.5 $=$ 70 kN/m²

$A' = \dfrac{N'}{_Lf_e'} = \dfrac{421.37 \text{ kN}}{70 \text{ kN/m}^2} =$ 6.02 m²

$l \times l' =$ 2.5 m $\times$ 2.5 m $(A=$ 6.25 m²$)$

$\sigma' = \dfrac{N'}{A} = \dfrac{421.37 \text{ kN}}{6.25 \text{ m}^2} =$ 67 kN/m²

**3** 基礎スラブ筋設計

① 応力算定

$Q_F = \sigma' \cdot l \cdot h =$ 67 kN/m² $\times$ 2.5 m $\times$ 1.0 m $=$ 167.5 kN

$M_F = Q_F \cdot \dfrac{h}{2} =$ 167.5 kN $\times \dfrac{1.0 \text{ m}}{2} =$ 83.75 kN·m

② 断面算定

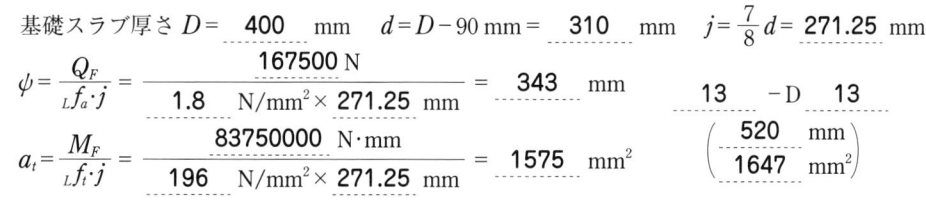

基礎スラブ厚さ $D=$ 400 mm　$d = D - 90$ mm $=$ 310 mm　$j = \dfrac{7}{8}d =$ 271.25 mm

$\psi = \dfrac{Q_F}{_Lf_a \cdot j} = \dfrac{167500 \text{ N}}{1.8 \text{ N/mm}^2 \times 271.25 \text{ mm}} =$ 343 mm

$a_t = \dfrac{M_F}{_Lf_t \cdot j} = \dfrac{83750000 \text{ N·mm}}{196 \text{ N/mm}^2 \times 271.25 \text{ mm}} =$ 1575 mm²

13 − D 13　$\left(\dfrac{520 \text{ mm}}{1647 \text{ mm}^2}\right)$

**4** せん断力, パンチングシヤーの検討

$\dfrac{Q_F}{l \cdot j} = \dfrac{167500 \text{ N}}{2500 \text{ mm} \times 271.25 \text{ mm}} =$ 0.25 N/mm² $<{_Lf_s}$ OK

$\dfrac{Q_{PD}}{1.5 b_0 \cdot j} = \dfrac{375870 \text{ N}}{1.5 \times 2970 \text{ mm} \times 271.25 \text{ mm}} =$ 0.31 N/mm² $<{_Lf_s}$ OK

$\begin{array}{l} Q_{PD} = \sigma'(A - A_0) = \text{67 kN/m}^2 \times (\text{6.25 m}^2 - \text{0.64 m}^2) = 375.87 \text{ kN} \\ A_0 = \dfrac{\pi}{4}d^2 + (a + a')d + a \cdot a' = \dfrac{3.14}{4} \times \text{0.31}^2 \text{ m}^2 + (\text{0.5 m} + \text{0.5 m}) \times \text{0.31 m} \\ \phantom{A_0 = } + \text{0.5 m} \times \text{0.5 m} = \text{0.64 m}^2 \\ b_0 = 2(a + a') + \pi d = 2 \times (\text{0.5 m} + \text{0.5 m}) + 3.14 \times \text{0.31 m} = \text{2.97 m} \end{array}$

**5** その他の基礎の設計

F₁　$A' = \dfrac{N'}{_Lf_e'} = \dfrac{307.71 \text{ kN}}{70 \text{ kN/m}^2} =$ 4.4 m²　$l \times l' =$ 2.1 m $\times$ 2.1 m

$D =$ 400 mm　11 − D 13

F₃　$A' = \dfrac{N'}{_Lf_e'} = \dfrac{262 \text{ kN}}{70 \text{ kN/m}^2} =$ 3.74 m²　$l \times l' =$ 2.1 m $\times$ 2.1 m

$D =$ 400 mm　11 − D 13

＊構造図の作成にあたっては各図の配置を考慮して製図する．

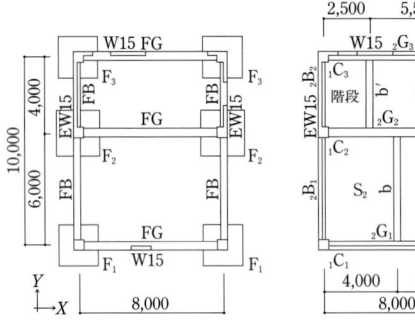

基礎伏図 1/200　　　1階柱・2階梁伏図 1/200　　　2階柱・屋階梁伏図 1/200

| | | 大梁リスト | | | | | | | 小梁リスト | |
|---|---|---|---|---|---|---|---|---|---|---|
| | | $G_{1,2,3}$ | | $B_1$ | | | $B_2$ | | $b, b'$ | |
| | | 端 | 中央 | 外端 | 中央 | 内端 | 内端 | 中央 | 外端 | 端 | 中央 |
| $_rG$ $_rB$ | 断面 $b×D$ | 350×700 | | 300×500 | | | 300×500 | | | 300×500 | |
| | 上端筋 | 3−D22 | 2−D22 | 3−D19 | 2−D19 | 3−D19 | 2−D19 | 2−D19 | 2−D19 | 3−D19 | 2−D19 |
| | 下端筋 | 2−D22 | 4−D22 | 2−D19 | 3−D19 | 2−D19 | 2−D19 | 2−D19 | 2−D19 | 2−D19 | 5−D19 |
| | あばら筋 | D10□−@200 | | D10□−@200 | | | D10□−@200 | | | D10□−@200 | |
| $_2G$ $_2B$ | 断面 $b×D$ | 350×700 | | 300×500 | | | 300×500 | | | | |
| | 上端筋 | 6−D22 | 2−D22 | 3−D19 | 2−D19 | 4−D19 | 2−D19 | 2−D19 | 2−D19 | | |
| | 下端筋 | 2−D22 | 5−D22 | 2−D19 | 3−D19 | 2−D19 | 2−D19 | 2−D19 | 2−D19 | | |
| | あばら筋 | D10□−@150 | | D10□−@200 | | | D10□−@200 | | | | |

| | | FG | FB |
|---|---|---|---|
| | | 端, 中央 | 端, 中央 |
| FG FB | 断面 $b×D$ | 400×800 | 350×600 |
| | 上端筋 | 3−D19 | 3−D19 |
| | 下端筋 | 3−D19 | 3−D19 |
| | あばら筋 | D10□−@150 | D10□−@200 |

柱リスト

| | $C_{1,2,3}$ |
|---|---|
| $_2C$ 断面 $b×D$ | 500×500 |
| 主筋 | 12−D19 |
| 帯筋 | D10□−@90 |
| $_1C$ 断面 $b×D$ | 500×500 |
| 主筋 | 8−D19 |
| 帯筋 | D10□−@90 |

基礎リスト・配筋図

断面 1/50

$F_2$：13−D13
$F_1, F_3$：11−D13

共通事項

| コンクリート | $F_c = 18$ 普通コンクリート スランプ 180 mm，砂利 25 mm（砕石 20 mm） |
|---|---|
| 鉄筋 | SD295A |
| 継手 | 重ね継手 |
| その他 | 構造基準図による |

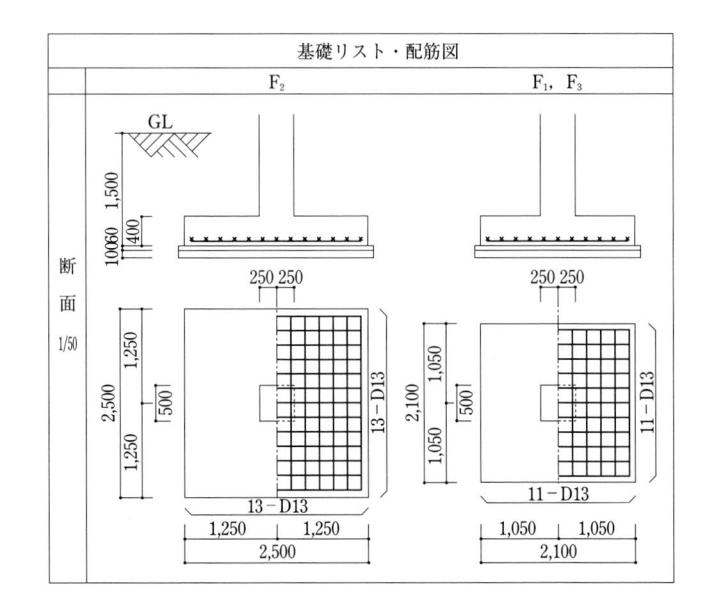

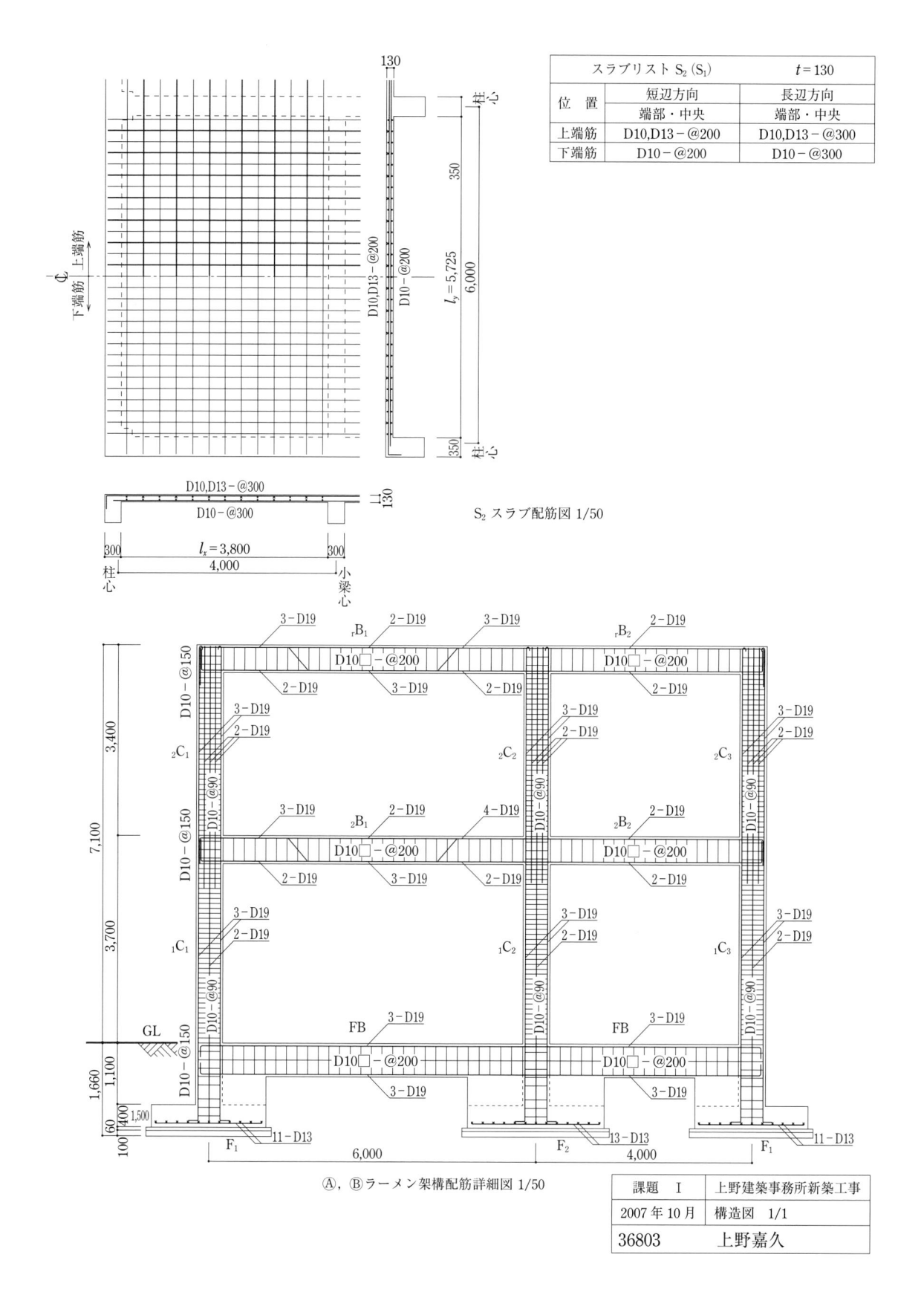

| スラブリスト $S_2$ ($S_1$) | | $t=130$ |
|---|---|---|
| 位置 | 短辺方向 | 長辺方向 |
| | 端部・中央 | 端部・中央 |
| 上端筋 | D10,D13 - @200 | D10,D13 - @300 |
| 下端筋 | D10 - @200 | D10 - @300 |

$S_2$ スラブ配筋図 1/50

Ⓐ,Ⓑラーメン架構配筋詳細図 1/50

| 課題 I | 上野建築事務所新築工事 |
|---|---|
| 2007年10月 | 構造図 1/1 |
| 36803 | 上野嘉久 |

上野嘉久（うえのよしひさ）

| | |
|---|---|
| 1958 年 | 大阪工業大学建築学科卒業<br>株式会社吉村建築事務所，京都市住宅局建築課建築主事，<br>構造審査係長，営繕部等の主幹を経て |
| 1989 年 | 上野建築構造研究所設立，同所長<br>京都建築専門学校，兵庫科学技術専門学校講師 |
| 1990 年 | 大阪工業大学講師 |
| 1992 年 | 大阪工業大学短期大学講師 |
| 1996 年 | 京都国際建築技術専門学校講師<br>一級建築士，建築主事 |
| 著　書 | 『行政からみた建築構造設計 PART Ⅰ』<br>『行政からみた建築構造設計 PART Ⅱ』<br>『行政からみた建築構造設計 PART Ⅲ』<br>『行政からみた建築構造設計 PART Ⅳ』<br>『行政からみた建築構造設計』別冊<br>『行政からみた建築構造設計 基本事項』（以上㈱建築知識）<br>『実務からみたコンクリートのポイント 10・ノウハウ 20』（㈱オーム社）<br>『改訂版　実務から見た基礎構造設計』（㈱学芸出版社）<br>『改訂版　実務から見た RC 構造設計』（㈱学芸出版社）<br>『第三版　実務から見た鉄骨構造設計』（㈱学芸出版社）<br>『改訂版　実務から見た木造構造設計』（㈱学芸出版社）<br>『第三版　構造計算書で学ぶ鉄骨構造』（㈱学芸出版社）<br>『構造計算書で学ぶ木構造 — 金物設計の手引き』（㈱学芸出版社） |
| 現住所 | 〒610-1102　京都市西京区御陵大枝山町 4 丁目 27 - 1 |
| 事務所 | 〒612-8428　京都市伏見区竹田西桶ノ井町 39　光ビル<br>TEL・FAX　075-621-8100 |

---

改訂版　構造計算書で学ぶ鉄筋コンクリート構造

1997 年 10 月 25 日　第 1 版第 1 刷発行
2000 年  6 月 20 日　第 1 版第 3 刷発行
2007 年 10 月 15 日　改訂版第 1 刷発行
2020 年  6 月 20 日　改訂版第 5 刷発行

著　者　　上野嘉久
発行者　　前田裕資
発行所　　株式会社　学芸出版社
京都市下京区木津屋橋通西洞院東入
〒600-8216　電話 075-343-0811
創栄図書印刷・新生製本

JCOPY　〈(社)出版者著作権管理機構委託出版物〉
本書の無断複写（電子化を含む）は著作権法上での例外を除き禁じられています。複写される場合は、そのつど事前に、(社)出版者著作権管理機構（電話 03-5244-5088, FAX 03-5244-5089, e-mail: info@jcopy.or.jp）の許諾を得てください。
また本書を代行業者等の第三者に依頼してスキャンやデジタル化することは、たとえ個人や家庭内での利用でも著作権法違反です。

©Yoshihisa Ueno 2007　　　ISBN978-4-7615-4080-7　　Printed in Japan